条件非线性最优扰动
及其在大气–海洋研究中的应用

穆 穆 徐 辉 戴国锟 张 坤 著

科学出版社

北 京

内 容 简 介

本书全面系统地介绍了条件非线性最优扰动(conditional nonlinear optimal perturbations，CNOP)方法的理论基础、多种数值求解方法及其在大气和海洋科学中的广泛应用。全书包括理论篇、数值求解篇和应用篇，共分 8 章。第 1 章是理论篇，介绍 CNOP 方法的理论基础，对其提出背景、发展历程、理论框架、物理意义以及数值求解方法进行了总体描述。第 2 章是数值求解篇，结合不同的数值模式，详细介绍用多种不同策略的优化算法数值求解 CNOP，包括伴随方法、粒子群优化算法、差分进化算法、梯度定义法等。第 3 章至第 8 章是应用篇，分别介绍 CNOP 方法在厄尔尼诺-南方涛动春季预报障碍、台风目标观测、阻塞和北大西洋涛动可预报性、大西洋经圈翻转环流研究、黑潮大弯曲路径变异和黑潮入侵南海研究、陆地生态系统模拟不确定性研究中的成功应用。

本书汇集了穆穆院士及其团队多年来应用 CNOP 方法研究大气与海洋科学的丰厚成果，可供从事大气和海洋科学的科研人员、高校教师、研究生和本科高年级学生，以及对应用非线性优化方法开展理论、观测、数值模拟与预测研究感兴趣的科研工作者阅读使用，也可供应用数学与计算数学等相关领域的学者参考阅读。

审图号：GS 京（2025）0415 号

图书在版编目（CIP）数据

条件非线性最优扰动及其在大气-海洋研究中的应用 / 穆穆等著.
-- 北京 ： 科学出版社，2025. 4. -- ISBN 978-7-03-081765-5

Ⅰ. P433；P732.6

中国国家版本馆 CIP 数据核字第 202596PZ95 号

责任编辑：彭胜潮 / 责任校对：郝甜甜
责任印制：赵　博 / 封面设计：马晓敏

科 学 出 版 社 出版
北京东黄城根北街 16 号
邮政编码：100717
http://www.sciencep.com
北京建宏印刷有限公司印刷
科学出版社发行　各地新华书店经销
*
2025 年 4 月第　一　版　开本：787×1092　1/16
2025 年 6 月第 二 次印刷　印张：16 3/4
字数：394 000
定价：**158.00 元**
（下载本书数值求解 CNOP 的相关程序，请扫描封底二维码）

作 者 简 介

穆 穆 中国科学院院士、发展中国家科学院院士、中国气象学会会士、中国工业与应用数学学会会士、中国运筹学会会士、博士生导师、复旦大学特聘教授。1985 年获复旦大学基础数学博士学位。研究领域涵盖天气与气候可预报性、非线性大气海洋动力学以及资料同化、集合预报、目标观测等。现任国际气象学和大气科学协会（IAMAS）执委会委员与 IAMAS 中国委员会主席，《Advances in Atmospheric Sciences》共同主编、《中国科学：地球科学》与《Science China: Earth Sciences》副主编。曾任国际气象学和大气科学协会（IAMAS）动力气象委员会（ICDM）和行星大气及其演变委员会（ICPAE）委员、国务院学位委员会大气科学评议组召集人、国家自然科学基金委员会地球科学部第八届专家咨询委员会委员、美国气象学会《Monthly Weather Review》与英国皇家气象学会《Quarterly Journal of the Royal Meteorological Society》associate editor 等。已发表学术论文 200 余篇，2020—2024 年爱思维尔中国高被引学者（大气科学）。作为第一完成人，获 2001 年度中国科学院自然科学一等奖与 2023 年度国家自然科学奖二等奖。2010 年获何梁何利基金科学与技术进步奖（气象学奖）。详细介绍请见：https://aos.fudan.edu.cn/4f/73/c14808a151411/page.htm

徐 辉 中国科学院大气物理研究所副研究员。2006 年获中国科学院大气物理研究所气象学博士学位。主要研究领域为短期气候预测及其可预报性研究。曾开发了美国 Columbia University 厄尔尼诺-南方涛动（ENSO）业务预报模式的伴随模式及其非线性优化系统。在《Climate Dynamics》《Advances in Atmosphere Sciences》等期刊发表学术论文 20 余篇。主持了国家自然科学基金青年科学基金项目"条件非线性最优扰动方法在 ENSO 集合预报中的应用"（41006007）、面上项目"两类厄尔尼诺事件的春季预报障碍及目标观测敏感区对比研究"（41476015）和"三大洋海温初始误差相互作用对两类厄尔尼诺可预报性的影响"（42176031）等多个国家级科研项目。

戴国锟 复旦大学副教授。2017 年获中国科学院大学气象学博士学位。主要研究领域为中纬度天气气候可预测性、北极与中纬度天气气候的联系、人工智能在大气科学中的应用等。在《Journal of Geophysical Research：Atmospheres》《Journal of the Atmospheric Sciences》等期刊发表学术论文 30 余篇。主持了国家自然科学基金青年科学基金项目"冬季北极对流层快速增温事件对中纬度极端低温事件对影响及机理研究"（42005046）、面上项目"冬季北极平流层初始不确定性对欧亚极端冷事件次季节可预报性的影响"（42475054）等多个国家级科研项目。

张　坤 中国科学院海洋研究所副研究员。2017 年获中国科学院大学物理海洋学博士学位。主要研究领域为海洋动力学与可预报性研究。在《Journal of Physical Oceanography》《Journal of Geophysical Research：Oceans》等期刊发表学术论文 20 余篇。主持了国家自然科学基金青年科学基金项目"源区黑潮流量季节性变化的可预报性和目标观测研究"（41806013）、面上项目"庆良间水道水交换季节内变异的可预报性与目标观测研究"（42376008）等多个国家级科研项目。

序

天气与气候的可预报性是数值天气预报和气候预测研究的核心内容之一，主要探讨产生天气气候预报结果不确定性的原因和机制，以及研究减小预报结果不确定性的方法和途径。可预报性研究是国际上共识的前沿问题，因为它直接关系到为防灾减灾等重大社会需求服务的成效。

观测误差和预报模式的非线性是产生预报误差的重要原因，在处理误差源的数学方法方面，自 20 世纪 90 年代起，国际上主要使用以奇异向量(singular vector，SV)为核心的线性理论与技术，指导业务集合预报和目标观测。但是，用 SV 难以揭示高影响天气气候事件产生预报误差的非线性机制。如何突破线性近似的桎梏，成为国际科学界面临的重大科学难题。

自 21 世纪初，穆穆开始聚焦如何减小高影响天气气候事件预报不确定性这个国际难题，带领团队从非线性、目标观测和集合预报诸方面，创立了以条件非线性最优扰动(CNOP)为核心的减小高影响天气气候事件预报误差的非线性新理论和新技术，通过大量工作和实践检验，在这一研究领域做出了重要贡献。

穆穆带领团队在国际上率先提出了全面考虑非线性影响的 CNOP 方法，而且实现了最优扰动方法，从仅考虑初始误差影响，到综合考虑初始误差和参数误差影响，以及向探讨非线性最优增长边界误差和外强迫误差影响的拓展。从理论到实践，并从实践中发现不足后，再加以改进和创新理论；一步一步走得很踏实，也很有序。

CNOP 已被众多研究人员应用于台风、对流尺度等极端天气以及厄尔尼诺等高影响气候事件的目标观测与集合预报研究，获得了很好的结果。气象部门和有关院校分别成功应用 CNOP 开展台风和海洋外场观测试验，社会有关部门已开始形成了全面考虑非线性影响减小高影响天气气候预报不确定性的新策略。

在这些理论和实践背景下，穆穆等撰写出版《条件非线性最优扰动及其在大气–海洋研究中的应用》一书，为感兴趣的读者提供一部能够集中了解 CNOP 方法的专著，是很适时的。

我有幸为该书作序，从结识穆穆院士到一直关注 CNOP 的理论、方法与应用，他与他的团队坚持不懈，克服了各种困难，着实不易。在我看来，该书不仅是一本优秀的科学著作，其研究脉络与字里行间，也充分体现了穆穆团队勇于挑战难题、追求原创、治学严谨以及为科学与服务大众而奋斗的精神。

中国科学院院士　巢纪平

于 2024 年 2 月

Foreword

One of the useful aspects of atmosphere-ocean models is that they can provide predictions of future situations. For example, much work has been done over the last decades to develop numerical weather prediction models used for weather prediction. Similarly, global climate models have been developed for climate projections under the increase of future radiative forcing scenarios. A hierarchy of models is also available for predictions of phenomena such as the El Niño/Southern Oscillation(ENSO)and the North Atlantic Oscillation(NAO).

In all such models, the skill of the forecast(prediction/projection)is determined by the error growth related to the uncertainty in initial conditions, boundary conditions or model parameters. The deal with initial condition uncertainty, usually an ensemble of forecasts is produced. However, it is in most models not evident how to choose such an ensemble. To create the largest spread in the ensemble, one wants to cover the directions of optimal growth of the error due to the different initial conditions.

To improve on the much used linear singular vector technique for optimal growth(in a certain norm), the author has developed first the nonlinear singular vector concept and after that the more general Conditional Nonlinear Optimal Perturbation(CNOP)approach (in 2003). The CNOP is that perturbation to the initial conditions (or to the parameters) which gives an optimal value of nonlinear growth, compared to a reference, after a specific time. In the fluid mechanics community the nonlinear optimal vector(NLOP)technique, a special case of the CNOP as it deals only with initial conditions, was proposed about half a decade later (in 2010).

To solve for such a CNOP, one needs to solve a nonlinear constraint optimization problem. In the first two chapters of the book, the CNOP concept and the numerical techniques to solve for it in a general way, are described. The following chapters of the book deal with several applications of the CNOP concept to climate science problems. The CNOP approach has been successfully applied to ENSO prediction, specifically to identify the origin of the so-called spring predictability barrier. In Chapter 3, this is described in detail using an intermediate complexity model of ENSO dynamics, the Zebiak-Cane model. The CNOP approach can also be applied to determine optimal observation areas which, when data is available and assimilated in models, will reduce error growth. Chapter 4 shows an explanation of this approach in the field of typhoon forecasting.

Chapter 5 deals with predictability of blocking in the midlatitude atmosphere where, for example, optimal precursors for atmospheric blocking can be determined from the CNOP approach. The following two chapters show how the CNOP approach can be applied to the ocean circulation, with the Meridional Overturning Circulation as topic of Chapter 6 and the wind-driven ocean circulation, in particular the Kuroshio Current in the Pacific, as focus in Chapter 7. The book concludes with Chapter 8 describing an application involving terrestrial ecosystem models, where focus is on the effect of uncertain parameters on ecosystem observables using the CNOP approach.

In this way, the book provides an excellent overview of the theory of CNOPs, the computational methods to compute the CNOPs and the application of CNOPs to wide range of topics in climate research. All of this is described by the absolute world-leading expert on this topic and hence the book is highly recommended for graduate students and researchers interested in the broad field of weather forecasting and climate predictability.

Prof. Henk Dijkstra

Member of Royal Dutch Academy of Arts and Sciences
Utrecht University，The Netherlands

September 26, 2023

前　言

　　大气与海洋系统的非线性本质，使得线性处理方法局限性凸显，科学家越来越倾向于采用非线性方法开展研究。然而，用何种方法揭示非线性物理过程在大气与海洋异常现象发生、发展和演变中的作用，如何量化大气–海洋预报的不确定性，是长期困扰大气与海洋学家的重大挑战。作者团队于 2003 年首先提出了条件非线性最优扰动(conditional nonlinear optimal perturbations，CNOP)方法，为研究学者提供了一种新颖、实用且有效的科学方法。CNOP 方法在大气和海洋科学许多领域得到了成功应用，推动了相关领域的科学发展。而计算机技术的快速发展，带来丰富的计算资源和超强的计算能力，更是为数值求解 CNOP、拓展 CNOP 理论和方法的广泛应用提供了保障。目前，越来越多的研究者希望学习和应用 CNOP 方法解决相关科学问题。

　　本书在写作上采用理论结合大量实际应用的方式，全面、系统地介绍了 CNOP 方法的理论基础、数值求解方法以及在大气和海洋多领域的应用成果。在应用 CNOP 方法研究大气与海洋中的科学问题时，数值求解 CNOP 是其中的核心关键环节。本书的出版，不仅是对过去研究成果的总结，其目的还在于帮助读者学会如何应用 CNOP 方法解决科学问题，从而推广 CNOP 方法的应用。通过本书的学习，读者将学会如何根据科学问题选取合适的扰动变量，如何设置目标函数和约束条件，选用何种优化算法数值求解 CNOP，如何解读和分析所得优化结果。本书的出版，将推动 CNOP 这一先进的科学方法在更多领域得到更广泛的应用，从而解决更多的科学问题和业务预报难题。

　　另一方面，为了推广 CNOP 方法在大气与海洋科学中的应用，自 2019 年，作者团队已成功组织并举办了三届"非线性最优化方法在大气–海洋科学中的应用夏季讲习班"。讲习班的授课教师主要由本书作者及其合作者担任，分别从 CNOP 方法的理论基础、数值求解方法和实际应用三个方面设置课程。特别是针对 CNOP 的数值求解方法设置了 7 个专题，且每个专题都配有上机实习课时。本书的内容和章节安排紧扣讲习班的课程设置，并附带了第 2 章数值求解篇用到的程序资源，读者可扫描封底二维码下载学习。通过阅读本书，并参加讲习班学习，能最大程度地帮助广大学者掌握 CNOP 的计算和应用。

　　本书的出版，有助于培养更多的优秀人才投入到相关领域的研究中，使得 CNOP 方法在大气和海洋科学研究中能够发挥更大作用。同时，作者也期望读者能够通过学习本书，将 CNOP 与大气–海洋科学中的关键问题紧密结合，并从大气与海洋科学中的动力学问题、计算资源的高效利用、可预报性、目标观测、集合预报、人工智能和深度学习等方面，进一步推广 CNOP 方法在大气与海洋科学研究中的应用；同时为实际的业务预报和预测作出贡献，提高我国天气和气候的预测水平。

　　本书在撰写过程中得到了多位同事的帮助与支持，包括中国科学院大气物理研究所段晚锁研究员、孙国栋研究员、周菲凡研究员与秦晓昊副研究员，陆军工程大学郑琴教授与曹益兴老师，同济大学袁时金教授与学生王星洲和秦小云，中国气象科学研究院姜智娜研究员与耿雨博士，河海大学王强教授，国家海洋环境预报中心祖子清副研究员，中国科学技术大学孙亮教授，澳大利亚 CS Energy 公司余堰山博士，大连海事大学于亮博士，中国气象局地球系统数值预报中心彭飞高级工程师，广东海洋大学梁朋博士，郑州航空工业管理学院刘霞副教授，复旦大学秦博博士、倪鑫彤女士与王蕾教授等，以及提供资料、参与代码编写和测试的老师与同学，在此表示诚挚的谢意。

　　荷兰乌德勒支大学 Henk 教授，同时也是荷兰皇家科学院院士，为本书撰写了英文序。中国科学院院士巢纪平先生为本书撰写了中文序。特此致谢！此外，科学出版社彭胜潮编审对本书给予精心编辑，衷心感谢他的帮助。

　　本书的出版得到了国家自然科学基金委员会基础科学中心项目(42288101)、国家重点研发计划(2020YFA0608802)、国家自然科学基金委员会重大项目(41790475)、上海市科学技术委员会项目(20dz1200700)的资助，在此一并表示感谢。

目　　录

序
Foreword
前言

理　论　篇

数值求解篇

应 用 篇

理 论 篇

第1章 理论基础

大气与海洋是强非线性系统,如何揭示非线性物理过程在大气与海洋异常现象发生、发展和演变中的作用,如何量化大气与海洋预报的不确定性,是长期困扰大气海洋学家的重大挑战。条件非线性最优扰动(conditional nonlinear optimal perturbations,CNOP)方法,不仅充分考虑了非线性物理过程的影响,还能定量估计预报不确定性的范围,且具有严格的理论基础和明确的物理意义,已被广泛应用于大气与海洋的非线性动力学、可预报性、目标观测和集合预报等研究领域。本章将主要介绍 CNOP 方法的理论基础,包括其提出的背景、发展历程、理论框架、物理意义及数值求解方法。

1.1 CNOP 方法提出的背景

20 世纪 60 年代以来,数值模式已成为研究和预测大气-海洋状态的一个必不可少的工具,由于观测总是存在误差,同时观测能力有限,人们无法精确地掌握大气与海洋的真实状态。另一方面,数值模式也不能完全准确地描述大气与海洋真实状态的发展和演变过程。这将导致数值模式的初始条件、模式参数、边界条件和强迫场总是存在误差,进而造成数值模式的模拟和预测结果存在不确定性(Slingo and Palmer,2011)。如何量化这些不确定性,并且弄清导致这些不确定性的物理原因和机制,进一步,探寻减小不确定性的方法和途径,这属于可预报性的研究范畴(Mu et al.,2004a)。

在大气与海洋的可预报性研究中,一个重要方面是探寻什么样的初始误差将能快速发展,并对预报结果产生重要影响。如果能够事先从理论上找到这样的误差,就可以指导大气-海洋的模拟与预测。例如,通过观测等手段减小此类误差,将可能较大程度地改进预报结果;或者,用这种类型的误差构造集合预报成员,开展概率预报等。

流体力学是大气与海洋科学的基础。从流体力学的角度来看,扰动是否快速发展与流体的稳定性密切相关,因此,研究大气与海洋科学的学者,如 Simmons 和 Hoskins(1978)、Zhu 和 Thorpe(2006)等,使用流体力学稳定性分析的重要工具——正规模(normal mode;Lin,1955)来研究扰动的发展。但是,在 20 世纪 90 年代,有学者如 Farrell 和 Ioannou(1996)等研究发现,即使系统的正规模不增长,一些初始扰动仍然有可能在短期内快速增长,这说明正规模不能表征快速发展的扰动,因此,其用于探讨大气与海洋运动的稳定性与可预报性时,存在一定的局限性。

为了克服这种局限性,Farrell(1990)指出,应该使用非正规模(non-normal mode),如线性奇异向量(linear singular vector,LSV)方法来考察扰动的增长及大气的可预报性。随后,奇异向量方法逐步被广泛应用于大气和海洋的可预报性研究中,例如,Hoskins 和 Coutinho(2005)利用奇异向量方法探讨了对欧洲影响较大的气旋的可预报性;Fujii 等(2008)、Wang 等(2017)和 Zanna 等(2011)分别将奇异向量方法应用于研究黑潮及其延伸体变异和大西洋经向翻转环流的可预报性；在气候方面，Thompson(1998)利用奇异向量方法，得到了在厄尔尼诺-南方涛动(El Niño-Southern Oscillation，ENSO)预报中快速发展的初始扰动模态，并分析了扰动增长的动力机制。关于奇异向量方法的更多应用，可参考 Palmer 和 Zanna(2013)所撰写的综述论文。

应该指出，奇异向量方法的理论建立在线性系统之上。把该方法应用于大气与海洋时，要求扰动充分小，并且扰动发展的时间要足够短，从而使得扰动的发展能被线性近似所刻画。但大气-海洋系统是一个非线性系统，扰动的发展不可避免地会受到非线性物理-动力过程的影响。在研究大气与海洋的可预报性问题时，当非线性过程扮演着重要角色时，线性奇异向量方法将不再适用。

大气与海洋中可预报性问题的研究，究其本质，是研究非线性物理-动力过程的作用。基于这一思路，Mu(2000)利用非线性模式，考察何种扰动具有最大增长率，提出了非线性奇异向量和非线性奇异值方法。但是，在对该方法深入研究后，Mu 和 Wang(2001)发现，对于某些背景流场，该方法常常得到一类局部极大值点，对应于一类局部最快增长扰动。尽管此类扰动的增长速率比全局最快增长扰动要慢，但其具有较大的能量范数，并且其在预报时刻导致的预报误差，要比全局最快增长扰动还要大，这表明寻找局部最快增长扰动在大气与海洋的可预报性研究中有重要意义。因此，在开展可预报性研究时，需要得到所有局部最快增长扰动，这在实际应用中，不仅数值算法难以实现，计算代价也太高，因而应用起来很不方便。

为了克服非线性奇异向量方法在实际应用中的不足，Mu 等(2003)提出了条件非线性最优扰动(CNOP)方法来探寻最快增长初始扰动，该方法直接使用非线性模式，不作任何线性近似，因此能够探讨非线性物理-动力过程对初始扰动发展的影响。利用 CNOP 方法得到的最快增长初始扰动比奇异向量方法得到的扰动有更快的非线性发展，体现了CNOP 方法的优越性(实例见本书第 4 章)。

还应该指出，Mu 等(2002)在研究大气与海洋的可预报性问题时，提出了可预报性研究的三类子问题，其中一类是讨论如何估计预报误差的上界。在该文的公式(2.7)中，CNOP 方法的雏形已经形成，只不过当时尚未使用"CNOP"一词。从物理上来说，CNOP 表示在一定约束条件下，在预报时刻导致最大预报误差的一类初始扰动。因此，CNOP 方法能够用于探讨对预报有最大影响的初始误差模态。

CNOP方法还能用于寻找导致大气-海洋异常事件的最优前期征兆。在大气与海洋科学的研究中，各种高影响海气环境事件如暴雨、台风、寒潮、厄尔尼诺事件等受到人们极大的关注。寻找这些事件发生的前期信号，探究它们发生发展的机制，是理论与观测研究的主要内容。我们容易理解，如果模式的初始条件中，不包括这些事件的前期信号，模式将不可能模拟或预报出这些事件。如果我们能够了解导致大气-海洋异常事件的最优前期征兆，将可以帮助我们谋划相关的观测设计，通过观测捕捉到前期信号，帮助我们模拟并且预报好这些高影响海气环境事件。

Rivière 等(2008)和 Rivière 等(2009)发展了 Mu(2000)提出的非线性奇异向量方法，他们仍然是求具有最大增长率的初始扰动，但是将初始扰动的大小固定下来，这样就变成一个具有等式约束的优化问题了。从表面上看，这与 CNOP 方法的不等式约束不同；

但事实上，他们所发展的方法与 CNOP 方法是完全等价的，因为刘永明（2008）已经从数学上严格证明了，如果计算 CNOP 的目标函数满足一定的连续可导条件，CNOP 初始扰动总是在约束的边界上取得（见附录二 A3）。

CNOP 方法提出后，Mu 和 Duan（2007）在第 16 届澳大利亚流体力学会议上，报告了如何应用 CNOP 方法研究地球流体力学中的稳定性和敏感性问题。有趣的是，在流体力学研究领域，Cherubini 等（2010）、Pringle 和 Kerswell（2010）提出了与 CNOP 方法完全相同的探寻最优扰动的方法，并将其应用于研究从层流向湍流的转变过程。由此可见，他们的工作比我们的工作晚了大约 7 年。

近年来，我们研究小组进一步发展了 CNOP 方法。如图 1.1 所示，最初的 CNOP 方法主要是关于初始扰动，我们记其为条件非线性最优初始扰动（CNOP-I）。随后，为了考察模式中参数不确定性对预报结果的影响，Mu 等（2010）对 CNOP 方法进行了扩展，使其能够用于评估模式参数误差对预报的影响，提出了条件非线性最优参数扰动（CNOP-P）。进一步，Duan 和 Zhou（2013）、Wang 和 Mu（2015）分别扩展了 CNOP 方法，使其能够考察模式倾向误差和边界条件误差对预报结果的影响，分别记为条件非线性最优强迫扰动（CNOP-F）与条件非线性最优边界条件扰动（CNOP-B）。

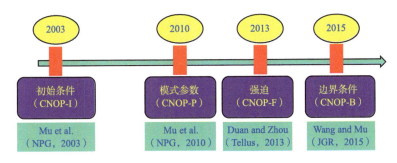

图 1.1　CNOP 方法的发展历程

在下一节中，我们将在统一的理论框架下，介绍 CNOP 方法及其物理意义。

1.2　CNOP 方法及其物理意义

在上节中，我们指出 CNOP 方法提出后已得到很大的发展，不仅能够考察初始条件误差的影响，还能探讨模式参数误差、模式倾向误差和边界条件误差的影响。本节将基于 Mu 和 Wang（2017）、Wang 等（2020）两篇文献，在统一的理论框架下介绍 CNOP 方法，并阐述 CNOP 的物理意义。

大气-海洋模式可以表示为以下的非线性发展方程：

$$\begin{cases} \dfrac{\partial U}{\partial t} = F(U, P) & \text{in } \Omega \\ U\big|_{t=0} = U_0 & \text{in } \Omega \\ B(U)\big|_{\Gamma} = G \end{cases} \tag{1.1}$$

式中，U 是大气-海洋的状态变量；F 为非线性偏微分算子；$P=P(t)$ 为模式中随时间变化的参数；U_0 表示大气-海洋的初始状态；B 为边界条件算子；$G=G(t)$ 为随时间 t 变化的边界条件；Γ 为流体区域 Ω 的边界。假设存在初始扰动 u_0，模式参数扰动 $p=p(t)$，模式倾向扰动 $f=f(t)$ 和边界条件扰动 $g=g(t)$，则模式方程变为

$$\begin{cases} \dfrac{\partial(U+u)}{\partial t}=F(U+u,P+p)+f & \text{in } \Omega \\ U+u\big|_{t=0}=U_0+u_0 & \text{in } \Omega \\ B(U+u)\big|_{\Gamma}=G+g \end{cases} \tag{1.2}$$

式中，u 表示各个扰动共同作用导致的模式模拟结果与参考态 U 之间的偏差，反映了扰动对模式预报结果的影响。我们的问题是，什么样的初始条件、模式参数、模式倾向和边界条件联合扰动模态，能够对模式在预报时刻 τ 时的预报结果有最大影响？也就是说，扰动对模式预报结果影响的上界是什么？为了解决这些问题，需要求解如下非线性约束最优化问题

$$J(u_0^*,p^*,f^*,g^*)=\max_{(u_0,p,f,g)\in C} J[u(\tau)] \tag{1.3}$$

式中，$J[u(\tau)]$ 是度量模式模拟结果偏差的目标函数，它由所考察的具体物理问题给出。为了简单起见，我们这里用预报时刻 τ 时预报偏差的平方和作为度量，即目标函数写为

$$J[u(\tau)]=\frac{1}{2}\int_{\Omega}[u(\tau)]^2 d\Omega \tag{1.4}$$

在方程 (1.3) 中，扰动的大小应该是有限的，因此其需要满足一定的约束 $(u_0,p,f,g)\in C$，其中 C 表示约束条件。这样，约束优化问题的解 (u_0^*,p^*,f^*,g^*) 表示在上述约束条件下，对模式预报结果影响最大的初始条件扰动、模式参数扰动、模式倾向扰动和边界条件扰动的联合模态，我们称其为条件非线性最优扰动（CNOP）。

特别地，当仅考虑初始扰动时，其他扰动设为 0，即假设模式参数、强迫场和边界条件均是完美的，不存在误差，此时将得到初始扰动 CNOP-I，这正是 Mu 等（2003）提出的，在这里，它已成为 CNOP 方法的一个特殊情形。从物理上来说，CNOP-I 有两种意义：①表示在给定约束条件下，对预报影响最大的一类初始误差；②考察某类大气-海洋异常事件的最优前期征兆问题时，如考察何种初始异常最容易导致 ENSO 事件的发生，此时 CNOP-I 表示最容易发展成该类大气-海洋异常事件的初始模态。值得提及的是，Cherubini 等（2010）、Pringle 和 Kerswell（2010）在流体力学领域的工作正是基于第二种意义，他们主要探讨了触发流体从层流向湍流转变的扰动，并将该扰动称为非线性最优扰动（nonlinear optimal perturbation，NLOP）；事实上，该扰动与 CNOP-I 完全相同。还有，在热声学研究领域，Juniper（2011）探讨了触发稳定态向自持震荡转变的最优扰动，也和 CNOP-I 完全相同。

应该指出，CNOP 实际上由三个要素组成：目标函数的构造、参考态的确定与约束条件的选取。在具体研究中，要根据所研究的物理问题，精心确定这三个要素，方能运用 CNOP 方法，解决我们所关心的问题。我们会在下面的章节中，结合具体问题，作详

细说明。

综上所述，由方程 (1.3) 定义的 CNOP 包括 CNOP-I、CNOP-P、CNOP-F 和 CNOP-B，它们分别成为其一个特殊情形。此外，不同情形的 CNOP 具有明确的物理意义，它们已在大气-海洋和流体力学等研究领域有了成功的应用，这表明 CNOP 方法是一个十分有用的工具，在本章 1.4 节和本书后面的章节中，我们会介绍 CNOP 在大气与海洋可预报性研究中的应用。CNOP 方法自提出以来，其应用发展很快，读者也可以参考 Mu 和 Wang (2017) 等有关文献。

1.3　CNOP 求解方法概述

上节已经论述了 CNOP 方法及其物理意义，要想获得 CNOP，需要求解约束优化问题 (1.3)，这需要借助最优化理论和算法。最优化的相关理论已经证明了在满足一定条件下，非线性最优化问题存在全局 (或局部) 理论解。获得非线性最优化问题的数值解，是将非线性最优化理论和方法应用于大气和海洋科学等领域的重要环节。非线性优化算法是获得最优化问题数值解的有效工具。

无论是无约束非线性最优化问题，还是约束非线性最优化问题，经典的非线性优化算法一个重要的特点在于需要最优化问题中目标函数的一阶梯度信息，例如，最速下降法、共轭梯度法、逐步二次规划法等算法。利用经典的非线性优化算法、目标函数及其一阶梯度信息提供的搜索方向，将最终得到约束或者无约束非线性最优化问题的数值解 (附录二 A1 和 A2)。

一般地，对于由初等函数组成的目标函数，可以容易地获得目标函数的梯度信息。对于描述大气和海洋流体运动的数值模式而言，其最优化问题中的目标函数未必可以用初等函数表达。如果有该数值模式的伴随模式，我们可以通过变分方法计算得到目标函数的梯度信息，从而利用经典的非线性优化算法获得约束或者无约束非线性最优化问题的最优解。

然而，用于研究大气和海洋科学的数值模式并非都有伴随模式，因此如何计算此类非线性最优化问题中目标函数的梯度是非常重要的。目前，有两种途径计算此类目标函数的梯度：一种是利用梯度的定义方法，直接计算目标函数的梯度；另一种是利用集合方法近似计算目标函数的梯度。上述的非线性最优化问题都是通过获得其一阶梯度信息，计算得到其最优解。应该指出，当目标函数关于变量的梯度不存在时，亦或是不可接受的目标函数梯度的计算量时，上述非线性优化算法将失效。近些年，一类免梯度的非线性优化算法被提出。这类非线性优化算法不需要计算目标函数关于变量的梯度，而是通过创建种群，计算这些种群的目标函数并进行比较、交叉、变异等过程，逐步迭代最终获得最优解。一般而言，此类算法具有全局收敛等性质，例如，遗传算法、粒子群算法、差分进化算法等。不管是经典的非线性优化算法，还是免梯度的非线性优化算法，都有其广泛的适用性，读者可以根据不同的需要选择合适的非线性优化算法。

本节将简要介绍计算 CNOP 的三类方法，包括目标函数光滑因而梯度存在时：伴随方法、梯度定义法和基于集合的梯度方法；目标函数不光滑、梯度不存在时：

线性近似的约束优化算法和智能优化算法。这些方法的具体实施细节与例子可参看本书第 2 章。

1.3.1　伴随梯度方法

欲求解约束优化问题(1.3)，常用的优化算法有谱投影梯度算法(spectral projected gradient algorithm，SPG；Birgin et al.，2000)和序列二次规划算法(sequential quadratic programming algorithm，SQP；Powell，1983)，使用这两个算法需要向其提供目标函数关于优化变量的梯度信息，而计算梯度的一个方法是使用伴随模式，下面将从连续方程和离散方程角度，分别推导如何使用伴随模式来计算梯度。

1. 连续方程推导梯度

对方程(1.2)求一阶变分，得到如下切线性方程：

$$\begin{cases} \dfrac{\partial (\delta u)}{\partial t} = \dfrac{\partial F}{\partial u} \cdot \delta u + \dfrac{\partial F}{\partial p} \cdot \delta p + \delta f & \text{in } \Omega \\[2mm] \delta u\big|_{t=0} = \delta u_0 & \text{in } \Omega \\[2mm] B_u \delta u\big|_{\Gamma} = \delta g \end{cases} \tag{1.5}$$

利用求极值的拉格朗日乘子法，并对目标函数进行一阶变分运算，有：

$$\begin{aligned} \delta L &= \int_{\Omega} u(\tau) \cdot \delta u(\tau) d\Omega - \int_0^{\tau} \int_{\Omega} \lambda(t) \Big[\dfrac{\partial (\delta u)}{\partial t} - \dfrac{\partial F}{\partial u} \cdot \delta u - \dfrac{\partial F}{\partial p} \cdot \delta p - \delta f \Big] d\Omega dt \\ &= \int_{\Omega} u(\tau) \cdot \delta u(\tau) d\Omega - \int_0^{\tau} \int_{\Omega} \lambda(t) \cdot \dfrac{\partial (\delta u)}{\partial t} d\Omega dt \\ &\quad + \int_0^{\tau} \int_{\Omega} \lambda(t) \dfrac{\partial F}{\partial u} \cdot \delta u d\Omega dt + \int_0^{\tau} \int_{\Omega} \lambda(t) \dfrac{\partial F}{\partial p} \cdot \delta p d\Omega dt + \int_0^{\tau} \int_{\Omega} \lambda(t) \cdot \delta f d\Omega dt \end{aligned} \tag{1.6}$$

利用分部积分，并假设积分函数连续，可得：

$$\begin{aligned} \int_0^{\tau} \int_{\Omega} \lambda(t) \cdot \dfrac{\partial (\delta u)}{\partial t} d\Omega dt &= \int_{\Omega} [\lambda(t) \cdot \delta u(t)]_0^{\tau} d\Omega - \int_0^{\tau} \int_{\Omega} \dfrac{\partial \lambda(t)}{\partial t} \cdot \delta u d\Omega dt \\ &= \int_{\Omega} \lambda(\tau) \cdot \delta u(\tau) d\Omega - \int_{\Omega} \lambda(0) \cdot \delta u_0 d\Omega - \int_0^{\tau} \int_{\Omega} \dfrac{\partial \lambda(t)}{\partial t} \cdot \delta u d\Omega dt \end{aligned} \tag{1.7}$$

利用格林公式，可得：

$$\begin{aligned} \int_0^{\tau} \int_{\Omega} \lambda(t) \dfrac{\partial F}{\partial u} \cdot \delta u d\Omega dt &= \int_0^{\tau} \int_{\Omega} \Big(\dfrac{\partial F}{\partial u} \Big)^* \lambda(t) \cdot \delta u d\Omega dt + \int_0^{\tau} \int_{\Gamma} B_u^* \lambda(t) \cdot C \delta u d\Gamma dt \\ &\quad - \int_0^{\tau} \int_{\Gamma} C^* \lambda(t) \cdot B_u \delta u d\Gamma dt \end{aligned} \tag{1.8}$$

$$\int_0^{\tau} \int_{\Omega} \lambda(t) \dfrac{\partial F}{\partial p} \cdot \delta p d\Omega dt = \int_0^{\tau} \int_{\Omega} \Big(\dfrac{\partial F}{\partial p} \Big)^* \lambda(t) \cdot \delta p d\Omega dt \tag{1.9}$$

将式(1.7)、式(1.8)和式(1.9)代入式(1.6)，并注意到 $B_u \delta u\big|_{\Gamma} = \delta g$，可得：

$$\delta L = \int_{\Omega}[u(\tau) - \lambda(\tau)] \cdot \delta u(\tau)d\Omega + \int_{\Omega}\lambda(0) \cdot \delta u_0 d\Omega$$

$$+ \int_0^{\tau}\int_{\Omega}[\frac{\partial\lambda(t)}{\partial t} + \left(\frac{\partial F}{\partial u}\right)^* \lambda(t)] \cdot \delta u d\Omega dt$$

$$+ \int_0^{\tau}\int_{\Gamma}B_u^*\lambda(t) \cdot C\delta u d\Gamma dt - \int_0^{\tau}\int_{\Gamma}C^*\lambda(t) \cdot \delta g d\Gamma dt \qquad (1.10)$$

$$+ \int_0^{\tau}\int_{\Omega}\left(\frac{\partial F}{\partial p}\right)^* \lambda(t) \cdot \delta p d\Omega dt + \int_0^{\tau}\int_{\Omega}\lambda(t) \cdot \delta f d\Omega dt$$

由此可得关于初始扰动的伴随方程，为

$$\begin{cases} \dfrac{\partial\lambda(t)}{\partial t} + \left(\dfrac{\partial F(U+u, P+p)}{\partial u}\right)^* \lambda(t) = 0 & \text{in } \Omega \\[2mm] \lambda\big|_{t=\tau} = u(\tau) & \text{in } \Omega \\[2mm] B_u^*\lambda(t)\big|_{\Gamma} = 0 \end{cases} \qquad (1.11)$$

关于初始扰动梯度的关系式为

$$\int_{\Omega}\frac{\partial J}{\partial u_0} \cdot \delta u_0 d\Omega = \int_{\Omega}\lambda(0) \cdot \delta u_0 d\Omega \qquad (1.12)$$

要使上式恒成立，那么要求

$$\frac{\partial J}{\partial u_0} = \lambda(0) \qquad (1.13)$$

上式给出了目标函数关于初始扰动的梯度，其为伴随方程(1.11)从 τ 时刻积分到 0 时刻的解。

进一步，对于随时间变化的参数扰动、模式倾向扰动和边界条件扰动有：

$$\int_{\Omega}\frac{\partial J}{\partial p} \cdot \delta p d\Omega = \int_0^{\tau}\int_{\Omega}\left(\frac{\partial F}{\partial p}\right)^* \lambda(t) \cdot \delta p d\Omega dt \qquad (1.14)$$

$$\int_{\Omega}\frac{\partial J}{\partial f} \cdot \delta f d\Omega = \int_0^{\tau}\int_{\Omega}\lambda(t) \cdot \delta f d\Omega dt \qquad (1.15)$$

$$\int_{\Gamma}\frac{\partial J}{\partial g} \cdot \delta g d\Omega = -\int_0^{\tau}\int_{\Gamma}C^*\lambda(t) \cdot \delta g d\Gamma dt \qquad (1.16)$$

要使上式恒等，那么要求

$$\frac{\partial J}{\partial p(t)} = \left(\frac{\partial F'(t)}{\partial p(t)}\right)^* \lambda(t) \qquad (1.17)$$

$$\frac{\partial J}{\partial f(t)} = \lambda(t) \qquad (1.18)$$

$$\frac{\partial J}{\partial g(t)} = -C^*\lambda(t)\big|_{\Gamma} \qquad (1.19)$$

以上三式即为目标函数关于参数扰动、模式倾向扰动和边界条件扰动的梯度，其中，

式 (1.19) 中的算子 C^* 与非线性算子 F 有关。在实际应用中，该算子能由分部积分决定。

2. 离散方程推导梯度

离散状态下，积分模式，得到在 τ 时刻的数值解，可写为

$$U = M_\tau(U_0, P, Q, G) \tag{1.20}$$

式中，M_τ 是从 0 到 τ 时刻的非线性传播算子；U_0 为初始条件；P 为参数；Q 为强迫场；G 为边界条件。

分别在 U_0、P、Q 和 G 上叠加初始扰动 u_0、参数扰动 p、强迫场扰动 f 和边界条件扰动 g，此时模式的解为

$$U + u = M_\tau(U_0 + u_0, P + p, Q + f, G + g) \tag{1.21}$$

其中

$$u = M_\tau(U_0 + u_0, P + p, Q + f, G + g) - M_\tau(U_0, P, Q, G) \tag{1.22}$$

u 的含义同式 (1.2)，即为各个扰动导致的预报偏差。

在离散情形下，式 (1.4) 写为

$$J(u_0, p, f, g) = \frac{1}{2} \left\| M_\tau(U_0 + u_0, P + p, Q + f, G + g) - M_\tau(U_0, P, Q, G) \right\|^2 \tag{1.23}$$

对于给定的约束条件，考虑下列非线性优化问题

$$J(u_0^*, p^*, f^*, g^*) = \max_{(u_0, p, f, g) \in C} J(u_0, p, f, g) \tag{1.24}$$

为了求解上述最优化问题，可利用非线性最优化算法，但这些算法主要用于处理极小值问题，可以通过在上述目标函数前加负号，将极大值问题转换为极小值问题，令 $J_1(u_0, p, f, g) = -J(u_0, p, f, g)$，则有

$$J_1(u_0^*, p^*, f^*, g^*) = \min_{(u_0, p, f, g) \in C} J_1(u_0, p, f, g) \tag{1.25}$$

将目标函数写为内积形式，有

$$J_1(u_0, p, f, g) = -\frac{1}{2} \langle u, u \rangle \tag{1.26}$$

于是

$$\delta J_1 = -\langle u, \delta u \rangle \tag{1.27}$$

即

$$\delta J_1 = -< M_\tau(U_0 + u_0, P + p, Q + f, G + g) - M_\tau(U_0, P, Q, G),$$
$$(\mathbf{M}_{u_0}, \mathbf{M}_p, \mathbf{M}_f, \mathbf{M}_g)(\delta u_0, \delta p, \delta f, \delta g)^{\mathrm{T}} > \tag{1.28}$$

其中切线性矩阵

$$\mathbf{M}_{u_0} = \partial M_\tau(U_0 + u_0, P + p, Q + f, G + g) / \partial u_0,$$

$$\mathbf{M}_p = \partial M_\tau(U_0 + u_0, P + p, Q + f, G + g) / \partial p,$$

$$\mathbf{M}_f = \partial M_\tau(U_0 + u_0, P + p, Q + f, G + g) / \partial f,$$

$$\mathbf{M}_g = \partial M_\tau(U_0 + u_0, P + p, Q + f, G + g)/\partial g .$$

再引入切线性矩阵 $\mathbf{M}$ 的伴随矩阵 $\mathbf{M}^*$，可得 $J_1(u_0, p, f, g)$ 关于 u_0、p、f 和 g 的梯度，分别为

$$\frac{\partial J_1}{\partial u_0} = -\mathbf{M}^*_{u_0} \cdot [M_\tau(U_0 + u_0, P + p, Q + f, G + g) - M_\tau(U_0, P, Q, G)], \tag{1.29}$$

$$\frac{\partial J_1}{\partial p} = -\mathbf{M}^*_p \cdot [M_\tau(U_0 + u_0, P + p, Q + f, G + g) - M_\tau(U_0, P, Q, G)], \tag{1.30}$$

$$\frac{\partial J_1}{\partial f} = -\mathbf{M}^*_f \cdot [M_\tau(U_0 + u_0, P + p, Q + f, G + g) - M_\tau(U_0, P, Q, G)], \tag{1.31}$$

$$\frac{\partial J_1}{\partial g} = -\mathbf{M}^*_g \cdot [M_\tau(U_0 + u_0, P + p, Q + f, G + g) - M_\tau(U_0, P, Q, G)] \tag{1.32}$$

上述基于连续方程和离散方程推导出的目标函数关于初始扰动、参数扰动、强迫扰动和边界条件扰动的梯度是等价的。在获得目标函数的梯度信息后，连同目标函数和约束条件一起提供给优化算法（如 SPG），即可计算出 CNOP，计算流程如图 1.2 所示，具体数值求解方法将在本书第 2 章 2.1 节中介绍。

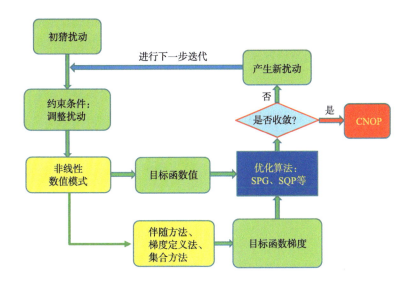

图 1.2　利用梯度信息求解 CNOP 流程图

(Wang et al., 2020；有修改)

应该提到的是，尽管伴随梯度方法是最直接的求解 CNOP 的方法，但其也存在一些局限性：①伴随梯度优化方法仅仅能处理光滑优化问题，对于梯度不存在的非光滑问题无法处理；②伴随梯度方法需要使用伴随模式，当前大气-海洋的一些模式还没有开发出伴随模式，因此对于这些模式，伴随梯度方法无法使用。为了克服这些缺陷，可以使用以下两节所介绍的优化策略计算 CNOP。

1.3.2 无需伴随的梯度方法

无需伴随的梯度方法所使用的优化算法(如 SPG 和 SQP),仍然需要使用目标函数的梯度信息,但其计算梯度的方法不是通过积分伴随模式得到,而是通过其他方法近似得到。目前,无需伴随的方法主要包括梯度定义法和集合方法。

1. 梯度定义法

对于光滑可微的目标函数,可以利用梯度定义的方法近似求得目标函数的梯度。目标函数一般为多元函数,其梯度由偏导数定义,以二元函数 $z = f(x, y)$ 举例,假设 z 在平面区域 D 上有一阶连续偏导数,则对于 D 上每一点 $P(x, y)$ 都可确定一个向量 $\left(\dfrac{\partial f}{\partial x}, \dfrac{\partial f}{\partial y} \right)$,该向量就称为函数 $z = f(x, y)$ 在 $P(x, y)$ 的梯度,记作 $\nabla f(x, y)$ 或 grad $f(x, y)$。

可见,计算梯度需要用到偏导数,其定义是一个极限,$f: R^n \to R$ 在点 $(x_1, x_2, \ldots, x_n) \in R^n$ 关于第 i 个变量 x_i 的偏导数为

$$\frac{\partial f}{\partial x_i} = \lim_{h \to 0} \frac{f(x_1, x_2, \ldots, x_i + h, \ldots, x_n) - f(x_1, x_2, \ldots, x_n)}{h} \tag{1.33}$$

在实际数值计算中,可采用数值微分近似代替偏导数,此时 h 应取接近于 0 而不是 0 的实数。

根据梯度的定义式,可以用数值导数求梯度,进而求解 CNOP,例如对于关于初始扰动的目标函数 $J(u_0)$,在某个格点 (i, j) 处的梯度可以写为

$$\frac{\partial J}{\partial u_0(i, j)} = \frac{J[u_0(i, j) + \Delta u(i, j)] - J[u_0(i, j)]}{\Delta u(i, j)} \tag{1.34}$$

式中,Δu 表示小扰动。根据上式,目标函数关于每个优化变量在每个格点处的梯度都能获得。利用梯度定义法求解 CNOP 流程如图 1.2 所示,具体数值求解方法将在本书第 2 章 2.4 节介绍。

Mu 等(2017a)利用此方法计算了 CNOP,并考察了 ENSO 的可预报性。当然,该方法需要面对的挑战是,当优化变量的维数足够大时,计算量将非常庞大。因此,如何发挥好超级计算机的效能,开发有关并行与加速算法,将其应用于复杂的大气-海洋模式,还需要进一步研究。

2. 集合方法

Wang 和 Tan(2010)最初提出利用集合投影方法计算 CNOP,其基本思想是:首先建立集合扰动 x' 与预报增量 y' 之间的统计模型

$$y' = \mathbf{H} x' \tag{1.35}$$

在此过程中,局地化过程被用来滤除集合扰动和预报增量之间的长距离相关;然后

基于此统计关系，近似地得到目标函数的梯度：

$$\nabla_{x'}\tilde{J}(x') = -2\tilde{J}^2(x')\mathbf{H}^{\mathrm{T}}y' \tag{1.36}$$

在获得梯度信息后，可以利用优化算法计算 CNOP。Tian 等（2016）进一步改进了局地化过程，提出了预报-校正两步法策略，提高了集合方法计算 CNOP 的效率。

Wang 和 Tan（2010）集合投影方法中切线性矩阵 $\mathbf{H}$ 的近似效果依赖于局地化半径大小的选取，而后者一定程度上又依赖于样本的质量和数量，从而使得切线性矩阵的近似效果受人为经验的影响；再加上该方法需要进行大样本集合预报，计算量较大。鉴于此，Chen 等（2015）提出基于奇异值分解（singular value decomposition，SVD）的集合投影方法，降低优化问题的维数，从而计算 CNOP。以求解 CNOP-I 为例，该方法利用 SVD 选取有限的 m 个空间模态 e_i，假设 CNOP-I 能够用这些模态的线性组合表示，从而把目标函数关于初始扰动的优化问题降维，转化为关于所选取基底线性组合权重系数 a_i 的优化问题

$$\begin{cases} J_1(x_{0\delta}) = \min_{\|x_0\|_\delta \leqslant \delta}\left[-\left\|M_t(X_0 + x_0) - M_t(X_0)\right\|^2\right] \\ x_0 = \sum_{i=1}^{m} a_i e_i \end{cases} \tag{1.37}$$

在此基础上，可以利用梯度定义法或集合投影方法计算目标函数关于权重系数的梯度，再优化计算所选基底线性组合的最优权重系数，从而得到 CNOP-I。事实上，用基于 SVD 分解的集合投影方法对优化问题降维后，大大降低了计算 CNOP 的代价，甚至不需要计算梯度，可直接用智能优化算法计算最优权重系数组合（见本章 1.3.3 节）。目前，集合方法已被实际应用于计算 CNOP，探讨台风的目标观测和 ENSO 的可预报性研究（Wang and Tan，2009；Chen et al.，2015）。

1.3.3　无需梯度的优化方法

无需梯度的优化方法，主要是使用不需要提供梯度信息的优化算法来计算 CNOP，目前主要包括两类算法：线性近似的约束优化算法和智能优化算法。

线性近似的约束优化算法是由 Powell（1994）提出的，其基本思想是，在优化迭代的每一步，对目标函数和约束条件进行线性化，使其转化为一个线性优化问题，然后利用单纯形法进行优化计算。Oosterwijk 等（2017）首先利用主成分分析（principal component analysis，PCA）减小优化问题的维数，然后利用线性近似的约束优化算法计算得到了 CNOP，其结果与伴随方法所得的结果类似。同时，他们也指出，尽管该方法不需要伴随梯度的计算，但是其比伴随梯度方法要耗费更多计算时间。

智能优化算法使用一些优化策略，直接搜索最优解。目前，遗传算法、粒子群优化算法（Kennedy and Eberhart，1995）和合作协同粒子群优化算法已被成功应用于求解 CNOP-I（Fang et al.，2009；Zheng et al.，2012；Yuan et al.，2015）。此外差分进化算法也已被用于求解 CNOP-P（Sun and Mu，2009；Peng and Sun，2014）。

在上述这些应用中，优化问题的维数较低。对于更大维数的问题，智能优化算法一

方面需要耗费大量的机时；另一方面不能很好地收敛到最优解。为了解决这些问题，Mu 等（2015）和 Zhang 等（2017）首先利用 PCA 进行降维，使优化问题的维数显著减小，然后利用智能优化算法求解降维后的优化问题，最终得到 CNOP。Yang 等（2020）和 Xu 等（2021）用类似方法，对复杂的海气耦合模式进行降维，再结合智能优化方法求解 CNOP-I。图 1.3 给出了智能优化算法计算 CNOP 的流程。关于智能优化算法求解 CNOP 的计算实例，请参看本书第 2 章 2.2 节和 2.3 节。

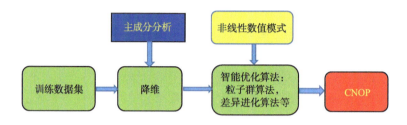

图 1.3　智能优化算法计算 CNOP 流程图

（Wang et al.，2020；有修改）

1.4　CNOP 方法应用研究概述

CNOP 方法已广泛应用于大气与海洋的可预报性和目标观测研究中，取得了一系列创新成果，本节将作简要介绍。

在气候异常事件的研究中，CNOP-I 方法被应用于探讨 ENSO 的可预报性，系统揭示了导致 ENSO 春季预报障碍（spring predictability barrier，SPB）的原因和机制，发现了具有 CNOP-I 结构的初始误差对 ENSO 预报有最大影响，阐明了导致 ENSO 事件 SPB 现象发生的初始误差演变的非线性动力学机制，揭示了位于特定地理位置且具有一定空间结构的初始误差在产生 SPB 中的重要性（Duan et al.，2004，2009；Mu et al.，2007；Yu et al.，2012；Duan and Hu，2016）；基于 CNOP-I 型初始误差的空间结构，识别了目标观测敏感区，揭示了在敏感区增加额外观测，将能较大程度地提高 ENSO 的预报技巧（Duan et al.，2018；Zhang et al.，2021）。同时 CNOP-I 方法也被用来考察印度洋偶极子（Indian Ocean dipole，IOD）的可预报性和目标观测问题，揭示了初始误差的非线性发展对 IOD 预报的影响，并为改进 IOD 的预报设计了目标观测网（Mu et al.，2017b；Feng et al.，2017；Zhou et al.，2019）。

对于天气异常事件，CNOP-I 方法已被应用于研究初始误差对乌拉尔阻塞、北大西洋涛动、台风等预报的影响，揭示了 CNOP-I 型初始误差比线性奇异向量型误差发展更快。进一步，在基于 CNOP-I 型误差的空间结构识别的目标观测敏感区进行观测，能更大程度地提高预报水平（Jiang and Wang，2010；Dai et al.，2016；Mu et al.，2009；Qin and Mu，2012；Chen et al.，2013；Feng et al.，2022；Qin et al.，2023）。

在海洋异常事件研究中，CNOP-I 方法主要被用于考察热盐环流的稳定性、黑潮和南极绕极流的可预报性，发现了非线性物理过程对这些事件的预测有重要影响，并基于初始误差的 CNOP-I 空间结构确定了海洋目标观测敏感区，根据海洋观测的实际特点，设计了目标观测阵列（Mu et al.，2004b；Zu et al.，2016；Wang et al.，2013；Liu et al.，2018；Zhang et al.，2019；Liang et al.，2019；Zhou et al.，2021）。此外，CNOP-I 方法还被用于针对黄海海洋热力结构的预报设计了目标观测网，随后利用两艘科考船协同进行海上目标观测外场试验。结果表明，CNOP-I 方法设计的目标观测网能够大大减小预报的不确定性（Liu et al.，2021）。

CNOP-P 方法能够寻找导致数值模拟和预报最大不确定性的模式参数误差（Mu et al.，2010）。基于此，该方法可用于探讨大气、海洋和陆面模式中参数不确定性对数值模拟和预报的影响。Mu 等（2010）、Duan 和 Zhang（2010）、Yu 等（2012）利用 CNOP-P 方法，阐明了数值模式物理参数间的非线性协同效应在产生 ENSO 事件 SPB 中的作用；Sun 和 Mu（2017）指出，CNOP-P 型模式参数误差对陆地碳循环（例如，净初级生产力）的数值模拟和预报有重要影响，因而他们提出，如果通过观测减小该误差，将能显著提高陆地碳循环预报能力。基于该想法，CNOP-P 方法被用于识别数值模式中相对敏感和重要的物理参数（Mu，2013；Sun and Mu，2017），通过对这些物理参数进行加强观测，提高了陆地碳循环的模拟能力和预报技巧。除了模式参数误差外，Sun 和 Mu（2011）还利用 CNOP-P 方法发现了气候条件的非线性变化在草原生态系统平衡态突变中扮演重要角色，这对于合理评估气候变化对陆面过程的影响有重要意义（Sun and Mu，2013），更多的细节可参考本书第 8 章。

CNOP-F 和 CNOP-B 主要用于考察模式倾向误差和边界条件误差对预报结果的影响。具体而言，CNOP-F 被用于探讨 ENSO 的可预报性，发现模式倾向误差对 ENSO 预报有重要影响（Duan and Zhao，2015），其所导致的预报误差发展有显著的季节依赖性，能够产生 ENSO 事件 SPB（Duan et al.，2016），减小该倾向误差能够提高 ENSO 预报的准确性（Tao et al.，2020；Tao and Duan，2019）。最近，CNOP-F 还被用于表征对流尺度集合预报系统中的模式误差，产生了更为可靠的预报结果（Xu et al.，2022）。CNOP-B 方法被用于讨论海洋浮游生态过程对海洋下层营养盐变化的响应，揭示了海洋生态系统中非线性过程的作用（Wang and Mu，2015）。另外，Ma 等（2022）和 Dai 等（2023）还利用 CNOP-B 方法，探讨了北极海冰扰动对大气阻塞延伸期预报的影响，揭示了格陵兰海、巴伦支海和鄂霍次克海海冰扰动的关键作用；进一步分析表明，这些区域的海冰下降将有利于产生大气阻塞事件。可见，CNOP 方法在大气、海洋和陆面领域得到了广泛应用，表明了该方法的有效性和实用性。

1.5 总结与讨论

本章主要介绍了 CNOP 方法提出的物理背景，回顾了 CNOP 方法的发展历程：从最初的仅与初始扰动相关的 CNOP 方法发展到目前能够同时考虑初始扰动、模式参数扰动、模式倾向扰动和边界条件扰动的方法。我们同时讨论了 CNOP 的物理意义及其应用，CNOP 表示在一定约束条件下，对模式模拟或预报影响最大的初始扰动、模式参数扰动、模式倾向扰动和边界条件扰动联合模态。对于这四种扰动，我们可以仅考虑一种扰动，也可以同时考虑四种扰动中的几种；无论什么情形，均可认为是当前 CNOP 方法的特例。

应该注意到，对于不同情形，根据所处理的物理问题的不同，其物理意义也存在差别。例如，对于考察初始条件不确定性对预报结果的影响，CNOP-I 表示对预报影响最大的一类初始误差；对于考察初始扰动触发某一大气-海洋异常事件，CNOP-I 表示导致该异常事件发生的最优前期征兆。在 CNOP 的不同物理意义下，其不仅被用于探讨大气-海洋的可预报性、敏感性和目标观测问题，还被成功应用于流体力学领域的研究，这些应用表明，CNOP 方法是一个十分有用的方法。

应用 CNOP 方法的一个关键是如何利用最优化算法数值求解 CNOP，目前主要有三类方法可以获得 CNOP：伴随梯度方法、无需伴随的梯度方法和无需梯度的优化方法。这三类方法各有优缺点：伴随梯度方法是最直接快速的计算 CNOP 的方法，但是其需要伴随模式，对于当前许多大气-海洋模式并未开发出伴随模式，这就限制了该方法的使用；无需伴随的梯度方法不需要伴随模式，其使用集合方法获得梯度的近似，但是该方法需要进行数值模式的集合模拟，对于维数较大的问题，此方法计算速度较慢，耗费的计算资源较多；无需梯度的方法所用的优化算法不需要梯度信息，而是采取某些策略直接搜索 CNOP，但该方法也需要运行多次数值模式，耗费的计算代价较大。

目前在 CNOP 的实际应用中，伴随梯度方法所解决的优化问题维数最大，已达到 $O(10^7)$；而其他两类方法，由于在处理大维数的优化问题时存在困难，常常采用降维技术将优化问题的维数大幅度减小，目前所处理的降维前优化问题的维数约为 $O(10^6)$，降维后问题的维数大约为 $O(10^2)$。

近年来，大气海洋模式得到了快速发展，无论是物理过程的刻画，还是模式分辨率，都变得越来越精细，这给 CNOP 方法的应用带来了一定的挑战。幸运的是，计算机性能尤其是超算能力得到了显著提升，因此我们有较充足的计算资源来计算 CNOP。但是，我们不能仅依靠硬件性能的提升，在软件上，我们还需要发展更高效的优化算法，尤其是并行优化算法来求解 CNOP；另外，也需要发展更好的降维技术，将优化问题的维数显著降低，更高效地求解优化问题，进而获得 CNOP。当然，无论是优化算法还是降维技术的发展，都需要大气-海洋科学、数学和计算机科学的专家学者协同合作才能完成，期望通过这些合作，推动与 CNOP 相关的优化问题得以解决。

参 考 文 献

刘永明. 2008. 条件非线性最优扰动的最大值原理. 华东师范大学学报(自然科学版), 2: 131-134.

Birgin E G, Martinez J M, Raydan M. 2000. Nonmonotone spectral projected gradient methods on convex sets. SIAM J Optim, 10: 1196-1211.

Chen B Y, Mu M, Qin X H, 2013. The impact of assimilating dropwindsonde data deployed at different sites on typhoon track forecasts. Mon. Wea. Rev., 141: 2669-2682.

Chen L, Duan W S, Xu H. 2015. A SVD-based ensemble projection algorithm for calculating the conditional nonlinear optimal perturbation. Sci China Ser D-Earth Sci, 58: 385-394.

Cherubini S, De Palma P, Robinet J C, et al. 2010. Rapid path to transition via nonlinear localized optimal perturbations in a boundary-layer flow. Phys Rev E, 82: 066302.

Dai G K, Ma X Y, Mu M, et al. 2023. Optimal Arctic sea ice concentration perturbation in triggering Ural blocking formation. Atmospheric Research, 289: 106775.

Dai G K, Mu M, Jiang Z N. 2016. Relationships between optimal precursors triggering NAO onset and optimally growing initial errors during NAO prediction. J Atmos Sci, 73: 293-317.

Duan W S, Hu J Y. 2016. The initial errors that induce a significant "spring predictability barrier" for El Niño events and their implications for target observation: Results from an earth system model. Climate Dyn, 46: 3599-3615.

Duan W S, Li X Q, Tian B. 2018. Towards optimal observational array for dealing with challenges of El Niño-Southern Oscillation predictions due to diversities of El Niño. Climate Dyn, 51: 3351-3368.

Duan W S, Liu X C, Zhu K Y, et al. 2009. Exploring the initial errors that cause a significant "spring predictability barrier" for El Niño events. J Geophys Res: Oceans, 114: C04022.

Duan W S, Mu M, Wang B. 2004. Conditional nonlinear optimal perturbation as the optimal precursors for ENSO events. J Geophys Res: Atmospheres, 109: D23105.

Duan W S, Zhang R. 2010. Is model parameter error related to a significant spring predictability barrier for El Nino events? Results from a theoretical model. Adv Atmos Sci, 27(5): 1003-1013.

Duan W S, Zhao P. 2015. Revealing the most disturbing tendency error of Zebiak-Cane model associated with El Niño predictions by nonlinear forcing singular vector approach. Climate Dyn, 44: 2351-2367.

Duan W S, Zhao P, Hu J Y, et al. 2016. The role of nonlinear forcing singular vector tendency error in causing the "spring predictability barrier" for ENSO. J Meteorol Res, 30: 853-866.

Duan W S, Zhou F F. 2013. Non-linear forcing singular vector of a two-dimensional quasi-geostrophic model. Tellus A, 65: 18452.

Fang C L, Zheng Q, Wu W H, et al. 2009. Intelligent optimization algorithms to VDA of models with on/off parameterizations. Adv Atmos Sci, 26: 1181-1197.

Farrell B F. 1990. Small error dynamics and the predictability of atmospheric flows. J Atmos Sci, 47: 2409-2416.

Farrell B F, Ioannou P J. 1996. Generalized stability theory. Part I: Autonomous operators. J Atmos Sci, 53: 2025-2040.

Feng R, Duan W S. Mu M. 2017. Estimating observing locations for advancing beyond the winter predictability barrier of Indian Ocean dipole event predictions. Climate Dyn, 48: 1173-1185.

Feng J, Qin X H, Wu C, et al. 2022. Improving typhoon predictions by assimilating the retrieval of atmospheric temperature profiles from the FengYun-4A's Geostationary Interferometric Infrared Sounder(GIIRS). Atmospheric Research, 280: 106391.

Fujii Y, Tsujino H, Usui N, et al. 2008. Application of singular vector analysis to the Kuroshio large meander. J Geophys Res: Oceans, 113: C07026.

Hoskins B J, Coutinho M M. 2005. Moist singular vectors and the predictability of some high impact European cyclones. Quart J Roy Meteor Soc, 131: 581-601.

Jiang Z N, Wang D H. 2010. A study on precursors to blocking anomalies in climatological flows by using conditional nonlinear optimal perturbations. Quart J Roy Meteor Soc, 136: 1170-1180.

Juniper M P. 2011. Triggering in the horizontal Rijke tube: non-normality, transient growth and bypass transition. J Fluid Mech, 667: 272-308.

Kennedy J, Eberhart R. 1995. Particle swarm optimization. Proceedings of the 1995 IEEE international conference on neural networks(Perth, Australia). Piscataway: IEEE Service Center, 4: 1942-1948.

Liang P, Mu M, Wang Q, et al. 2019. Optimal precursors triggering the Kuroshio Intrusion into the South China Sea obtained by the Conditional Nonlinear Optimal Perturbation approach. J Geophys Res: Oceans,

124: 3941-3962.

Lin C C. 1955. The Theory of Hydrodynamic Stability. Cambridge, UK: Cambridge University Press.

Liu K, Guo W H, Da L L, et al.2021. Improving the thermal structure predictions in the Yellow Sea by conducting targeted observations in the CNOP-identified sensitive areas. Sci Rep, 11: 19518.

Liu X, Mu M, Wang Q. 2018. The nonlinear optimal triggering perturbation of the Kuroshio large meander and its evolution in a regional ocean model. J Phys Oceanogr, 48: 1771-1786.

Ma X Y, Mu M, Dai G K, et al. 2022. Influence of Arctic sea ice concentration on extended-range prediction of strong and long-lasting Ural blocking events in winter. J Geophys Res: Atmospheres, 127: e2021JD036282.

Mu B, Ren J H, Yuan S J. 2017a. An efficient approach based on the gradient definition for solving conditional nonlinear optimal perturbation. Math Probl Eng, 3208431.

Mu B, Wen S C, Yuan S J, et al. 2015. PPSO: PCA based particle swarm optimization for solving conditional nonlinear optimal perturbation. Comput Geosci, 83: 65-71.

Mu M. 2000. Nonlinear singular vectors and nonlinear singular values. Sci China Ser D-Earth Sci, 43: 375-385.

Mu M. 2013. Methods, current status, and prospect of targeted observation. Sci China Ser D-Earth Sci, 56(12): 1997-2005.

Mu M, Duan W S. 2007. Conditional nonlinear optimal perturbation: a new approach to the stability and sensitivity studies in geophysical fluid dynamics. In: Peter J, Tim M, Matthew C, et al.(eds). The 16th Australasian Fluid Mechanics Conference(AFMC). Queensland: School of Engineering, The University of Queensland, 225-232.

Mu M, Duan W S, Chou J F. 2004a. Recent advances in predictability studies in China(1999-2002). Adv Atmos Sci, 21: 437-443.

Mu M, Duan W S, Wang B. 2003. Conditional nonlinear optimal perturbation and its applications. Nonlin Process Geophys, 10: 493-501.

Mu M, Duan W S, Wang B. 2007. Season-dependent dynamics of nonlinear optimal error growth and El Niño-Southern Oscillation predictability in a theoretical model. J Geophys Res: Atmospheres, 112: D10113.

Mu M, Duan W S, Wang J C. 2002. The predictability problems in numerical weather and climate prediction. Adv Atmos Sci, 19: 191-204.

Mu M, Duan W S, Wang Q, et al. 2010. An extension of conditional nonlinear optimal perturbation approach and its applications. Nonlin Process Geophys, 17: 211-220.

Mu M, Feng R, Duan W S. 2017b. Relationship between optimal precursors for Indian Ocean Dipole events and optimally growing initial errors in its prediction. J Geophys Res: Oceans, 122: 1141-1153.

Mu M, Sun L, Dijkstra H A. 2004b. The sensitivity and stability of the ocean's thermohaline circulation to finite-amplitude perturbations. J Phys Oceanogr, 34: 2305-2315.

Mu M, Wang J C. 2001. Nonlinear fastest growing perturbation and the first kind of predictability. Sci China Ser D-Earth Sci, 44: 1128-1139.

Mu M, Wang Q. 2017. Applications of nonlinear optimization approach to atmospheric and oceanic sciences. Sci Sin Math, 47: 1-16.(in Chinese)

Mu M, Zhou F F, Wang H L. 2009. A method for identifying the sensitive areas in targeted observations for tropical cyclone prediction: conditional nonlinear optimal perturbation. Mon Wea Rev, 137: 1623-1639.

Oosterwijk A, Dijkstra H A, van Leeuwn T. 2017. An adjoint-free method to determine conditional nonlinear optimal perturbations. Comput Geosci, 106: 190-199.

Palmer T N, Zanna L. 2013. Singular vectors, predictability and ensemble forecasting for weather and climate. J Phys A: Math Theor, 46: 254018.

Peng F, Sun G D. 2014. Application of a derivative-free method with projection skill to solve an optimization problem. Atmos Ocean Sci Lett, 7: 499-504.

Powell M J D. 1983. VMCWD: A FORTRAN subroutine for constrained optimization. SIGMAP Bull, 32: 4-16.

Powell M J D. 1994. A direct search optimization method that models the objective and constraint functions by linear interpolation. In: Gomez S, Hennart J P (eds). Advances in Optimization and Numerical Analysis: Mathematics and Its Applications. Dordrecht: Springer, 275: 51-67.

Pringle C C T, Kerswell R R. 2010. Using nonlinear transient growth to construct the minimal seed for shear flow turbulence. Phys Rev Lett, 105: 154502.

Qin X H, Duan W S. Chan P W, et al. 2023. Effects of dropsonde data in field campaigns on forecasts of tropical cyclones over the western North Pacific in 2020 and the role of CNOP sensitivity. Adv Atmos Sci, 40: 791-803.

Qin X H, Mu M. 2012. Influence of conditional nonlinear optimal perturbations sensitivity on typhoon track forecasts. Quart J Roy Meteor Soc, 138: 185-197.

Rivière O, Lapeyre G, Talagrand O. 2008. Nonlinear generalization of singular vectors: Behavior in a Baroclinic Unstable Flow. J Atmos Sci, 65: 1896-1911.

Rivière O, Lapeyre G, Talagrand O. 2009. A novel technique for nonlinear sensitivity analysis: Application to moist predictability. Quart J Roy Meteor Soc, 135: 1520-1537.

Simmons A J, Hoskins B J. 1978. The life cycles of some nonlinear baroclinic waves. J Atmos Sci, 25: 414-432.

Slingo J, Palmer T. 2011. Uncertainty in weather and climate prediction. Philos T R Soc A, 369: 4751-4767.

Sun G D, Mu M. 2009. A preliminary application of the differential evolution algorithm to calculate the CNOP. Atmos Oceanic Sci Lett, 2: 381-385.

Sun G D, Mu M. 2011. Nonlinearly combined impacts of initial perturbation from human activities and parameter perturbation from climate change on the grassland ecosystem. Nonlin Processes Geophys, 18: 883-893.

Sun G D, Mu M. 2013. Understanding variations and seasonal characteristics of net primary production under two types of climate change scenarios in China using the LPJ model. Climatic Change, 120: 755-769.

Sun G D, Mu M. 2017. A new approach to identify the sensitivity and importance of physical parameters combination within numerical models using the Lund-Potsdam-Jena (LPJ) model as an example. Theor Appl Climatol, 128: 587-601.

Tao L J, Duan W S. 2019. Using a nonlinear forcing singular vector approach to reduce model error effects in ENSO forecasting. Weather and Forecasting, 34: 1321-1342.

Tao L J, Duan W S, Vannitsem S. 2020. Improving forecasts of El Niño diversity: a nonlinear forcing singular vector approach. Climate Dyn, 55: 739-754.

Thompson C J. 1998. Initial conditions for optimal growth in a coupled ocean-atmosphere model of ENSO. J Atmos Sci, 55: 537-557.

Tian X J, Feng X B, Zhang H Q, et al. 2016. An enhanced ensemble-based method for computing CNOPs using an efficient localization implementation scheme and a two-step optimization strategy: formulation and preliminary tests. Quart J Roy Meteor Soc, 142: 1007-1016.

Wang B, Tan X W. 2009. A fast algorithm for solving CNOP and associated target observation tests. Acta Meteorol Sin, 67: 1-10.

Wang B, Tan X W. 2010. Conditional nonlinear optimal perturbations: adjoint-free calculation method and preliminary test. Mon Wea Rev, 138: 1043-1049.

Wang Q, Mu M. 2015. A new application of conditional nonlinear optimal perturbation approach to boundary condition uncertainty. J Geophys Res: Oceans, 120: 7979-7996.

Wang Q, Mu M, Dijkstra H A. 2013. Effects of nonlinear physical processes on optimal error growth in predictability experiments of the Kuroshio large meander. J Geophys Res: Oceans, 118: 6425-6436.

Wang Q, Mu M, Sun G D. 2020. A useful approach to sensitivity and predictability studies in geophysical fluid dynamics: conditional nonlinear optimal perturbation. National Science Review, 7: 214-223.

Wang Q, Tang Y M, Pierini S, et al. 2017. Effects of singular-vector-type initial errors on the short-range prediction of Kuroshio extension transition processes. J Climate, 30: 5961-5983.

Xu H, Chen L, Duan W S. 2021. Optimally growing initial errors of El Niño events in the CESM. Climate Dyn, 56: 3797-3815.

Xu Z Z, Chen J, Mu M. et al. 2022. A nonlinear representation of model uncertainty in a convective-scale ensemble prediction system. Adv Atmos Sci, 39: 1432-1450.

Yang Z Y, Fang X H, Mu M. 2020. The optimal precursor of El Niño in the GFDL CM2p1 model. J Geophys Res: Oceans, 125: e2019JC015797.

Yu Y S, Mu M, Duan W S. 2012. Does model parameter error cause a significant "spring predictability barrier" for El Niño events in the Zebiak-Cane model? J Climate, 25: 1263-1277.

Yuan S J, Zhao L, Mu B. 2015. Parallel cooperative co-evolution based particle swarm optimization algorithm for solving conditional nonlinear optimal perturbation. In: Arik S, Huang T, Lai W, et al. (eds). Neural Information Processing. ICONIP 2015. Lecture Notes in Computer Science. Cham: Springer.

Zanna L, Heimbach P, Moore A M, et al. 2011. Optimal excitation of interannual Atlantic meridional overturning circulation variability. J Climate, 24: 413-427.

Zhang J J, Hu S J, Duan W S. 2021. On the sensitive areas for targeted observations in ENSO forecasting. Atmos Oceanic Sci Lett, 14, 100054.

Zhang K, Mu M, Wang Q, et al. 2019. CNOP-based adaptive observation network designed for improving upstream Kuroshio transport prediction. J Geophys Res: Oceans, 124: 4350-4364.

Zhang L L, Yuan S J, Mu B, et al. 2017. CNOP-based sensitive areas identification for tropical cyclone adaptive observations with PCAGA method. Asia-Pacific J Atmos Sci, 53: 63-73.

Zheng Q, Dai Y, Zhang L, et al. 2012. On the application of a genetic algorithm to the predictability problems involving "on-off" switches. Adv Atmos Sci, 29: 422-434.

Zhou L, Wang Q, Mu M, Zhang K. 2021. Optimal precursors triggering sudden shifts in the Antarctic circumpolar current transport through Drake Passage. J Geophys Res: Oceans, 126: e2021JC017899.

Zhou Q, Mu M, Duan W S. 2019. The initial condition errors occurring in the Indian Ocean temperature that cause "spring predictability barrier" for El Niño in the Pacific Ocean. J Geophys Res: Oceans, 124: 1244-1261.

Zhu H Y, Thorpe A. 2006. Predictability of extratropical cyclones: the influence of initial condition and model uncertainties. J Atmos Sci, 63: 1483-1497.

Zu Z Q, Mu M, Dijkstra H A. 2016. Optimal initial excitations of decadal modification of the Atlantic Meridional Overturning Circulation under the prescribed heat and freshwater flux boundary conditions. J Phys Oceanogr, 46: 2029-2047.

数值求解篇

第2章 条件非线性最优扰动的数值求解

本章结合不同的数值模式,详细阐述如何针对具体的科学问题,选择合适的优化算法数值求解 CNOP。其中 2.1 节以一个中等复杂程度的 ENSO 预报模式(Zebiak-Cane model,ZC 模式)为例,介绍伴随模式的编写方法以及如何用伴随方法求解 CNOP-I 和 CNOP-P。2.2 节以 Burgers 方程为例,介绍如何用粒子群优化算法求解 CNOP-I。2.3 节以五变量草原生态系统模型为例,介绍如何用差分进化算法求解 CNOP。2.4 节以另一个中等复杂程度的 ENSO 预报模式(intermediate coupled model,ICM 模式)为例,介绍如何用梯度定义法求解 CNOP。2.5 节介绍 CNOP 数值求解的其他方法:读者可扫描本书封底二维码,下载数值求解 CNOP 的相关程序,结合本章内容进行学习。

2.1 伴随方法求解 Zebiak-Cane 模式的 CNOP-I 和 CNOP-P

本节以中等复杂程度的 ENSO 预报模式——ZC 模式(Zebiak and Cane,1987)为例,说明如何用伴随方法求解 CNOP-I 和 CNOP-P。

2.1.1 伴随方法求解 CNOP-I

当目标函数连续可导时,可以用伴随方法计算目标函数关于初始扰动的梯度,进而利用优化算法计算 CNOP-I。本小节首先简单介绍伴随方法计算 CNOP-I 的基本流程,然后详细介绍该方法计算 CNOP-I 的主要步骤,包括切线性模式的编写和检验、伴随模式的编写和检验、梯度计算和检验,以及利用优化算法构建计算 CNOP-I 的非线性优化系统。最后以 ZC 模式为例,介绍用伴随方法计算 CNOP-I 的详细过程。

1. 计算流程

参考第 1 章 1.3 节离散方程的梯度推导公式,当仅在初始场 U_0 上叠加初始扰动 u_0 时,目标函数可以写为 $J(u_0) = \dfrac{1}{2}\|M_\tau(U_0 + u_0) - M_\tau(U_0)\|^2$,令 $J_1(u_0) = -J(u_0)$,由第 1 章式(1.28)和式(1.29)可以得到 $J_1(u_0)$ 关于初始扰动 u_0 的梯度

$$\nabla J_1(u_0) = -\mathbf{M}_{u_0}^*(U_0 + u_0)[M_\tau(U_0 + u_0) - M_\tau(U_0)]. \tag{2.1}$$

式中,$\mathbf{M}_{u_0}^*$ 是切线性矩阵 $\mathbf{M}_{u_0}$ 的伴随矩阵(转置矩阵);$M_\tau(U_0 + u_0) - M_\tau(U_0)$ 是 u_0 在非线性模式中的发展。可以看出,把 $U_0 + u_0$ 作为伴随模式的参考态初始场,再把 $M_\tau(U_0 + u_0) - M_\tau(U_0)$ 作为伴随模式在预报时刻 τ 的输入场,就可以通过积分伴随模式,

得到 $J_1(u_0)$ 关于初始扰动 u_0 的梯度。

但伴随模式不是现成的，特别是对于复杂的数值模式，伴随模式的编写工作繁琐又耗时。因此，用伴随方法计算 CNOP-I 的难点，从计算目标函数关于初始扰动的梯度，转化为伴随模式的编写。

用伴随方法计算 CNOP-I 的流程图见第 1 章图 1.2。对于任意扰动初猜场，优化算法不断调用原非线性模式和伴随模式，计算目标函数值和梯度，并沿梯度下降方向，迭代搜索目标函数的极小值。当迭代结果达到优化算法的收敛条件后停止搜索，输出 CNOP-I。

分析伴随方法计算 CNOP-I 的程序调用关系：第一级是优化算法程序(通常被主程序调用)，它直接调用第二级计算目标函数和梯度的子程序，而目标函数的计算需要调用第三级非线性数值模式子程序，梯度计算则需要调用第三级伴随模式子程序。

如果可以从理论上证明目标函数只有一个极大值点(因而是全局极大)，并且梯度计算的精度足够高，则给定任意初猜场，优化算法都应该使目标函数收敛到全局极值点，从而得到 CNOP-I。但在实际应用中，目标函数有可能存在多个极值点，优化算法停止搜索时输出的初始场，可能使目标函数收敛到局部极值点，即目标函数只在局部范围内最大；此时，优化算法输出的初始场被称为局部 CNOP-I。为了确保目标函数收敛到全局极值点，同时提高 CNOP-I 计算的准确性，通常给出多个初猜场进行优化计算。再对这些优化结果进行分析，考察目标函数是否一致地收敛到全局极值点或局部极值点，以便更准确地找到 CNOP-I。

还应该指出，在具体的物理问题中，计算 CNOP-I 时得到的局部极大值点(即局部CNOP-I)，也可能有明确的物理意义。例如，在研究 ENSO 的前期征兆问题时，我们就发现，全局极大值点通常对应于厄尔尼诺(El Niño)事件的前期征兆；而局部极大值点则对应于拉尼娜(La Niña)事件的前期征兆(参见本节后面的数值试验结果)。此外，在集合预报中，局部极大值点与全局极大值点均可以作为初始扰动的成员(Jiang et al.，2009)

由于伴随矩阵是切线性矩阵的转置，在编写伴随模式前，需要先编写切线性模式。切线性模式的精度越高，则伴随模式的精度越高，用伴随模式计算目标函数的梯度越准确，优化算法迭代搜索 CNOP-I 的速度越快，精度也越高。因此，为了保证 CNOP-I 计算的精度，需要对切线性模式、伴随模式和梯度计算分别进行检验。

综上，用伴随方法计算 CNOP-I 的编程流程可以概括为：

(1)从原非线性模式出发，编写切线性模式并检验其准确性。

(2)从切线性模式出发，编写伴随模式并检验准确性。

(3)用伴随模式计算梯度，并检验梯度计算的准确性。

(4)梯度检验通过后，结合优化算法，构建计算 CNOP-I 的非线性优化系统。

2. 切线性模式的编写和检验

1)切线性模式编写

本小节介绍切线性模式的编写基本规则、参考态的获取和一些特殊语句的线性化处理方法。

A. 编写基本规则

尽管切线性模式是原非线性模式的线性近似，但切线性模式的编写，不是先对原模式偏微分方程组进行线性化处理，再进行离散化编写程序。而是用程序对程序的方法，直接对原模式的每一行程序语句编写切线性语句。基本规则是：

(1) 原非线性模式的所有状态变量都有对应的扰动变量。

(2) 如原程序语句本身是线性的，则语句保持不变，只是把原变量变成对应的扰动变量。

(3) 如原程序语句包含非线性项，则要进行线性化处理。

用一个简单的例子进行说明。如果原模式程序中的一行赋值语句为

$$X = aX + bY + cZU \tag{2.2}$$

式中，X、Y、Z 和 U 是状态变量；a、b 和 c 是系数或模式参数。

以 X、Y、Z 和 U 作为参考态，对所有状态变量进行扰动，该语句的切线性程序为

$$X' = aX' + bY' + cUZ' + cZU' \tag{2.3}$$

式 (2.3) 中，输出变量 X' 除了依赖于扰动变量 X'、Y'、Z' 和 U' 的大小，还依赖于前一时步参考态 U 和 Z 的大小。也就是说，切线性模式不仅要计算扰动变量的发展，还要先计算或保存参考态的值，以保证扰动变量计算的准确性。下面介绍参考态的获取方法。

B. 参考态的获取

理论上可以先把参考态用数据文件或数组保存，需要调用时直接读取数据或赋值。这种方式对于简单模式可行；但对于复杂数值模式，数据文件存储方式可能会导致频繁读写文件，数组保存方式则需要定义大量高维数组，都会导致程序运行效率降低。

通常用一种简单的方法重新计算参考态，即直接把每一行计算参考态的语句复制到对应扰动变量语句的下一行。式 (2.2) 对应的完整切线性语句为

$$\begin{cases} X' = aX' + bY' + cUZ' + cZU' \\ X = aX + bY + cZU \end{cases} \tag{2.4}$$

其计算流程以 t_i 时刻为例：程序先调用 t_i 时刻参考态的值，计算 t_{i+1} 时刻扰动变量；然后计算 t_{i+1} 时刻参考态，供计算 t_{i+2} 时刻扰动变量使用，以此类推。这样的编程设计，既简单方便，又能保证扰动变量正确调用到前一时步参考态的值。

C. 特殊语句的线性化处理

前面描述了包含常规非线性项语句的线性化处理方法。数值模式中还经常遇到其他形式的非线性语句，如非线性函数语句、if 语句引起的开关问题等。

(1) 非线性函数语句。对于非线性函数语句，通常用一阶导数来近似线性化，表 2.1 给出几个简单的例子。

表 2.1　切线性语句编写例句

原模式语句	切线性语句
$Y = \sin X$	$Y' = \cos X \cdot X'$

续表

原模式语句	切线性语句
$Y = \sqrt{X}$	$Y' = \left(\dfrac{1}{2\sqrt{X}}\right)X'$
$Y = e^{X}$	$Y' = e^{X}X'$
$Y = \ln X$	$Y' = \dfrac{1}{X}X'$

(2) if 语句引起的开关项问题。如果原模式中 if 语句的判断条件与状态变量有关，则被称为开关项问题。理论上，扰动变量可能影响 if 开关打开的时间，即叠加扰动前后非线性模式打开开关的时间不一致。该问题一直是编写伴随模式的一个难点，尤其在与降水有关的云物理过程中需谨慎对待（Mu and Wang，2003；Mu and Zheng，2005）。当非线性模式中 if 开关打开不频繁时，可以用一种简单的方法处理，认为扰动变量不影响开关打开的时间，即扰动变量语句和参考态语句开关打开的时间一致。以原模式语句 $Y = |X|$ 为例，切线性模式中对应的语句为

$$\begin{cases} Y' = X', & X \geqslant 0 \\ Y = X, & X \geqslant 0 \\ Y' = -X', & X < 0 \\ Y = -X, & X < 0 \end{cases} \tag{2.5}$$

2) 切线性模式检验

根据切线性模式的定义，用下列公式检验切线性模式的编写是否准确

$$R = \frac{\left\| M(U_0 + \alpha \cdot u_0) - M(U_0) \right\|}{\alpha \left\| \mathbf{M}(U_0)u_0 \right\|} = 1 + O(\alpha) \tag{2.6}$$

式中，$\mathbf{M}$ 是非线性模式 M 的切线性模式；$\|\cdot\|$ 取 L_2 范数，L_2 范数的定义以 n 维向量 u 为例，$\|u\| = \sqrt{\sum\limits_{i=1}^{n} u_i^2}$；$u_0$ 是初始状态 U_0 的初始扰动，$0 < \alpha \leqslant 1$。令 $\alpha = 0.1 \times \alpha$，循环计算 R 值。

(1) 当 $\alpha \to 0$ 时，R 一致地逼近于 1，说明随着初始扰动的减小，切线性模式的发展越来越接近非线性模式的发展。

(2) 当 α 继续减小时，由于截断误差的影响，R 又逐渐远离 1，即 $|R-1|$ 逐渐增大。

当 R 的变化趋势符合上述规律时，认为切线性模式编写准确，可以用来编写伴随模式。

3. 伴随模式的编写和检验

在编写伴随模式前，需要先对伴随模式的本质有所理解。非线性模式和切线性模式都沿时间轴正向积分，分别计算状态变量的非线性发展和初始扰动的线性发展。但从目

标函数的梯度公式(2.1)可以看到,计算梯度时,伴随模式在预报时刻 τ 的输入场,是初始扰动在预报时刻的非线性发展 $M_\tau(U_0+u_0)-M_\tau(U_0)$。因此,计算目标函数关于初始扰动 u_0 的梯度时,伴随模式是从 τ 时刻向初始时刻积分,即逆时间轴反向积分。

1) 伴随模式编写

本小节介绍伴随模式的编写基本规则、参考态的获取和初始场赋值问题。

A. 编写基本规则

尽管从切线性模式的偏微分方程组,可以直接推导出伴随模式的偏微分方程组,但同样不采用先推导方程再离散化的方法。同编写切线性模式一样,也采用程序对程序的方法,即从切线性模式出发,直接编写伴随模式。编程时要注意两点:

(1) 把切线性模式中的所有循环语句(时间、空间或其他循环)变成逆循环,进行反算。

(2) 从切线性模式的最后一行开始,对每一行程序进行伴随语句的编写。

下面以式(2.4)切线性程序语句为例,介绍伴随模式语句的基本编写规则。

首先把其中的扰动变量语句改写成矩阵形式

$$
\begin{bmatrix} Y' \\ Z' \\ U' \\ X' \end{bmatrix} = \begin{bmatrix} 1 & 0 & 0 & 0 \\ 0 & 1 & 0 & 0 \\ 0 & 0 & 1 & 0 \\ b & cU & cZ & a \end{bmatrix} \begin{bmatrix} Y' \\ Z' \\ U' \\ X' \end{bmatrix} \tag{2.7}
$$

根据定义,伴随矩阵是切线性矩阵的转置,由式(2.7)可以得到矩阵形式的伴随语句

$$
\begin{bmatrix} Y^* \\ Z^* \\ U^* \\ X^* \end{bmatrix} = \begin{bmatrix} 1 & 0 & 0 & b \\ 0 & 1 & 0 & cU \\ 0 & 0 & 1 & cZ \\ 0 & 0 & 0 & a \end{bmatrix} \begin{bmatrix} Y^* \\ Z^* \\ U^* \\ X^* \end{bmatrix} \tag{2.8}
$$

从而得到式(2.4)对应的伴随语句

$$
\begin{cases} Y^* = & bX^* + Y^* \\ Z^* = cUX^* + Z^* \\ U^* = cZX^* + U^* \\ X^* = & aX^* \end{cases} \tag{2.9}
$$

从式(2.9)可以看到,伴随变量 Y^*、Z^*、U^* 和 X^* 的大小,除了与相关伴随变量有关,也依赖于参考态 U 和 Z 的值。因此,和切线性模式一样,伴随模式不仅要计算伴随变量,还要计算或保存参考态变量,才能保证伴随变量计算的准确性。

另外,在切线性语句式(2.4)中,扰动变量 X' 同时出现在等号两边,是既输入又输出变量;而 Y'、Z' 和 U' 只在等号右边出现,仅为输入变量。变量在切线性语句中输入

或输出的属性不同，最后对应伴随变量的语句结构不一样。也就是说，在编写伴随模式前，要先根据扰动变量在切线性模式(语句)中的位置，对变量的输入、输出属性进行分析，再一一编写对应的伴随语句。另外，在切线性模式的很多赋值语句中，X' 并不出现在等式右边，即式(2.4)中 $\alpha = 0$，X' 是纯输出变量。这时也要在式(2.9)最后一行对 X^* 重新赋零，即 $X^* = 0$。

通过对比分析式(2.4)和式(2.9)，将编写伴随程序的基本规则归纳如下。

(1)每一行切线性语句对应的伴随语句的行数，是切线性语句等号左右两边所有扰动变量数量的总和(包括输入变量和输出变量)，保证每个伴随变量都有自己的计算语句。

(2)先写切线性语句中纯输入变量(只在等式右边出现)的伴随语句，其伴随变量等于原切线性语句中的系数乘以切线性程序左边变量的伴随变量，再加上被计算的伴随变量本身(要点：位置互换+伴随变量自身)。

(3)对切线性语句中的既输入又输出变量(在等式两边都出现)，其伴随变量仅等于原切线性语句中的系数乘以伴随变量本身，不再另加被计算的伴随变量本身，即 $X^* = aX^*$。

(4)对于切线性语句中的纯输出变量(仅在等式左边出现)，相当于第(3)条的特殊情况；由于 $\alpha = 0$，其伴随变量在最后一行被清零，即 $X^* = 0$。

这里再次强调一下，伴随模式的积分顺序与原模式相反，因此伴随程序的积分次序也与切线性模式相反。在编写伴随程序时，要从切线性模式的最后一行语句开始编写伴随语句，尤其要注意对循环语句进行逆循环(包括并不限于时间和空间循环)。

B. 参考态的获取

前面已经指出，伴随变量的计算，除了与相关伴随变量有关，也依赖于参考态的值。因此，和切线性模式一样，伴随模式不仅要计算伴随变量，还要计算或保存参考态变量，才能保证伴随变量计算的准确性。

由于扰动变量和参考态都沿时间轴正向积分，使得切线性模式可以对两者同时进行计算。但伴随模式逆时间轴反向积分，与参考态的积分方向相反，导致切线性模式中同步计算参考态的处理方案在伴随模式中不可行。对伴随模式中参考态的获取，常见有三种处理方案，下面分别讨论三种方案的操作方法与计算代价。

第一种方案：每一时步直接计算参考态。假设优化时段内单次调用切线性模式需要积分 k 时步，其计算参考态的代价记为 $k-1$。如果伴随模式每一时步直接计算参考态，则每个时间步计算参考态需要调用原模式的代价依次是 $k-1, k-2, \cdots, 2, 1, 0$，单次调用伴随模式计算参考态的代价为 $k(k-1)/2$。而用优化算法计算 CNOP-I 的迭代搜索过程中，需要多次调用伴随模式计算梯度，来搜索目标函数下降的方向，会导致计算代价太大，耗费大量机时。

第二种方案：用数组或文件存储每一时步的参考态。这种方法需要定义大量高维数组或频繁读写多个数据文件，容易导致存储代价大，程序运行效率低。

优化计算 CNOP-I 时，对于一个初猜场就需要多次调用伴随模式计算梯度。而一个初猜场可能收敛效果不好，或收敛到目标函数的局部极小值点，通常取多个初猜场进行优化，找到目标函数的全局极小值点，才能真正找到 CNOP-I。因此，单独使用以上两种方案获取参考态，会大大降低程序的运行效率。

由此，通常把前两种方案结合使用，采用第三种方案获得参考态，即存储和计算相结合，根据数值模式的复杂程度、计算机条件等，合理分配存储和计算资源。

C. 伴随模式初始场赋值

积分伴随模式前，需要先对伴随变量的初始场赋值。值得注意的是，由于伴随模式是逆时间轴反向积分，伴随模式的初始场通常是 τ 时刻的伴随变量；而且伴随变量的数量很多，必须对所有伴随变量进行赋值。

对所有伴随变量赋值前，通常先判断其在切线性模式中是全局变量还是内部变量。全局变量通常在主程序和相关子程序中被调用或赋值，全时步有值。内部变量只在某些子程序内部被定义，每时步需重新初始化。对于内部变量，通常在伴随子程序内部首先赋零。而对于全局变量，在积分伴随模式前，先根据梯度公式(2.1)，确定伴随模式的初始场。出现在梯度公式中需要给伴随模式赋初值的这些变量，正好对应着定义目标函数的状态变量。对这些变量的伴随变量，按梯度公式赋初值即可。对其他变量，其伴随变量初始场一律赋零值。

2) 伴随模式检验

根据伴随算子的定义，伴随模式的检验公式如下：

$$< \mathbf{M}u_0, \mathbf{M}u_0 >=< \mathbf{M}^*\mathbf{M}u_0, u_0 > \tag{2.10}$$

式中，$\mathbf{M}$ 是切线性模式；$\mathbf{M}^*$ 是伴随模式；$< \cdot >$ 表示内积。

根据式(2.10)，首先以 u_0 为初值，积分切线性模式，得到 u_0 在切线性模式中的发展 $\mathbf{M}u_0$，将 $\mathbf{M}u_0$ 与自身的内积记录下来，记为 Valtlm $=< \mathbf{M}u_0, \mathbf{M}u_0 >$。然后以 $\mathbf{M}u_0$ 为初值，积分伴随模式，得到 $\mathbf{M}^*\mathbf{M}u_0$，将其与 u_0 作内积，记为 Valadj$=< \mathbf{M}^*\mathbf{M}u_0, u_0 >$。最后在机器精度的标准下，检验 Valtlm 是否与 Valadj 相等。

对于机器精度来说，Valtlm 与 Valadj 完全相等的有效数字越多，说明伴随模式编写越准确。如果机器精度是 8 位(16 位)有效数字，Valtlm 与 Valadj 相等的有效数字达到 6~8 位(14~16 位)，才说明从切线性模式出发所建立的伴随模式是准确的。若不满足，则应进一步检查相关程序，提高伴随模式的精度。

4. 梯度计算和检验

在用优化算法计算 CNOP-I 前，必须先对伴随模式计算的目标函数关于初始扰动的梯度进行检验。给定参考态 U_0 和初始扰动 u_0，对定义的目标函数 $J(u_0)$ 进行梯度检验，这里 $J(u_0)$ 相当于式(2.1)中的 $J_1(u_0)$。梯度检验公式为

$$R = \frac{J(u_0 + \alpha \nabla J/\|\nabla J\|) - J(u_0)}{\alpha \|\nabla J\|} = 1 + O(\alpha) \tag{2.11}$$

式中，∇J 是 $J(u_0)$ 关于 u_0 的梯度；$\|\cdot\|$ 取 L_2 范数；$0 < \alpha \leqslant 1$。令 $\alpha = 0.1 \times \alpha$，循环计算 R 值：

（1）当 $\alpha \to 0$ 时，R 逐渐逼近于 1，说明用伴随模式计算的梯度比较准确。

（2）当 α 继续减小时，由于截断误差的影响，R 又逐渐远离 1，即 $|R-1|$ 逐渐增大。

当 R 的变化趋势符合以上规律时，认为用伴随模式计算目标函数的梯度是比较准确的，此时可以用伴随方法来计算 CNOP-I。

5. 利用优化算法构建计算 CNOP-I 的非线性优化系统

伴随模式计算梯度通过检验后，就可以利用优化算法，构建计算 CNOP-I 的非线性优化系统，其流程见第 1 章图 1.2。总的来说，构建计算 CNOP-I 的非线性优化系统，是要实现输入任意一个扰动初猜场，优化系统迭代搜索，自动输出 CNOP-I（或局部 CNOP-I）。下面以 SPG2（SPG version 2；Birgin et al.，2000）优化算法为例，介绍如何用伴随方法计算 CNOP-I。

SPG2 优化算法是一种利用梯度信息，有效数值求解有约束非线性优化问题的先进算法。在给定的约束条件下，沿梯度下降方向，寻找目标函数的极小值。用户可以通过以下步骤调用 SPG2 优化算法求解 CNOP-I。

步骤 1 设置参考态和扰动初猜场。扰动初猜场定义为数组 $x(n)$，其中 n 为优化问题的维数，即所有优化变量的维数之和。

步骤 2 计算目标函数和梯度并通过检验。除了 SPG2 优化算法自带的多个子程序模块，用户需要另外编写三个子程序来计算目标函数值和梯度，通过梯度检验后，供 SPG2 程序模块调用。三个子程序的名称和调用参数分别是

$$\text{subroutine EvalF}(n, \, x, \, f)$$
$$\text{subroutine EvalG}(n, \, x, \, g)$$
$$\text{subroutine EvalFG}(n, \, x, \, f, \, g)$$

其中，f 是目标函数值；$g(n)$ 是 n 维梯度数组。子程序 EvalF（ ）提供目标函数值；EvalG（ ）提供梯度信息；EvalFG（ ）提供目标函数值和梯度信息。

步骤 3 设置优化算法的相关参数。这些参数的含义和属性见表 2.2，大致可分为：

与约束条件有关的参数：normp，delta，deltm

与停机准则有关的参数：m，EPS，MAXIT，MAXIFCNT

步骤 4 调用 SPG2 程序模块计算 CNOP-I。调用方式非常简单，如下所示：

$$\text{Call spg2}(n, \, x, \, \text{EPS}, \, f, \, \text{cgnorm}, \, \text{iter}, \, \text{ifcnt}, \, \text{igcnt})$$

其中，n、x 和 EPS 在迭代搜索前赋值；f、cgnorm、iter、ifcnt 和 igcnt 输出迭代结束后的相关信息。用户还可以通过 common 语句定义的变量 info 的值判断停机类别，即是何种原因导致优化算法停止迭代搜索。这些参数的含义和属性也都在表 2.2 中列出。

表 2.2 SPG2 优化算法的相关参数

类别	参数	含义	属性
输入	n	优化问题维数	定义优化变量 $x(n)$、梯度 $g(n)$ 以及其他相关变量的维数

续表

类别	参数	含义	属性
输入	normp	定义约束类型	1 为箱约束，多用于最大模范数；2 为球约束，多用于 L_2 范数
	delta	定义约束范围	需根据优化问题调试大小
	deltm	箱约束的下边界	设为 delta 的负数
	m	优化算法中特定参数	非单调线搜索中存储最后 m 步迭代的函数值，用于判断是否停机
	EPS	停止迭代准则	范数定义下连续两次梯度的差值小于 EPS 时，停止搜索
	MAXIT	最大迭代步数	迭代步数超过 MAXIT 时，停止迭代
	MAXIFCNT	目标函数最大计算次数	单次迭代计算目标函数的次数超过 MAXIFCNT 时，停止迭代
输入又输出	x	优化变量	作为扰动初猜场输入，迭代结束后输出 CNOP
停机输出	f	目标函数值	迭代结束时目标函数值
	cgnorm	梯度信息	迭代结束时范数意义下连续两次梯度的差值
	iter	迭代步数	停机时迭代步数
	ifcnt	目标函数计算次数	最后一次迭代计算目标函数的次数
	igcnt	梯度计算次数	最后一次迭代计算梯度的次数
	info	判断停机类别	0 为达到梯度定义的收敛准则停机，1 为超过最大迭代步数停机，2 为超过目标函数最大计算次数停机，9 为未知原因停机

6. 伴随方法计算 ZC 模式的 CNOP-I

ZC 模式是美国哥伦比亚大学 LDEO（Lamont Doherty Earth Observatory）著名的 ENSO 业务预报模式。该模式绕过模拟气候平均态的复杂困难问题（如气候漂移问题），直接模拟耦合系统关于气候平均态距平的发展。ZC 模式因第一次成功预报出 1986 年/1987 年 El Niño 事件而闻名。美国哥伦比亚大学国际气候与社会研究所（International Research Institute for Climate and Society，IRI）网站实时发布国际上 26 个模式的 ENSO 预报结果，ZC 模式是其中之一。尽管 ZC 模式是中等复杂程度的海气耦合距平模式，却与复杂海气耦合模式具有相当的预报技巧，被广泛应用于 ENSO 预测和可预报性研究中（Chen et al.，2004；Mu et al.，2007；Yu et al.，2009）。由于 ZC 模式大小适中，对 ENSO 具有较高的预报技巧，非常适合开发其伴随模式、建立非线性优化系统，进而计算 CNOP，研究 ENSO 可预报性相关问题。

徐辉（2006）采用程序对程序的方法，编写了 ZC 模式关于状态变量的切线性模式和伴随模式，并利用伴随模式计算目标函数关于初始扰动的梯度，为求解 CNOP 系列问题提供了有力的工具。下面以寻找 ENSO 的最优前期征兆为例，详细介绍如何用伴随方法计算 ZC 模式的 CNOP-I。

1）目标函数的选取

寻找 ENSO 事件的最优前期征兆，即考察这样的物理问题：对于给定的气候平均态（参考态）和约束条件，海表温度距平（sea surface temperature anomaly，SSTA）和斜温层深度距平具有什么样的初始扰动，使得相对参考态，SSTA 发展成最强的 ENSO 事件？

ENSO 事件是热带太平洋区域大范围海表温度异常的现象。根据美国国家海洋和大气管理局(National Oceanic and Atmospheric Administration, NOAA)2005 年的定义，当 Niño 3.4 区(170 °W～120 °W，5 °S～5 °N)滑动平均 SSTA 连续 3 个月大于 0.5 ℃时，则认为发生 El Niño 事件；连续 3 个月小于−0.5 ℃时，则称为 La Niña 事件。因此，寻找 ENSO 事件的最优前期征兆，可以把目标函数定义为热带太平洋区域 SSTA 扰动的非线性发展，考察优化问题

$$J(u_{0\delta}) = \max_{\|u_0\|_\delta \leqslant \delta} \|T'(\tau)\|^2 \tag{2.12}$$

这里 $T'(\tau)$ 是 SSTA 扰动在预报时刻 τ 的非线性发展，范数 $\|T'(\tau)\| = \sqrt{\sum_{i,j} [T'_{i,j}(\tau)]^2}$ 度量了 SSTA 扰动发展的大小，其中 $T'_{i,j}(\tau)$ 是 τ 时刻空间格点 (i,j) 上 SSTA 扰动的发展。模式积分区域为(129.375 °E～84.375 °W，19 °S～19 °N)，分辨率是 5.625°×2°。初始扰动 $u_0 = (w_1 T'_0, w_2 H'_0)$，$T'_0$ 是 SSTA 初始扰动，H'_0 是斜温层深度距平初始扰动，$w_1 = (2.0 \text{ ℃})^{-1}$，$w_2 = (50 \text{ m})^{-1}$，分别是 T'_0 和 H'_0 的无量纲化系数。$\|u_0\|_\delta = \sqrt{\sum_{i,j} [(w_1 T'_{0i,j})^2 + (w_2 H'_{0i,j})^2]}$ 度量了初始扰动的大小，其中 $T'_{0\,i,j}$ 和 $H'_{0\,i,j}$ 分别代表在模式格点 (i,j) 处的 SSTA 初始扰动和斜温层深度距平初始扰动。通过求解优化问题(2.12)，寻找满足约束条件 $\|u_0\|_\delta \leqslant \delta$ 的最优初始扰动 $u_{0\delta}$，进而得到有量纲的最优 $T'_{0\delta}$ 和 $H'_{0\delta}$。选用 SPG2 优化算法，用伴随模式计算目标函数关于初始扰动的梯度，计算 CNOP-I。

2)约束条件

约束条件 $\|u_0\|_\partial \leqslant \delta$ 约束着 CNOP-I 的大小，δ 值的选择非常重要。当 δ 太大时，初始扰动中可能已出现 ENSO 模态，即事件已经发生。δ 太小时，前期征兆的发展达不到 ENSO 事件标准。对于这两种情况，CNOP-I 都失去了作为最优前期征兆的意义。在进行大规模优化试验时，一般先对 δ 的大小进行调试，避开上述两种情况。

大量的数值试验结果表明，对于一定范围内的 δ，ENSO 最优前期征兆的空间结构比较相似，只是发展成 ENSO 事件的强度有所不同。在 ZC 模式中，当初始扰动的约束半径 δ 取为 1.0 时，CNOP-I 的 SSTA 分量只在少数格点上达到 0.2 ℃，其他区域都小于 0.15 ℃，斜温层深度距平分量最大值约 2 m，但 CNOP-I 导致赤道东太平洋的 SSTA 异常可以超过 3.0 ℃。因此，这样的 δ 对于研究最优前期征兆问题是适合的，下文将以 $\delta = 1.0$ 为例介绍数值试验结果。

3)初始扰动方案

计算 CNOP-I 时，需要先给优化算法程序提供 SSTA 和斜温层深度距平的初猜场。积分原 ZC 模式时，需要输入两套海洋动力学初始场：一套是 t_0 时刻粗网格(5.625°×2.0°)的混合层纬向流距平 u、经向流距平 v 和斜温层深度距平 h，由同时刻细网格海洋状态变量 (u_f, v_f, h_f) 插值得到；另一套是 $t_0 + \Delta t$ 时刻细网格(2.0°×0.5°)的 Kelvin 波振幅 $\tilde{a}_k$、

混合层纬向流距平的 Rossby 波分量 $\tilde{u}_r$、混合层经向流距平的 Rossby 波分量 $\tilde{v}_r$ 和斜温层深度距平的 Rossby 分量 $\tilde{h}_r$，由 t_0 时刻细网格海洋波动变量 $(\tilde{a}_k, \tilde{u}_r, \tilde{v}_r, \tilde{h}_r)$ 积分一步得到。而细网格海洋状态变量 (u_f, v_f, h_f) 由同时刻的波动变量 $(\tilde{a}_k, \tilde{u}_r, \tilde{v}_r, \tilde{h}_r)$ 合成得到。

$$\begin{cases} u_f = \tilde{a}_k \psi_k(y) + \tilde{u}_r \\ v_f = \tilde{v}_r \\ h_f = \tilde{a}_k \psi_k(y) + \tilde{h}_r \end{cases} \tag{2.13}$$

式中，$\psi_k(y) = Ce^{-y^2/2}$ 给出了海洋 Kelvin 波的径向结构。

考虑斜温层深度距平的初始扰动方案时，只对 t_0 时刻状态变量进行扰动，再计算得到 $t_0 + \Delta t$ 时刻细网格扰动初始场。对于 t_0 时刻粗网格和细网格两套状态变量，只扰动其中一种。

基于以上方案，对斜温层深度距平进行扰动最直观的做法，是扰动 t_0 时刻细网格 Kelvin 波振幅 $\tilde{a}_k$ 和斜温层深度距平 Rossby 波分量 $\tilde{h}_r$。由于 u_f 和 v_f 不扰动，均为 0，由式 (2.13) 可得 $\tilde{u}_r = -\tilde{a}_k \psi_k(y)$ 和 $\tilde{v}_r = 0$。于是，一方面通过调用积分程序得到 $t_0 + \Delta t$ 时刻细网格的 $(\tilde{a}_k, \tilde{u}_r, \tilde{v}_r, \tilde{h}_r)$；另一方面利用式 (2.13) 计算得到 t_0 时刻细网格的斜温层深度距平 h_f，再插值得到 t_0 时刻粗网格的斜温层深度距平 h。数值试验结果表明，尽管这种扰动方案编程简单，但优化变量在细网格的维数约 10^5 量级，远大于粗网格维数 10^3，导致优化计算耗费更多机时，优化结果也更突出 Rossby 波分量的作用。

因此，考虑扰动 t_0 时刻粗网格的斜温层深度距平 h（此时 u 和 v 不扰动，均为 0），对 (u, v, h) 插值得到 t_0 时刻细网格 (u_f, v_f, h_f)，然后利用 Kelvin 模态和 Rossby 模态的正交性，得到 t_0 时刻细网格上的 Kelvin 波振幅 $\tilde{a}_k$ 和 Rossby 波分量 $(\tilde{u}_r, \tilde{v}_r, \tilde{h}_r)$，再通过调用积分程序得到 $t_0 + \Delta t$ 时刻细网格的 $(\tilde{a}_k, \tilde{u}_r, \tilde{v}_r, \tilde{h}_r)$。具体推导过程可参考徐辉 (2006) 第四章。该方案优化变量的维数只有 10^3 量级，既节省机时，优化计算得到的 CNOP-I 也更符合物理规律。因此，在 ZC 模式中计算 CNOP-I 时，采用该方案对斜温层深度距平进行扰动。

4) 切线性模式、伴随模式和梯度计算的编程和检验

由于原始 ZC 模式是单精度模式，考虑到优化计算对精度要求较高，徐辉 (2006) 首先把单精度 ZC 模式改写成双精度模式；再从双精度 ZC 模式出发，编写双精度切线性模式和伴随模式。后文提到的 ZC 模式都是双精度模式，不再一一说明。

ZC 非线性积分模块 dfzcmodel.f 共调用原模式的 21 个子程序文件；切线性模式模块 dtzcmodel.f 共调用 35 个子程序文件，其中 21 个是原模式程序，对其中 14 个子程序编写了切线性程序以及检验程序；伴随模式模块 dazcmodel.f 共调用 37 个子程序文件，同样包含了 21 个原模式程序，对其中 16 个子程序编写了伴随程序以及检验程序。下面

分别介绍切线性模式、伴随模式和梯度计算的编程和检验情况。

A. ZC 切线性模式的编写和检验

编写切线性模式的工作可分为以下几个步骤。

步骤 1　对原 ZC 模式的主体文件 dfzcmodel.f 及其调用的 21 个子程序文件,逐一检查每个程序文件中所有变量是否与扰动状态量的发展有关。其中有 4 个子程序文件的变量不涉及随时间变化的状态量,不需要编写它们的切线性子程序和伴随子程序;18 个子程序文件的变量与扰动状态量的发展有关,对每个子程序分析所有变量的输入输出属性。

步骤 2　分析 18 个子程序文件是否包含非线性语句。其中有 15 个子程序文件(dfzcmodel.f 及调用的 14 个子程序文件)包含非线性语句,用程序对程序办法,编写对应的切线性子程序;对不包含非线性语句的 3 个子程序文件,不需编写切线性程序。需要说明的是,尽管原 ZC 模式中的傅里叶变换子程序 dfft2c.f 不包含非线性语句,本身不需要编写切线性程序,但由于该文件使用太多 "go to" 语句,给阅读程序和随后的伴随检验增加了困难,徐辉(2006)用另一个容易阅读的傅里叶变换子程序 dfftgb.f 代替 dfft2c.f,并通过了数值检验。

步骤 3　对于需要编写切线性程序的 15 个程序文件,按照程序调用关系,从最底层被调用的子程序开始编写切线性程序,每编写完成一个切线性子程序,都要严格通过切线性公式检验后,再编写下一个子程序的切线性程序,直到所有切线性程序编写完成并通过检验。

表 2.3 是 ZC 切线性模式 6 个月和 12 个月的检验结果。随着扰动逐渐减小,R 逐渐逼近于 1,说明扰动在切线性模式的发展越来越接近其非线性发展;在最后扰动更小趋于零时,由于机器的截断误差,R 又逐渐远离于 1。这个检验结果说明,ZC 模式的切线性模式编写是非常准确的。

表 2.3　双精度切线性模式检验结果

α	R(6 个月)	R(12 个月)
10^{-1}	1.014423406459743	0.9985097134335405
10^{-2}	0.9995779938428544	1.606860560732924
10^{-3}	0.9999701836167210	8.938633498078030
10^{-4}	0.9999970185375613	1.000002090362498
10^{-5}	0.9999997019453966	1.000000166825300
10^{-6}	0.9999999708882822	0.9999995397201646
10^{-7}	1.000000023108639	0.9999957428705853
10^{-8}	0.9999998771365641	0.9999440023626347
10^{-9}	0.9999960799819455	0.9992933327331396
10^{-10}	1.000014432620560	0.9947035976587351

B. ZC 伴随模式的编写和检验

ZC 切线性模式编写完成并通过检验后,开始编写其伴随模式。伴随模式中参考态的保存采用存储和计算相结合的方法。

在这些子程序文件中，dfftgb.f 是傅里叶变换，自身可以计算伴随变量，不需额外编写伴随程序；对其他需要编写伴随程序的所有子程序文件，按照切线性程序调用关系，从最底层子程序开始编写伴随程序，每个伴随程序都要严格通过公式检验后，再编写下一个切线性子程序的伴随程序，直到所有伴随程序编写完成并通过检验。

表 2.4 是双精度伴随模式积分 12 个月和 24 个月的检验结果。可见，对于 16 位有效数字的机器精度来说，Valtlm 与 Valadj 的差异只出现在最后两位有效数字，说明从双精度切线性模式出发建立的双精度伴随模式是准确的。

表 2.4　双精度伴随模式检验结果

检验变量	12 个月	24 个月
Valtlm	29153.24509159974	145526.8798357221
Valadj	29153.24509160013	145526.8798357213

C. 梯度计算和检验

表 2.5 是用 ZC 伴随模式计算梯度的 6 个月和 12 个月检验结果。当 α 趋于 0 时，R 逐渐逼近于 1，最多可以达到 10^{-8} 精度；在最后扰动很小时，由于机器的截断误差，R 又逐渐远离于 1。这些结果说明用 ZC 伴随模式计算的梯度是非常准确的。

表 2.5　双精度 ZC 伴随模式梯度计算检验结果

α	R（6 个月）	R（12 个月）
10^{-1}	1.113517802986157	0.7930822659233248
10^{-2}	1.000256461951132	1.000676734524286
10^{-3}	1.000025751599205	1.000067693431916
10^{-4}	1.000002576321515	1.000006807201624
10^{-5}	1.000000257120688	1.000000703672713
10^{-6}	1.000000016444774	1.000004480169453
10^{-7}	1.000000069661275	1.000054567057638
10^{-8}	0.9999997520789348	1.000625351205944
10^{-9}	0.9999895379442256	1.002758520513684
10^{-10}	1.000075371009008	1.028364443091790

D. 接入优化算法

按照前面介绍的步骤，设置好参考态和扰动初猜场，编写好 SPG2 优化算法计算目标函数和梯度的三个子程序 EvalF、EvalG 和 EvalFG，再次进行梯度检验。最后设置好相关优化参数（表 2.6），就可以调用 SPG2 优化算法迭代求解 CNOP-I。

表 2.6　SPG2 优化算法计算 ZC 模式 CNOP-I 的相关参数设置

参数	赋值	说明
n	2 040	两个优化变量（粗网格上 SSTA 和斜温层深度距平）的维数之和
normp	2	球约束，用 L_2 范数度量初始扰动的大小

续表

参数	赋值	说明
delta	1.0	以约束半径 1.0 为例进行介绍
deltm	-delta	对于球约束，用不到 deltm 的值
m	10	存储最后 10 步迭代的函数值
EPS	10^{-6}	范定义下连续两次梯度的差值小于 10^{-6} 时，停止搜索
MAXIT	50	迭代步数超过 50 时，停止迭代
MAXIFCNT	100	单次迭代计算目标函数的次数超过 100 时，停止迭代

E. 数值试验结果

下面介绍用 CNOP-I 方法研究 ENSO 事件最优前期征兆的数值试验结果。这里初始扰动 u_0 叠加在气候平均态参考态，$\delta = 1.0$，优化时间长度为 3 个月、6 个月、9 个月和 12 个月时，分别以 1 月、4 月、7 月和 10 月作为优化初始时间。计算每一个 CNOP-I 时，都选取 30 个不同的初猜场进行优化试验，分析这 30 个初猜场目标函数的收敛情况，确定 CNOP-I。结果表明，对于不同的优化时间长度和优化初始时刻，都找到目标函数的两个极值点，即全局极值点和局部极值点，分别记为 CNOP-I 和局部 CNOP-I。它们都在约束条件的边界上，即 $\|u_0\|_\delta = \delta$。CNOP-I 和局部 CNOP-I 的空间结构，对优化初始时间和优化时间长度的依赖性不明显，分别发展成 El Niño 事件和 La Niña 事件。

在 ZC 模式中，CNOP-I 发展的 El Niño 事件通常持续时间较长，而局部 CNOP-I 发展的 La Niña 事件通常持续时间较短。因此，这里以优化时间长度 9 个月为例，考察两类事件最优前期征兆的特征。

图 2.1 是优化时间长度为 9 个月、优化初始时刻为 4 月份时，CNOP-I 的空间结构及其在预报时刻的发展，并和线性奇异向量（LSV）结果进行对比。结果表明，当 CNOP-I 的 SSTA 分量表现为热带太平洋海盆东"正"西"负"的偶极子结构、斜温层深度距平分量表现为整个赤道太平洋加深时，这样的前期信号在 9 个月后导致热带中东太平洋大范围升温，发展成明显的 El Niño 模态。比较 CNOP-I 和 LSV 的结果，发现尽管 CNOP-I 的空间结构定性上看与对应的 LSV 类似，但 9 个月后 CNOP-I 的非线性发展，使得赤道中东太平洋的增暖达到 3.5 ℃以上，升温幅度大于 LSV 的结果。

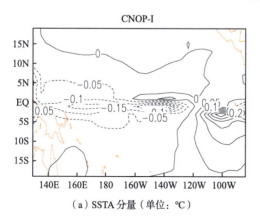
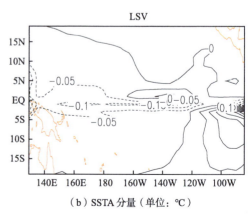

（a）SSTA 分量（单位：℃）　　　　　　　（b）SSTA 分量（单位：℃）

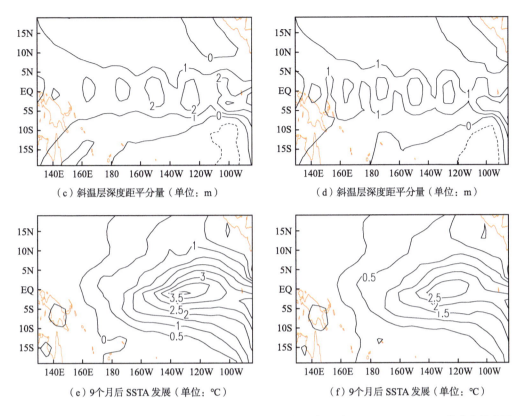

（c）斜温层深度距平分量（单位：m）　　　　（d）斜温层深度距平分量（单位：m）

（e）9 个月后 SSTA 发展（单位：℃）　　　　（f）9 个月后 SSTA 发展（单位：℃）

图 2.1　$\delta = 1.0$、优化初始时间为 4 月份、优化时间长度 9 个月时，CNOP-I、LSV 及其非线性发展

左列是 CNOP-I 结果：（a）CNOP-I 的 SSTA 分量；（c）CNOP-I 的斜温层深度距平分量；
（e）9 个月后 SSTA 非线性发展。右列对应 LSV 的结果

　　图 2.2 和图 2.1 类似，但对应着局部 CNOP-I 的情况。当局部 CNOP-I 的 SSTA 分量表现为热带太平洋海盆东"负"西"正"的偶极子结构、斜温层深度距平分量表现为整个赤道太平洋变浅时，这样的前期信号在 9 个月后导致热带太平洋大范围降温，发展成明显的 La Niña 模态。比较局部 CNOP-I 和-LSV（图 2.1 中 LSV 相反结构）的结果，尽管局部 CNOP-I 的空间结构定性上看与-LSV 类似，但 9 个月后局部 CNOP-I 的非线性发展，使得赤道中东太平洋 SSTA 的降温大于-LSV 的结果。

局部 CNOP-I　　　　　　　　　　　　　　　　-LSV

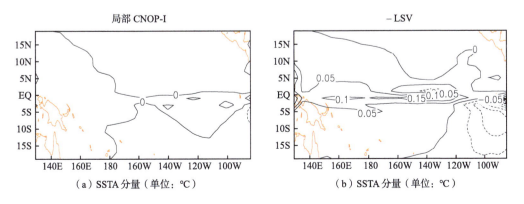

（a）SSTA 分量（单位：℃）　　　　　　　（b）SSTA 分量（单位：℃）

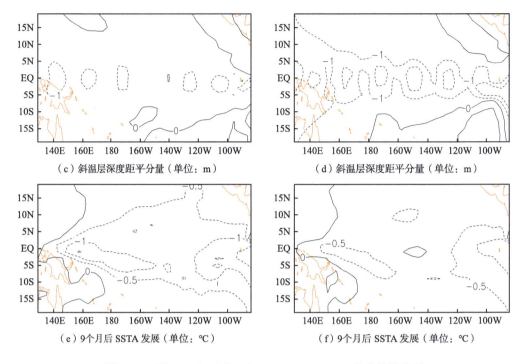

（c）斜温层深度距平分量（单位：m）　　　　（d）斜温层深度距平分量（单位：m）

（e）9个月后 SSTA 发展（单位：℃）　　　　（f）9个月后 SSTA 发展（单位：℃）

图 2.2　同图 2.1，但对应局部 CNOP-I、−LSV 及其非线性发展

把不同起始月份的 CNOP-I 和局部 CNOP-I 作为模式的初始场，分别带入非线性模式积分 18 个月，得到各自 Niño3 指数［Niño3 区（150 °W～90 °W，5 °S～5 °N）平均 SSTA］的变化曲线（图 2.3）。结果表明，CNOP-I 发展成 El Niño 事件，而局部 CNOP-I 发展成 La Niña 事件。也就是说，当 SSTA 表现为赤道东太平洋正（负）异常、中西太平洋负（正）异常，斜温层深度距平表现为沿赤道太平洋一致加深（变浅）时，这样的距平模态最容易发展成 El Niño（La Niña）事件。

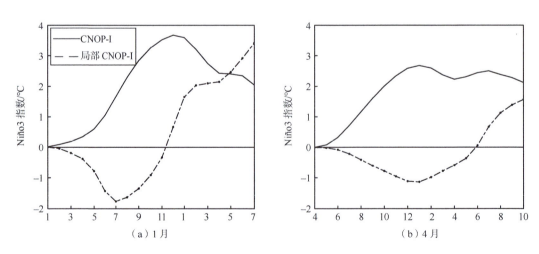

（a）1月　　　　　　　　　　　　　　（b）4月

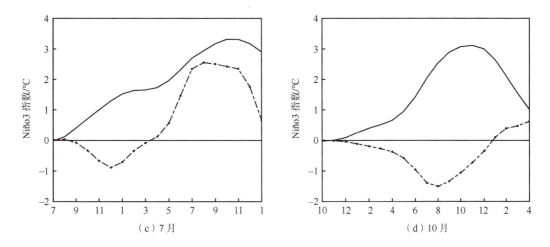

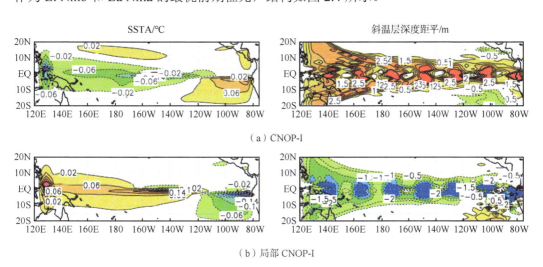

图 2.3　分别以 CNOP-I 和局部 CNOP-I 作为初始场积分非线性模式，Niño3 指数的变化曲线（单位：℃）
横坐标是模式积分时间，实线是 CNOP-I 的非线性发展，虚线是局部 CNOP-I 的非线性发展。

起始积分时间分别是：(a)1 月；(b)4 月；(c)7 月；(d)10 月

（余堰山，2009）

由于 CNOP-I 和局部 CNOP-I 的空间结构对优化初始时间不敏感，将不同优化初始时间的 CNOP-I 以及局部 CNOP-I 分别做集合平均，得到合成的 CNOP-I 和局部 CNOP-I，作为 El Niño 和 La Niña 的最优前期征兆，结构如图 2.4 所示。

图 2.4　气候平均态为参考态、优化时长为 12 个月时，不同起始月份 CNOP-I(a)
和局部 CNOP-I(b)型前期征兆合成图

左列是 SSTA（单位：℃），右列是斜温层深度距平（单位：m）

（Mu et al.，2014）

CNOP-I 和局部 CNOP-I 分别发展成 El Niño 事件和 La Niña 事件的物理机制，可以用 Bjerknes(1969) 正反馈机制来解释。对于 CNOP-I 型初始扰动，赤道太平洋 SSTA 呈现东"正"西"负"的偶极子结构,此时赤道太平洋海表温度的纬向梯度相应减小,Walker 环流开始减弱,赤道信风随之减弱,西风异常增强,而增强的西风异常进一步抑制了赤道东太平洋次表层冷水的上翻,减弱了赤道涌流,使得赤道东太平洋变得更暖,即 SSTA 正扰动变得更大,最终发展成一次 El Niño 事件。同样,对于局部 CNOP-I 型初始扰动,此时赤道太平洋 SSTA 呈现东"负"西"正"的偶极子结构,在 Bjerknes 正反馈机制下,发展成一次 La Niña 事件。

2.1.2　伴随方法求解 CNOP-P

当目标函数连续可导时,可以用伴随模式计算目标函数关于模式参数扰动的梯度,进而通过优化算法,求解条件非线性最优参数扰动(CNOP-P)。

1. 梯度计算

假设 U_0 是状态变量的初始场,$P = (P_1, P_2, \cdots, P_n)$ 是模式参数组成的向量,其维数是模式参数的个数,τ 时刻状态变量的数值解是 $U = M_\tau(U_0, P)$,其中 M_τ 是从 0 到 τ 时刻的非线性传播算子。假设初始场、边界条件是准确的,并且不考虑强迫误差,则预报误差仅来源于模式参数误差。在 P 上叠加模式参数误差 $p = (p_1, p_2, \cdots, p_n)$,且 $p \in \mu$,定义目标函数

$$J(p) = \frac{1}{2} \left\| M_\tau(U_0, P + p) - M_\tau(U_0, P) \right\|^2 \tag{2.14}$$

式中,$M_\tau(U_0, P + p) - M_\tau(U_0, P)$ 是由模式参数误差 p 导致的预报误差。

令 $J_1(p) = -J(p)$,由第 1 章式(1.28)和式(1.30),得到 $J_1(p)$ 关于最优参数扰动 p 的梯度

$$\nabla J_1(p) = -\mathbf{M}_p^*(U_0, P + p)[M_\tau(U_0, P + p) - M_\tau(U_0, P)] \tag{2.15}$$

式中,$\mathbf{M}_p^*$ 是关于切线性矩阵 $\mathbf{M}_p$ 的伴随矩阵。可以看到,以 U_0 作为伴随模式参考态的初始场,把 $P + p$ 作为伴随模式的参数向量,再把参数扰动 p 导致的误差非线性发展 $M_\tau(U_0, P + p) - M_\tau(U_0, P)$ 作为伴随模式的初始场,积分伴随模式,可以得到 $J_1(p)$ 关于 p 的梯度。

这样,就可以和计算 CNOP-I 的方法一样,把任意模式参数扰动的初猜场输入给优化算法,优化算法沿梯度下降的方向迭代搜索目标函数的极小值。当迭代结果达到收敛条件后,停止搜索,输出 CNOP-P。

需要指出的是,计算 CNOP-I 时,u_0 只是参考态初始场的扰动,$\nabla J_1(u_0)$ 只用伴随模式 $\mathbf{M}_{u_0}^*$ 在初始时刻的输出进行计算。而计算 CNOP-P 时,p 可以依赖于时间和空间变化,即 $p(x,y,t)$。当 p 不随时间变化时,$\nabla J_1(p)$ 只用到伴随模式 $\mathbf{M}_p^*$ 在初始时刻的输出。但当 p 随时间变化时,$\nabla J_1(p)$ 也随时间变化,需要用每时步伴随模式的输出进行计算。

2. 切线性模式、伴随模式的编写

关于模式参数的切线性模式和伴随模式也不是现成的,是否需要按上一节介绍的方法,重新编写原模式关于模式参数的切线性模式和伴随模式? 回答是须视情况而定。

由第 1 章 1.3 节式 (1.11) 和式 (1.17) 可以看到,目标函数关于模式参数扰动的梯度可由目标函数关于扰动变量的梯度计算得到,即 $\dfrac{\partial J}{\partial p} = \left(\dfrac{\partial F(t)}{\partial p(t)} \right)^{*} \lambda(t)$。如果原模式没有关于状态变量的伴随模式,不能计算出 $\lambda(t)$,则需要按规则和流程,建立关于状态变量和模式参数的伴随模式。实际上,尽管模式参数和状态变量的物理意义不同,但对程序来说,它们都是同等性质的普通变量,其切线性模式、伴随模式的推导和编写,与普通状态变量(如温度场、斜温层深度场等)的处理方式一样。

如果已经有关于状态变量的伴随模式,即能计算出 $\lambda(t)$,则编写关于模式参数的伴随模式非常简单。只需在现有关于状态变量的切线性模式和伴随模式中,找到包含模式参数的语句,修改程序即可。

由于对模式参数进行了扰动,则切线性模式和伴随模式中所有包含模式参数的语句,都需要逐句重新编写。同样以 $X = aX + bY + cZU$ 作为原模式的一行程序语句为例进行说明,其中 X、Y、Z 和 U 是状态变量,a、b 和 c 是模式参数。

对所有模式参数和状态变量进行扰动,该语句的切线性程序为

$$\begin{cases} X' = aX' + bY' + cUZ' + cZU' + a'X + b'Y + c'UZ \\ X = aX + bY + cUZ \end{cases} \tag{2.16}$$

对比式 (2.16) 和式 (2.4) 可知,输出变量 X' 除了依赖于扰动状态变量 X'、Y'、Z' 和 U',还依赖于模式参数扰动 a'、b' 和 c'。另外,参考态除了状态变量 U 和 Z,还包含了状态变量 X 和 Y 以及模式参数 a、b 和 c。

根据伴随语句的编写规则,很容易得到式 (2.16) 对应的伴随语句

$$\begin{cases} a^{*} = \quad XX^{*} + a^{*} \\ b^{*} = \quad YX^{*} + b^{*} \\ c^{*} = UZX^{*} + c^{*} \\ Y^{*} = \quad bX^{*} + Y^{*} \\ Z^{*} = cUX^{*} + Z^{*} \\ U^{*} = cZX^{*} + U^{*} \\ X^{*} = \quad aX^{*} \end{cases} \tag{2.17}$$

比较式 (2.17) 和式 (2.9),可以看到关于 X^{*}、Y^{*}、Z^{*} 和 U^{*} 的伴随语句保持不变,仅多了模式参数对应的 a^{*}、b^{*} 和 c^{*} 三行伴随语句。另外,除了参考态 U 和 Z,注意对新增参考态 X、Y、a、b 和 c 的存储或计算。

总之,只需将模式参数视为数值模式的一组普通变量,用和计算 CNOP-I 类似的方

法，编写并检验切线性模式和伴随模式即可。

3. 伴随方法计算 ZC 模式的 CNOP-P

ZC 模式是一个中等复杂程度模式，其大气模式和海洋模式的许多参数都是根据经验给定的，具有一定的不确定性。余堰山(2009)在 ZC 模式关于初始变量扰动的切线性模式和伴随模式(徐辉，2006)的基础上，增加了对模式参数的扰动，编写了参数扰动与初始变量共同扰动的切线性模式和伴随模式，并通过 CNOP-P 方法，考察对 El Niño 预报结果影响最大的模式参数误差，及其对 El Niño 可预报性的影响。下面介绍试验设计方案和主要结果。

1) 试验设计

A. 参考态选取

选取 16 次模式 El Niño 事件作为参考态。对每一次 El Niño 事件，分别从不同的预报起始月份进行 8 次预报，预报时长为一年。从 7 月(−1)、10 月(−1)、1 月(0)和 4 月(0)开始的预报，跨越了 El Niño 事件增长阶段的春季，记为跨增长位相预报；从 7 月(0)、10 月(0)、1 月(1)和 4 月(1)开始的预报，跨越了 El Niño 衰减阶段的春季，记为跨衰减位相预报。对每一次预报，计算在给定约束范围内使得目标函数达到最大的 CNOP-P 型参数误差。优化的起始时刻就是预报的起始时刻，优化时间段是 12 个月，即预报的时间长度。由于每次 El Niño 事件有 8 次预报，16 次 El Niño 事件即有 128 次预报，分别计算 CNOP-P。

B. 扰动参数的选取和约束条件

选取 ZC 模式中 9 个主要的经验性参数，考察它们的不确定性对 ENSO 可预报性的影响。其中 α、β 和 ε 三个参数存在于大气模式中，η、T_1、b_1、T_2 和 b_2 五个参数存在于海表温度方程中，另外一个参数 σ 出现在风应力表达式中。表 2.7 列出了 9 个经验性参数的物理意义以及各自在模式中的参数值。

在计算 CNOP-P 时，需要确定参数扰动的约束条件。对于每个参数扰动约束条件的选取，遵循统一原则，即该参数的扰动须使模式 ENSO 振荡维持不规则振荡的基本特征。具体地，对于每一个参数，在模式参数值附近做扰动，然后积分模式 30 年。如果 Niño3 指数的振幅不随着时间逐渐衰减[图 2.5(a)]或者偏离模式的气候态[图 2.5(b)]，而是在气候平均态附近呈现 2~7 年的不规则震荡[图 2.5(c)]，那么该扰动被认为是合理范围内的扰动。这是考虑到模式的调试者在确定模式参数值时，一般不会使模式模拟的 ENSO 现象失去基本特征，也是对确定模式参数值最起码的要求。也就是说，模式参数值的误差至少不会超过一定的界限，而这个界限即是确定参数扰动的约束条件。

通过上述考察，共确定了 9 个参数的扰动约束条件(表 2.7 最右一列)，其中百分比代表参数扰动占模式参数值的相对误差。例如，β 的模式参数值是 0.75，它的扰动范围在 $[-0.75 \times 4\%, 0.75 \times 4\%]$ 之间变化。

表 2.7　ZC 模式中 9 个经验性参数的物理意义、模式参数值和扰动约束条件

参数	物理意义	模式参数值	约束条件 x_i/%
α	控制与 SSTA 有关的大气非绝热加热	1.6	0.1
β	控制与低层水汽辐合有关的大气非绝热加热	0.75	4
ε	大气模式中的阻尼时间	0.3	0.3
η	SSTA 方程中描述表面热交换的牛顿冷却时间	0.98	0.02
T_1	$h>0$ 时，影响次表层温度距平的幅度	28.0	0.1
b_1	$h>0$ 时，影响计算次表层温度距平过程中的非线性	1.25	1
T_2	$h<0$ 时，影响次表层温度距平的幅度	−40.0	3
b_2	$h<0$ 时，影响计算次表层温度距平过程中的非线性	3.0	2
σ	拖拽系数与大气密度的乘积，影响风应力	0.0329	1

引自：Yu et al.，2012

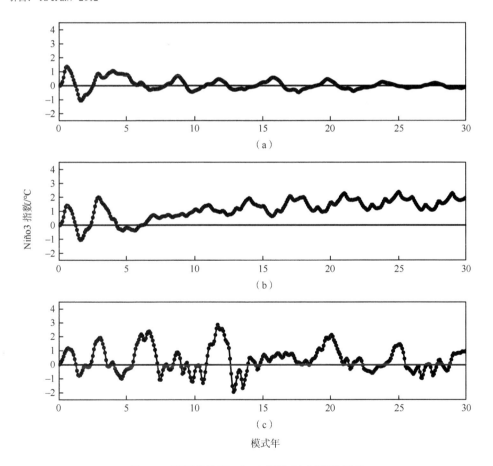

图 2.5　不同参数下 Niño3 指数 30 年演变趋势

(a) β 增加 5%，其他参数不变；(b) ε 减小 0.4%，其他参数不变；(c)所有参数保持不变。

(Yu et al.，2012)

C. 定义目标函数

要考察对 El Niño 预报影响最大的模式参数误差，需要构造目标函数来度量模式参数误差引起的预报时刻预报误差的发展。CNOP-P 型模式参数误差就是使得此目标函数达到最大值的参数（向量）误差，记作 p_μ，可以通过求解下面的非线性最优化问题得到

$$J(p_\mu) = \max_{p \in \mu} \|T'(p, \tau)\|^2 \tag{2.18}$$

式中，p 是叠加在 9 个模式参数组成的向量 P 上的误差，$P = (\alpha, \beta, \varepsilon, \eta, T_1, b_1, T_2, b_2, \sigma)$，取值见表 2.7 中第三列。$p = (p_1, p_2, \cdots, p_9)$，约束条件是 $-\mu_i \leqslant p_i \leqslant \mu_i$，$i = 1, \cdots, 9$，其中 $\mu_i = x_i(\%)P_i$，表示各参数的误差占模式参数值的百分比不超过 x_i，x_i 的取值见表 2.7 中第 4 列。参数误差在预报时刻导致的预报误差的大小用范数 $\|T'(\tau)\| = \sqrt{\sum_{i,j}[T'_{i,j}(\tau)]^2}$ 度量，$T'(\tau)$ 代表在预报时刻 τ 的 SSTA 误差，它是预报的 SSTA 减去 El Niño 参考态 SSTA 的差。$T'_{i,j}(\tau)$ 是 τ 时刻空间格点 (i, j) 上 SSTA 扰动的非线性发展。

2) 切线性模式、伴随模式和梯度计算的编程和检验

上一节已针对状态变量的初始扰动进行了相关检验，这里只针对参数扰动，对新切线性模式、伴随模式及梯度计算进行检验。结果表明，切线性模式、伴随模式的修改是准确的，利用新伴随模式计算目标函数关于参数扰动的梯度是有效的（余堰山，2009）。这里简单介绍相关检验结果。

在给定参考态下，切线性模式 12 个月和 18 个月对 SSTA 的检验结果见表 2.8。随着扰动趋于 0，尽管在 $\alpha = 10^{-5}$ 以前，R 没有逼近于 1，但 α 从 10^{-6} 开始，R 一致地逼近于 1，特别是在 $\alpha = 10^{-8}$ 时，R 达到 10^{-9} 精度，说明切线性模式是比较准确的。在最后扰动很小时，$|R-1|$ 又逐渐增大，这是由于机器的截断误差造成的。

表 2.8　切线性模式检验结果

α	R（12 个月）	R（18 个月）
10^{-5}	4.41499245	2.599098686
10^{-6}	1.000003526	1.000000431
10^{-7}	1.000000391	1.00000007
10^{-8}	1.000000034	0.999999998
10^{-9}	1.000002578	1.000002205
10^{-10}	1.000016708	1.000014591
10^{-11}	1.000255318	1.000186693
10^{-12}	1.006241473	1.004836571
10^{-13}	1.014976825	1.013775533

　　表 2.9 是伴随模式 12 个月和 18 个月检验的结果。可见，Valtlm 和 Valadj 相等的有效位数达到了 13 位，即小数点后 6 位，说明建立的伴随模式是准确的。

表 2.9　伴随模式检验结果

检验变量	12 个月	18 个月
Valtlm	2131426.042145958	3824629.940299809
Valadj	2131426.042145965	3824629.940299778

　　表 2.10 是 12 个月和 18 个月用伴随模式计算梯度的检验结果。随着扰动趋于 0，直到 $\alpha = 10^{-6}$，R 在 1 上下波动，但从 $\alpha = 10^{-7}$ 开始，R 一致地逼近于 1，特别是在 $\alpha = 10^{-9}$ 时，R 达到 10^{-8} 精度。同样，当扰动很小时，由于机器截断误差的影响，$|R-1|$ 又逐渐增大。结果表明，用伴随模式计算目标函数关于参数扰动的梯度是比较准确的。

表 2.10　目标函数关于模式参数扰动的梯度检验结果

α	R(12 个月)	R(18 个月)
10^{-5}	1.019977284	1.073390714
10^{-6}	1.21375583	1.282829265
10^{-7}	0.999998407	1.00000402
10^{-8}	0.999999842	1.000000384
10^{-9}	0.999999919	0.999999937
10^{-10}	0.999999495	0.999999062
10^{-11}	0.999994526	0.999984682
10^{-12}	0.999924399	1.00007405
10^{-13}	1.000589275	0.999592274

3）数值试验结果

　　数值试验结果表明，CNOP-P 型模式参数误差均位于约束条件的边界上，这一特点与 CNOP-I 型初始误差是类似的。表 2.11 给出了对某次 El Niño 事件分别从 7 月(−1) 和 7 月(0) 开始进行预报的 CNOP-P 误差。对比表 2.11 和表 2.7 可以看出，除了个别参数，该 El Niño 事件两次预报的 CNOP-P 型模式参数误差都位于约束条件的边界上。CNOP-P 对 El Niño 预报结果不确定性影响的数值试验结果，在本书第 3 章有更详细的阐述，这里不再赘述。

表 2.11　El Niño 事件两次预报的 CNOP-P 型模式参数误差

参数	起始月份 7 月(−1)	起始月份 7 月(0)
α	0.1% α	−0.1% α
β	−4% β	4% β

续表

参数	起始月份 7 月 (-1)	起始月份 7 月 (0)
ε	$-0.3\%\,\varepsilon$	$0.3\%\,\varepsilon$
η	$0.02\%\,\eta$	$-0.02\%\,\eta$
T_1	$0.1\%\,T_1$	$-0.1\%\,T_1$
b_1	$-1\%\,b_1$	$1\%\,b_1$
T_2	$-3\%\,T_2$	$2.8\%\,T_2$
b_2	$2\%\,b_2$	$2\%\,b_2$
σ	$1\%\,\sigma$	$-1\%\,\sigma$

引自：Yu et al.，2012

2.1.3　小结和讨论

目标函数连续可导时，可以用伴随模式计算目标函数关于初始扰动和模式参数扰动的梯度，进而用优化算法准确有效地计算 CNOP-I、CNOP-P 或其最优组合扰动。

在实际应用中，用伴随方法计算 CNOP-I 的流程，可以总结为以下六步。

(1)选择对要研究的天气或气候事件具有一定模拟和预报能力的数值模式。

(2)从原模式出发，编写切线性模式并检验其准确性。

(3)从切线性模式出发，编写伴随模式并检验其准确性。

(4)用伴随模式计算梯度，并检验梯度计算的准确性。

(5)梯度检验通过后，把初猜场、目标函数和梯度计算程序接入优化算法程序，构建计算 CNOP-I 的非线性优化系统。

(6)综合多个扰动初猜场优化计算的结果，得出 CNOP-I 或 CNOP-P。

如果原模式没有关于状态变量的伴随模式，则需要按规则和流程，建立关于状态变量和模式参数的伴随模式。如果已有关于状态变量的伴随模式，则编写关于模式参数的伴随模式比较简单。只需在现有切线性模式和伴随模式中，找到包含模式参数的语句，按规则修改程序即可。

尽管建立伴随模式的工作相对耗时和繁琐，但编程具有规则性，按步骤操作即可。编写伴随模式的收益较高，一旦建立起原模式的伴随模式，可以用伴随方法计算 CNOP-I，研究大气和海洋科学中的资料同化、目标观测和集合预报等可预报性问题。另外，只要对关于状态变量的伴随模式稍作改动，就可以用来计算 CNOP-P、CNOP-B 和 CNOP-F，研究相关的系列可预报性问题。

用 CNOP-P 方法研究大气、海洋和陆面领域的可预报性问题，如陆面过程模式参数敏感性分析和对流尺度集合预报中，CNOP-P 对预报结果具有较大影响，这方面有不少研究，也取得了不少成果，有兴趣的读者可以参考文献(Sun et al.，2017，2022；Wang et al.，2020；陈黛雅等，2022)。

2.2　粒子群优化算法求解 Burgers 方程的 CNOP-I

上一节介绍了用伴随方法数值求解 CNOP-I 和 CNOP-P，本节介绍如何用粒子群优化算法(particle swarm optimization algorithm，PSO)求解 CNOP-I。该算法是智能优化算法的一种。下面首先简单介绍一下智能优化算法。

智能优化算法是基于种群的启发式随机搜索方法，它通过模拟自然界生物系统的寻优行为，来改进当前的状态以达到最优，主要有遗传算法(Holland，1975)、粒子群优化算法(Kennedy and Eberhart，1995)、模拟退火算法、蚁群算法等。这些算法具有以下共同特点。

(1)传统优化算法以单个初始值开始迭代寻求最优解，而智能优化算法从问题的任一解或任一解的集合出发开始搜索，不依赖于初始解；并以一定概率在整个问题空间中搜索最优解，有跳出局部最优解的能力。

(2)在智能优化算法的主要步骤中往往有随机因素，伴随其随机性，优化计算的结果有一定的不确定性。

(3)算法不需要目标函数的梯度信息。在优化过程中，仅靠适应度函数(相当于优化问题中所设定的目标函数)值的大小来评估个体的优劣。对目标函数关于优化变量不可微，甚至不连续的情形仍然适用。

(4)算法适合于并行处理。智能优化算法中，一部分算法由于包含一组解，各个解在一步迭代中互不干扰，容易通过设计适当的并行策略，建立相应的并行算法，以有效提高运算效率。

20 世纪末，已有学者开始将智能优化算法用于解决大气海洋科学中的优化问题。Ahrens(1999)把遗传算法(genetic algorithm，GA)用于变分资料同化问题，用非标准化的 GA 对弱约束形式的 Lorenz 模型进行全局最小搜索，取得了较好的结果。随后，Fang 等(2009)和 Zheng 等(2012a，2012b)尝试用 GA 算法解决资料同化中的高维或非光滑优化问题。21 世纪以来，随着 CNOP 方法在众多领域的推广应用，方昌銮(Fang and Zheng，2009)、郑琴(Zheng et al.，2014，2017)、孙国栋(Sun et al.，2017)、穆斌(Mu et al.，2019b)和袁时金(Yuan et al.，2023)等学者又将智能优化算法用于求解 CNOP，并在可预报性研究、陆面参数反演和台风预报研究中取得了一些成果。

下面，我们介绍粒子群智能优化算法的基本框架以及求解 CNOP 的实施方案。

2.2.1　粒子群算法的主体结构

粒子群智能优化算法(PSO)由 Kennedy 和 Eberhart 于 1995 年提出(Kennedy and Eberhart，1995)。粒子群的提出源于对鸟群觅食时不可预测行为的模拟，随着仿生模拟研究的深入，人们发现，群体中信息的共享使群体行动从无序到有序演化。以此为基础，结合搜索算法与速度的概念，形成了寻优算法 PSO 的最初版本。

PSO 因其在解决非线性、不可微和多模态最优化问题中取得的巨大成功而受到越来越多的关注。与基于进化的智能算法(如 GA)不同的是，PSO 中的粒子之间是相互合作而不是相互竞争。它根据粒子本身的历史经验和来自粒子群的经验，结合当前速度进行移动，迭代过程中粒子个数不发生改变，最终聚集在最优解附近的区域。PSO 除了拥有一般智能优化算法的优势外，由于其概念简单，实现容易，参数较少，计算代价低，被广泛应用于各类优化问题。在高维空间中，PSO 相比其他智能优化算法也有不错的收敛速度。标准的 PSO 算法的收敛速度一般在迭代初期较快，在迭代后期收敛变慢(Fang and Zheng，2009)。

PSO 中的每一个成员叫粒子，具有两个属性，即速度和位置。对优化问题，粒子位置表征的是当前优化问题的一个潜在的解，是搜索空间中的一个点(位置)。惯性权重、加速常数(又叫学习因子)和最大速度是 PSO 算法需要调整的参数。

PSO 的基本操作步骤如下。

步骤 1 种群初始化。给出各个粒子的位置信息和速度信息，历史最优位置设置为当前位置；

步骤 2 计算每个粒子的适应度值(粒子位置信息所对应的目标函数值)；

步骤 3 对于每个粒子，将其当前适应度值与其自身历史最优位置的适应度值相比较，更新历史最优位置；

步骤 4 对每个粒子，将其历史最优位置的适应度值与全局最优位置的适应度值相比较，更新全局最优位置；

步骤 5 若满足终止条件则停止，否则进行步骤 6；

步骤 6 对每个粒子的位置信息和速度信息进行更新并返回步骤 2。

下面给出相应操作的流程图(图 2.6)。

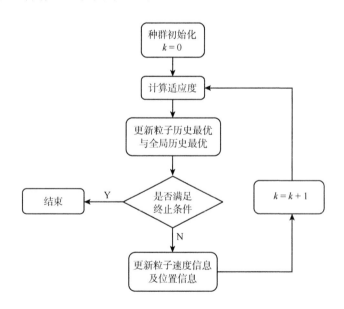

图 2.6　粒子群算法操作流程图

设种群规模为 N，解空间维数为 M，$i = 1, \cdots, N$，其中：

$X_i^{(k)} = \left(x_{i,1}^{(k)}, x_{i,2}^{(k)}, \cdots, x_{i,M}^{(k)} \right)$ 表示粒子 i 在第 k 步时的位置信息；

$V_i^{(k)} = \left(v_{i,1}^{(k)}, v_{i,2}^{(k)}, \cdots, v_{i,M}^{(k)} \right)$ 表示粒子 i 在第 k 步时的速度信息；

$P_i^{(k)} = \left(p_{i,1}^{(k)}, p_{i,2}^{(k)}, \cdots, p_{i,M}^{(k)} \right)$ 表示粒子 i 截止到第 k 步时搜索到的最好位置；

$P_g^{(k)} = \left(p_{g,1}^{(k)}, p_{g,2}^{(k)}, \cdots, p_{g,M}^{(k)} \right)$ 表示整个粒子群搜索的最好位置。

设优化问题为最大优化问题 $f(x)$，最小优化问题可以通过取相反数或倒数等转化为最大优化问题，$P_i^{(k)}$ 和 $P_g^{(k)}$ 的更新规则为

$$P_i^{(k+1)} = \begin{cases} P_i^{(k)}, & f\left(X_i^{(k+1)}\right) < f\left(P_i^{(k)}\right) \\ X_i^{(k+1)}, & f\left(X_i^{(k+1)}\right) \geqslant f\left(P_i^{(k)}\right) \end{cases} \tag{2.19}$$

若 $f\left(P_i^{(k+1)}\right) = \max\left\{ f\left(P_1^{(k+1)}\right), \ f\left(P_2^{(k+1)}\right), \cdots, f\left(P_M^{(k+1)}\right) \right\}$

则

$$P_g^{(k+1)} = P_i^{(k+1)} \tag{2.20}$$

第 $k+1$ 代粒子根据以下公式进行速度和位置的更新：

$$v_{i,j}^{(k+1)} = \omega v_{i,j}^{(k)} + c_1 r_1 \left(p_{i,j}^{(k)} - x_{i,j}^{(k)} \right) + c_2 r_2 \left(p_{g,j}^{(k)} - x_{i,j}^{(k)} \right) \tag{2.21}$$

$$x_{i,j}^{(k+1)} = x_{i,j}^{(k)} + v_{i,j}^{(k+1)} \tag{2.22}$$

这里 i 表示第 i 个粒子，其中 $i = 1, 2, \cdots, N$；$j = 1, 2, \cdots, M$；ω 表示权重；c_1 和 c_2 为学习因子；r_1 和 r_2 是两个在区间 $[0, 1]$ 均匀分布的随机数。

2.2.2　粒子群算法相关参数及常规设定方法

粒子群算法在搜索时主要利用粒子自身与群体的历史信息相互学习，自适应能力较强，无需太多参数约束。主要参数有：

（1）种群规模。根据优化问题规模一般设置为 20～100。

（2）最大速度。用来限制粒子的飞行速度。若最大速度过大，则粒子飞行速度太快，容易错过更优解；若最大速度太小，则飞行速度太小，粒子在当前解附近飞行，容易陷入局部最优。

（3）惯性权重。速度更新公式(2.21)中的 ω 为惯性权重。用于解除对最大速度依赖，使粒子的速度不至于快速增加。惯性权重可以平衡算法的广度搜索与深度搜索。ω 越大，则粒子本身速度在寻优飞行中起主导作用，算法倾向于广度搜索，容易发现其他的较优解；ω 较小，则粒子会在粒子历史最优与种群历史最优附近搜索，算法倾向于深度搜索。一般将惯性权重设置为 0.729。在实际操作中，可以采用惯性权重 ω 随着算法的进行不断减小的方式（如 0.9～0.4 线性减少），使得 ω 在算法初期较大，便于发现其他较优解；

在算法后期较小，便于算法收敛。

(4)学习因子。学习因子为式(2.21)中的c_1和c_2。Clerc(1999)指出，为了确保粒子群优化算法可以收敛，学习因子不可缺少。在惯性权重设置为0.729时，一般将c_1和c_2设置为1.49445。

(5)约束处理。对于有条件约束的最优化问题，需要对粒子的位置、速度信息进行约束限制，使粒子始终在可行域中飞行。如在正交CNOP-I的计算中，需要使用Schmidt正交化保证粒子始终在已求得CNOP-I或正交CNOP-I的正交子空间内飞行(Duan and Huo，2016)。

2.2.3　粒子群算法求解 Burgers 方程 CNOP-I 数值试验

连续形式的 Burgers 方程为

$$\begin{cases} \dfrac{\partial U}{\partial t} + U\dfrac{\partial U}{\partial x} = \gamma\dfrac{\partial^2 U}{\partial x^2}, & (x,t)\in[0,L;\ 0,T] \\ U(0,t)=U(L,t)=0, & t\in[0,T] \\ U(x,0)=U_0=\sin(2\pi x/L), & x\in[0,L] \end{cases} \quad (2.23)$$

式中，U为状态向量；L为无量纲常数；T为预报时间；γ为耗散系数。

目标函数：$J(u_0,\delta) = \max\limits_{\|u_0\|\leqslant\delta}\|M_T(U_0+u_0)-M_T(U_0)\|^2$，其中$\|\cdot\|$为$L_2$范数；$M_T$表示非线性传播算子积分到$T$时刻；$U_0$为参考态初始场；$u_0$为满足$\|u_0\|\leqslant\delta$的初始扰动，也是优化变量。CNOP-I就是使函数$J(u_0,\delta)$取得最大值且满足约束条件的初始扰动。

在此数值试验中，模式参数设置如表2.12所示。

表 2.12　模式参数设置

模式参数	数值
空间格点数	nx = L+1 = 101
空间步长	dx = 0.01
时间步长	dt = 0.001
预报时间	$T = 0.03$
约束条件	$\delta = 8\times10^{-4}$
耗散系数	$\gamma = 0.005$

PSO 的相关参数设置如表2.13所示。

表 2.13　PSO 参数设置

算法参数	数值
种群规模	48
最大迭代步数	1 000
惯性权重	0.729

续表

算法参数	数值
加速常数	$c_1 = 1.49445,\ c_2 = 1.49445$
终止条件	种群最优适应度值在 30 步内变化不超过 10^{-7} 时程序停止

　　计算得到的 CNOP-I 空间结构如图 2.7 所示；适应度随迭代步数变化曲线如图 2.8 所示。可以看到，在前期适应度变化较快，后期变化较慢，这是算法由广度搜索逐渐变

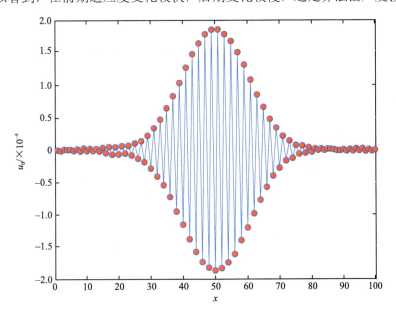

图 2.7　CNOP-I 空间结构

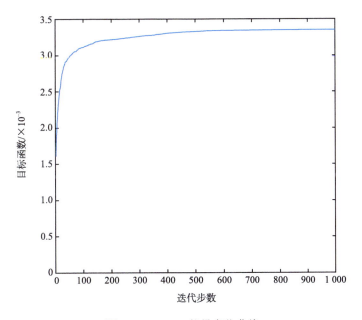

图 2.8　CNOP-I 能量变化曲线

成深度搜索，在 200 步后适应度变化缓慢；若为了进一步节省计算成本，可以放宽算法的停止规则，使算法可以较早停止。

2.3　差分进化算法求解 CNOP

2.3.1　差分进化算法简介

差分进化算法(differential evolution algorithm，DE)是由 Storn 和 Price(1997)提出的一种基于种群演化的最优化算法。此算法具有一个重要的特点，在求解非线性最优化问题时，不需要目标函数关于自变量的梯度信息，也能计算目标函数的最优值。因此，当无法获得目标函数关于自变量的梯度信息时，可以使用 DE 算法有效地计算非线性最优化问题的数值解。DE 算法以其结构简单、容易实现和良好的收敛性而著称，已被广泛用于各种领域中求解最优化问题，例如大气和海洋科学、水文、机械工程、图像处理和机器学习等(Hull et al.，2006；Regulwar et al.，2010)。

在利用 DE 算法求解非线性最优化问题前，需要先随机选取 NP 个 D 维初始猜测向量：

$$X_i^G, \quad i = 1, 2, \cdots, \text{NP}$$

这里 D 是非线性最优化问题的维数；G 为迭代步数；NP 是种群的数量，在迭代过程中种群数量 NP 不会发生变化。

尽管 NP 个 D 维初始猜测向量是随机选择的，但也应该尽可能地覆盖整个搜索空间。为了满足这一条件，通常将初始猜测向量选取为一个具有某种概率分布(例如正态分布)的集合。但是，对于不同的物理问题而言，初始猜测向量的选取应该根据物理变量自身属性来确定。本章并不详细介绍如何选取初始猜测值，只重点介绍如何用 DE 算法求解非线性最优化问题。

DE 算法的计算主要包括变异(mutation)、交叉(crossover)和选择(selection)三个主要过程。首先介绍变异过程。在迭代过程中的每一步，DE 算法通过将上一步(第 G 步)中两个向量之间的加权差与第三个向量相加，来生成第 $G+1$ 步新的向量 V_i^{G+1}，即

$$V_i^{G+1} = X_{r_1}^G + F \times \left(X_{r_2}^G - X_{r_3}^G \right)$$

式中，r_1、r_2 和 r_3 是 NP 中的随机数；$F > 0$，是一个控制变异的实数因子，控制了 $X_{r_2}^G - X_{r_3}^G$ 的变化幅度。由于新向量需要前一迭代步中三个向量的信息，因此 NP 必须大于或等于 4，以确保具有足够数量的不同变异向量。

在交叉阶段，为了增加向量的多样性，DE 算法通过交叉公式产生新的向量 $U_i^{G+1}, i = 1, 2, \cdots, \text{NP}$。交叉公式如下：

$$u_{j,i}^{G+1} = \begin{cases} v_{j,i}^{G+1} & \text{当} \operatorname{randb}(j) \leqslant \text{CR 或 } j = \operatorname{rnbr}(i) \\ x_{j,i}^G & \text{其他} \end{cases} \tag{2.24}$$

其中 $\operatorname{randb}(j)$ 为 0 和 1 之间的随机数；CR 是交叉常数；$\operatorname{rnbr}(i)$ 是随机数。从该公式可

以看出，这一过程确保所有向量中至少有一个向量是通过变异过程产生的，从而增加了向量的多样性。

选择过程是 DE 算法中最重要的一步。在这一过程中，将根据所有向量对应的目标函数值，判断并产生新一代的种群。根据计算准则，如果 U_i^{G+1} 的目标函数值小于 X_i^G 的目标函数值，U_i^{G+1} 将代替 X_i^G；否则，X_i^G 将保持不变。从这一步可以看出，最终 DE 算法将计算得到最优值（最小值）。

DE 算法进行优化计算的具体策略如下。

算法 2.3.1　DE 算法

步骤 1　选取 NP 个初始猜测向量：$X_i^0, i = 1, 2, \cdots, \text{NP}$。

步骤 2　计算初始猜测向量的目标函数值，并比较这些目标函数值。如果满足 DE 算法迭代终止的条件，则停止迭代。

步骤 3　选择第 G 代向量中的任意三个向量：$X_{r_1}^G$、$X_{r_2}^G$ 和 $X_{r_3}^G$，产生以下新的向量

$$V_i^{G+1} = X_{r_1}^G + F \times (X_{r_2}^G - X_{r_3}^G)$$

步骤 4　根据交叉公式 (2.24)，计算交叉向量 U_i^{G+1}。

步骤 5　计算 U_i^{G+1} 对应的目标函数值，并与 X_i^G 对应的目标函数值进行比较，从而产生新一代种群 X_i^{G+1}，转到步骤 2。重复循环最终得到最优值。

2.3.2　差分进化算法求解 CNOP 的基本流程

在大气、海洋和陆面等科学研究中，非线性最优化问题的维数一般较高，可以达到 $O(10^8)$，用传统的定义方法计算目标函数关于自变量的梯度，将产生巨大的计算量。伴随模式是计算目标函数的一阶和二阶导数信息的有效工具，然而对于众多与大气、海洋和陆面有关的数值模式而言，很难得到其伴随模式。

另一方面，在与大气、海洋和陆面等有关的最优化问题中，目标函数关于白变量可能是不可微的（图 2.9 和图 2.10）。也就是说，与大气、海洋和陆面有关的非线性最优化

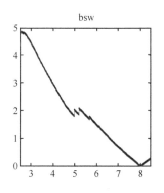
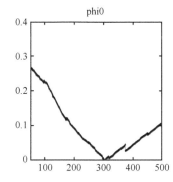
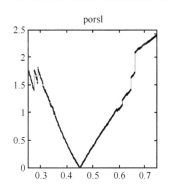

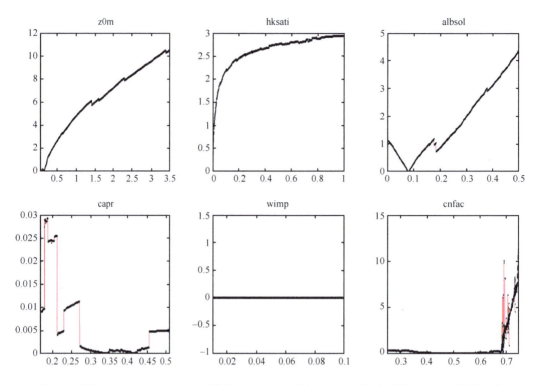

图 2.9　利用 Common Land Model 模式，对于 9 个单参数，在不同参数值时目标函数的变化

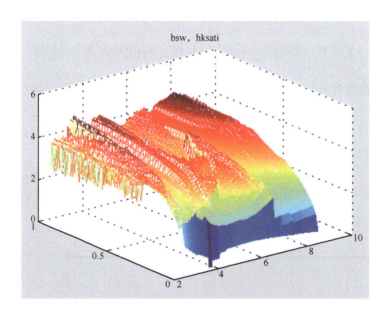

图 2.10　与图 2.9 类似，但对应 2 个参数组合的情形

图中，bsw 是土壤水分功率曲线的经验参数；hksati 是饱和导水率参数

问题，往往很难获得一阶和二阶的梯度信息。CNOP 方法是一种求解目标函数极大值的非线性最优化方法。如前所述，大多数大气、海洋和陆面数值模式没有伴随模式，使得利用传统的最优化算法(例如最优下降法等)计算有关的 CNOP 是不可行的。而 DE 算法一个重要特点是求解最优化问题时不需要目标函数关于变量的一阶和二阶梯度信息。因此，DE 算法是求解与大气、海洋和陆面等科学问题有关的 CNOP 的一个有效工具。目前，DE 算法已被应用于求解与陆面过程有关的 CNOP 问题。下面详细介绍如何利用 DE 算法求解 CNOP。

首先，我们介绍 DE 算法求解 CNOP 的流程。

算法 2.3.2　DE 算法求解 CNOP

步骤 1　利用 DE 算法计算 CNOP 时，首先需要随机选取 NP 个初始猜测向量 X_i^0, $i = 1, 2, \cdots, $ NP。在求解与大气、海洋和陆面等有关的 CNOP 时，这一步非常关键。如果完全随机选择初始猜测值，可能无法获得 CNOP。因此，在选择初始猜测值时，要根据大气、海洋和陆面过程等不同的物理问题和物理变量进行选取。例如，可以根据不同积分时间的差异作为初始猜测值，或者根据变量或者物理参数的概率分布特征选取初始猜测值。

步骤 2　计算 NP 个向量的目标函数值，并进行比较。这里只用相关数值模式计算目标函数值，不需要计算一阶和二阶导数。在此步骤中，数值模式将作为子程序嵌入 DE 算法中，并把初始猜测向量作为子程序的输入，再选择大气、海洋和陆面等科学问题关注的变量作为子程序的输出。计算目标函数值时，将调用此数值模式子程序。如果目标函数值满足迭代终止条件，则停止迭代。需要指出的是，对于与大气、海洋和陆面有关的最优化问题，终止条件不尽相同，应根据对应的物理问题和物理变量的规律，选择合适的终止条件。

步骤 3　选择父辈向量中的三个元素：$X_{r_1}^G$、$X_{r_2}^G$ 和 $X_{r_3}^G$，产生新的向量

$$V_i^{G+1} = X_{r_1}^G + F \times \left(X_{r_2}^G - X_{r_3}^G \right)$$

步骤 4　根据交叉公式(2.24)，计算交叉向量 U_i^{G+1}。

步骤 5　与步骤 2 中计算 X_i^G 目标函数的过程类似，计算 U_i^{G+1} 对应的目标函数，并与 X_i^G 对应的目标函数比较，从而产生新一代种群 X_i^{G+1}，转到步骤 2。

需要指出的是，CNOP 是导致目标函数值最大的扰动，而 DE 算法是计算非线性最优化问题最小值的算法。因此利用 DE 算法计算 CNOP 时，要先将计算 CNOP 的目标函数变换后，再利用 DE 算法计算 CNOP。变换的方式可以选为目标函数的相反数或者倒数。

另外，根据前述章节，我们知道 CNOP 方法包括 CNOP-I 方法、CNOP-P 方法、CNOP-F 方法以及 CNOP-B 方法等，这些不同的方法都可以通过上述流程求解。

2.3.3　差分进化算法求解 CNOP-P 数值试验

为了让读者能够了解并掌握利用 DE 算法计算 CNOP-P，本节将以一个理论的五变量草原生态系统理论模型为例介绍。五变量草原生态模型是由三变量草原生态模型和给定植被冠层的三层相互作用模型耦合而成(Zeng et al.，2005)。模型中的变量分别为：生草量(M_c)、枯草量(M_d)、植被层水分含量(W_c)、表土层水分含量(W_s)和根系层水分含量(W_r)。五变量草原生态系统理论模型如下(Sun and Xie，2017)。

$$\frac{dM_c}{dt} = \alpha^*[G(M_c, W_r) - D_c(M_c, W_r) - C_c(M_c)] \tag{2.25a}$$

$$\frac{dM_d}{dt} = \alpha^*[\beta' D_c(M_c, W_r) - D_d(M_d) - C_d(M_d)] \tag{2.25b}$$

$$\frac{dW_c}{dt} = P_c(M_c) + E_r(M_c, W_r) - E_c(M_c, W_r) - R_c(M_c) \tag{2.25c}$$

$$\frac{dW_s}{dt} = P_s(M_c) - E_s(M_c, W_s, M_d) + R_c(M_c) - Q_{sr}(W_s, W_r) - R_s(M_c, W_s, M_d) \tag{2.25d}$$

$$\frac{dW_r}{dt} = P_r(M_c) + \alpha_r R_s(M_c, W_s, M_d) - E_r(M_c, W_r) + Q_{sr}(W_s, W_r) - R_r(M_c, W_r) \tag{2.25e}$$

上述方程中，α^* 代表生草的最大生长率；G、D_c 和 C_c 分别代表生草的无量纲生长率、枯萎率和消耗率；$\beta' D_c$、D_d 和 C_d 分别代表枯草的无量纲堆积率、降解率和消耗率；P_c 和 P_s 分别代表植被冠层和表土层截留的降水输入量；P_r 代表因土壤有大缝隙而直接到达根系层的降水输入量；E_s 代表土壤表面蒸发量，E_r 代表根系吸取土壤水分上传至冠层供蒸腾的量，E_c 代表 E_r 加上叶面截留降水直接蒸发到大气中的量；Q_{sr} 代表通过土壤水分传导(扩散)机制由表土层传到根系层的通量；R_c、R_s 和 R_r 分别代表植被冠层、表土层和根系层的径流量。这些量都是单位时间单位面积上的值。

根据 Zeng 等(2003，2004，2005)提出的假设，不考虑高频变率的变化，方程(2.25c)转化为

$$P_c(M_c) + E_r(M_c, W_r) - E_c(M_c, W_r) = 0, \ R_c = 0 \tag{2.25f}$$

因此，由式(2.25a)、式(2.25b)、式(2.25d)和式(2.25e)组成了一组新的常微分方程组。该方程组中，

$$M_c = x\tilde{x}, \ M_d = z\tilde{z}, \ W_s = y_1\tilde{y}_1, \ W_r = y_2\tilde{y}_2$$

式中，$\tilde{x}$、$\tilde{y}_1$、$\tilde{y}_2$ 和 $\tilde{z}$ 为该草原群落中生草量、枯草量、表土层水分含量和根系层水分含量的特征值。x 代表生草量；z 代表枯草量；y_1 代表表土层水分含量；y_2 代表根系层水分含量，这些变量都是无量纲的(Sun and Xie，2017)。

采用四阶龙格库塔方法求解五变量草原生态系统的数值解，积分时间步长 dt =1/24(半月)。选取了模型中全部有物理意义的 32 个参数作为研究的物理参数。

表 2.14 给出了这些参数的详细介绍(Sun and Xie, 2017)。选取的参考态为湿润度指数 $\mu = 0.32$ 情况下线性稳定的草原平衡态，即 $x = 0.537$，$z = 0.566$，$y_1 = 0.650$ 和 $y_2 = 0.628$。用 L_2 范数度量 $u_p(T)$ 的大小，即：

$$\left\| u_p(T) \right\| = \sqrt{(\Delta x)^2 + (\Delta y_1)^2 + (\Delta y_2)^2 + (\Delta z)^2}$$

式中，Δx、Δy_1、Δy_2 和 Δz 分别代表生草量、表土层水分含量、根系层水分含量和枯草量偏离参考态的大小。从 CNOP-P 的定义可以看出，优化变量可以是单变量，也可以是向量。因此，下面我们将分别给出单变量和向量的计算结果。每个参数的扰动振幅(即约束条件)为参数值的 1%，表示模型参数值的相对误差(例如，α_s 的模型参数值是 0.9，它的扰动范围是 $[-0.9 \times 1\%, 0.9 \times 1\%]$)。优化终止时刻 T 为 10 年(Sun and Xie, 2017)。

在利用 DE 算法计算五变量草原生态系统模型中的 CNOP-P 时，需要先设置 DE 算法中的某些参数，见表 2.15。五变量草原生态系统的数值模式作为子函数嵌入到 DE 算法中。在此子函数中，将参数扰动作为子函数的输入值，将目标函数值的负数作为输出值。通过未叠加参数扰动和叠加参数扰动，调用两次五变量草原生态系统数值模式的子函数，再根据子函数的输出值，就可以计算得到 DE 算法中所需的目标函数值 objval。特别需要注意的是，在利用 DE 算法时，需要先给出初始猜测值。一般情况下，利用随机扰动方法产生初始猜测值。这样我们设定了 DE 算法中的参数和初始猜测值，就可以利用 DE 算法计算得到 CNOP-P，结果见表 2.16(Sun and Xie, 2017)。

DE 算法计算得到 CNOP-P 后，可以通过验证试验进一步检验其是否为全局 CNOP-P。通常随机产生多组参数扰动值，分别叠加在 CNOP-P 上，作为 DE 算法中的初始猜测值，继续利用 DE 算法进行计算。通过比较目标函数值，检验 CNOP-P 是否为全局 CNOP-P。

表 2.14　模型中参数值及物理意义

参数	模型值	物理意义
ε_{gx}	1.0	控制与生草量相关的生长率 G，对生草量 M_c 起正反馈作用
ε_{gv}	1.0	控制与根系层水分含量相关的生长率 G，对生草量 M_c 起正反馈作用
β_x	0.1	控制生草枯萎率 D_c，对生草量 M_c 起负反馈作用
ε_{dx}	1.0	控制与生草量相关的枯萎率 D_c，对枯萎率 D_c 起正反馈作用
ε_{dy}	1.0	控制与根系层水分含量相关的枯萎率 D_c，对枯萎率 D_c 起负反馈作用
γ_x	0.1	控制生草消耗率 C_c，对消耗率 C_c 起正反馈作用
ε_{cx}	1.0	控制与生草量相关的消耗率 C_c，对消耗率 C_c 起正反馈作用
β'	0.5	表征枯草的地面堆积效应，取值 0.5 表示有一半的枯草堆积在地面上
β_z	0.1	控制枯草降解率 D_d，对降解率 D_d 起正反馈作用
ε_{dz}	1.0	控制与枯草量相关的降解率 D_d，对降解率 D_d 起正反馈作用
α_c	0.1	控制植被冠层截留的降水输入量
μ	0.32	湿润度指数，表征气候条件的参数，对生草量 M_c 起正反馈作用

参数	模型值	物理意义
α_s	0.9	控制表土层截留的降水输入量, 取值范围为 0-1
ε_f	1.0	控制生草的地面覆盖度 σ_f, 对 σ_f 起正反馈作用
κ_1	0.4	反映生草遮阴效应的重要参数, 对表土层水分含量 W_s 起正反馈作用
ε_1	0.7	控制与生草量相关的地表蒸发量 E_s, 对地表蒸发量 E_s 起负反馈作用
ε_2	1.0	控制与表土层含水量相关的地表蒸发量 E_s, 对地表蒸发量 E_s 起正反馈作用
ε_3	1.0	控制与枯草量相关的地表蒸发量 E_s, 对 E_s 起负反馈作用 (枯草遮阴机制)
φ_{rs}	0.6	控制植被蒸腾量 E_r, 对 E_r 起正反馈作用
κ_1'	1.0	反映生草的蒸腾能力, 对植被蒸腾量 E_r 起正反馈作用
ε_1'	1.0	控制与生草量相关的植被蒸腾量 E_r, 对 E_r 起正反馈作用
ε_2'	1.0	控制与根系层含水量相关的植被蒸腾量 E_r, 对 E_r 起正反馈作用
λ_s	0.015	控制地表层径流量 R_s, 对 R_s 起正反馈作用
κ_s	0.5	反映生草阻止地表径流的能力, 对 R_s 起负反馈作用
ε_{s1}	0.7	控制与生草量相关的地表层径流量 R_s, 对 R_s 起负反馈作用
ε_{s2}	1.0	控制与地表层含水量相关的地表层径流量 R_s, 对 R_s 起正反馈作用
ε_{s3}	1.0	控制与枯草量相关的地表层径流量 R_s, 对 R_s 起负反馈作用
λ_r	0.015	控制根系层径流量 R_r, 对 R_r 起正反馈作用
κ_r	0.7	反映生草阻止根系层径流的能力, 对 R_r 起负反馈作用
ε_{r1}	0.7	控制与生草量相关的根系层径流量 R_r, 对 R_r 起负反馈作用
ε_{r2}	1.0	控制与根系层含水量相关的根系层径流量 R_r, 对 R_r 起正反馈作用
α_r	0.3	控制地表层径流流入根系层的量, 对根系层水分含量 W_r 起正反馈作用

引自: Sun and Xie, 2017

表 2.15　DE 算法中常用参数的设置及含义

参数	取值	物理意义
Dim_XC	1 或 32	目标函数中参数的维数
NP	20	种群数
itermax	200	迭代步数
XCmin		目标函数中参数的下界
XCmax		目标函数中参数的上界
objval		目标函数值

表 2.16　单参数优化和多参数优化所得 CNOP-Ps

参数	模型值	单参数 CNOP-Ps	多参数 CNOP-Ps
ε_{gx}	1.0	−0.01	−0.01
ε_{gy}	1.0	−0.01	−0.01
β_x	0.1	0.001	0.001

续表

参数	模型值	单参数 CNOP-Ps	多参数 CNOP-Ps
ε_{dx}	1.0	0.01	0.01
ε_{dy}	1.0	−0.01	−0.01
γ_x	0.1	0.001	0.001
ε_{cx}	1.0	−0.01	0.01
β'	0.5	0.005	−0.005
β_z	0.1	−0.001	0.001
ε_{dz}	1.0	−0.01	0.01
α_c	0.1	−0.001	0.001
μ	0.32	−0.0032	−0.0032
α_s	0.9	0.009	0.009
ε_f	1.0	−0.01	0.01
κ_1	0.4	0.004	−0.004
ε_1	0.7	−0.007	−0.007
ε_2	1.0	0.01	0.01
ε_3	1.0	0.01	−0.01
φ_{rs}	0.6	−0.006	0.006
κ_1'	1.0	0.01	−0.01
ε_1'	1.0	−0.01	0.01
ε_2'	1.0	−0.01	0.01
λ_s	0.015	−0.00015	0.00015
κ_s	0.5	0.005	−0.005
ε_{s1}	0.7	−0.007	−0.007
ε_{s2}	1.0	0.01	0.01
ε_{c3}	1.0	−0.01	−0.01
λ_r	0.015	−0.00015	−0.00015
κ_r	0.7	0.007	0.007
ε_{r1}	0.7	−0.007	0.007
ε_{r2}	1.0	0.01	0.01
α_r	0.3	−0.003	−0.003

引自：Sun and Xie，2017

2.3.4　小结和讨论

本节详细介绍了 DE 算法，以及如何用 DE 算法计算 CNOP，并通过一个数值算例介绍了 DE 算法如何数值求解 CNOP-P。一些学者基于理论模型，将 DE 算法与传统优

化算法 [例如 L-BFGS 算法 (the limited-memory Broyden-Fletcher-Goldfarb-Shanno algorithm) 和 SPG2 算法等] 进行了比较，计算结果表明，利用 DE 算法求解的 CNOP-I 和 CNOP-P 是合理的 (Peng and Sun，2014)。进一步，也有学者利用 DE 算法开展了关于陆面过程数值模拟的不确定性和可预报性研究 (Sun and Mu，2013；Sun et al.，2017；Peng et al.，2020；Sun et al.，2022)。这部分将在本书第 8 章进行介绍。

另外，考虑到智能优化算法直接应用到复杂数值模式中求解 CNOP，计算代价太大，Xu 等 (2021) 针对美国国家大气研究中心 (National Center for Atmospheric Research，NCAR) 开发的通用地球系统模式 (community earth system model，CESM)，用奇异值分解方法对优化问题进行降维，把计算 CNOP-I 的 10^6 维优化问题转化为计算 $10\sim10^2$ 维的最优系数组合；再结合 DE 算法计算 CNOP-I，成功找到 El Niño 事件的三类最快增长初始误差。

尽管用 DE 算法求解 CNOP 已经得到了一系列研究成果，但目前在大气和海洋科学中的应用还相对较少。未来需要更深入地探索 DE 算法在高维复杂模式中的应用，进一步提高其求解 CNOP 非线性最优化问题的效率和精度，为天气和气候事件的可预报性研究提供有力的工具。

2.4　梯度定义法求解 CNOP 的基本流程

在第 1 章 1.3 节中，我们已经介绍了梯度的定义与用梯度定义法求解 CNOP 的基本思想。本节将从求解 CNOP 的实际问题出发，介绍用梯度定义法求解 CNOP 时如何设计程序模块，并给出梯度定义法求解 CNOP 的具体流程。本节还通过 ENSO 可预报性研究中用梯度定义法求解 CNOP 的一个实例，介绍在实际研究中如何用梯度定义法求解 CNOP。

2.4.1　梯度定义法求解 CNOP 的基本流程

计算 CNOP 本质上是求解一个特别的约束优化问题。以求解 CNOP-I 为例，我们可以将其表述成如下形式：

$$\max_{\|x_0\|\leqslant\delta}\left\|M_{t_0\to t}(X_0+x_0)-M_{t_0\to t}(X_0)\right\|^2$$

式中，X_0 是参考态初始场；x_0 是叠加在 X_0 的初始扰动；$M_{t_0\to t}$ 是从 t_0 时刻到 t 的非线性传播算子。令 $f(x_0)=M_{t_0\to t}(X_0+x_0)-M_{t_0\to t}(X_0)$，则上述极大值问题可转化为以下极小值问题：

$$\min_{\|x_0\|\leqslant\delta}J(x_0)=-\left\|f(x_0)\right\|^2$$

梯度定义法的核心思想即为求解目标函数 $J(x_0)$ 关于 x_0 的梯度，并沿着梯度下降的方向寻找最优解，从而求解极值。常用的梯度下降算法有 SPG2、SQP 等，这一类算法只需额外提供目标函数的梯度方向即可自动寻优。

根据上述目标函数，可以按照常用的数学公式写出梯度公式：

$$\nabla J(x_0) = -2f \times \nabla f$$

进行到此，上述所有公式均是基于最基本的导数计算求得。从求解目标来看，我们将最初的求解极大值问题 $\max\limits_{\|x_0\|\leqslant\delta}\|f\|^2$ 转化为求解 $-2f \times \nabla f = 0$ 的问题，使得计算难度大幅下降。然而，一方面，函数 f 的表达式含有非线性算子 $M_{t_0 \to t}$，导致无法以常规的方法计算得出 ∇f；另一方面，$M_{t_0 \to t}$ 表征选定区域所有格点上的初始扰动导致的预报误差的非线性发展，在复杂海气耦合模式中，$M_{t_0 \to t}$ 可能具有非常高的计算维度。此等情形下，我们按照梯度定义法，将 $M_{t_0 \to t}$ 每一个维度进行拆分求解其偏导，最终组合成梯度 ∇f。

拆分的过程如下，将扰动 x_0 按维度拆分为 $(x_{01}, x_{02}, \cdots, x_{0n})$，以此计算目标函数关于初始扰动的梯度：

$$\nabla f = \left(\frac{\partial f}{\partial x_{01}} e_1, \frac{\partial f}{\partial x_{02}} e_2, \cdots, \frac{\partial f}{\partial x_{0n}} e_n \right)$$

式中，$\left[\dfrac{\partial f}{\partial x_{01}}, \dfrac{\partial f}{\partial x_{02}}, \cdots, \dfrac{\partial f}{\partial x_{0n}} \right]$ 表示每个维度的偏导；$[e_1, e_2, \cdots, e_n]$ 为单位向量的每一列。根据该公式，利用微分编程的思想可分别求出每一个维度的偏导：

$$\frac{\partial f}{\partial x_{0i}} e_i = \lim_{\varepsilon \to 0} \frac{f(x_{01}, x_{02}, \dots, x_{0i} + \varepsilon, \dots, x_{0n}) - f(x_{01}, x_{02}, \dots, x_{0n})}{\varepsilon}$$

在实际数值计算中，通过在初始场的某个维度上添加一个趋近于 0 的扰动 ε，而后积分模式计算该扰动的非线性发展，求得函数值，并以此求得目标函数在该维度上的偏导。根据上述偏导公式，即可求得 f 对于每一个维度的偏导，从而求解出 ∇f 与 $\nabla J(x_0)$。然后利用梯度下降优化算法，按照梯度下降的方向逐步寻优，即可求得最终的 CNOP-I。这三个步骤构成了梯度定义法求解 CNOP 的迭代模块(见图 2.11 左边框图)。

使用梯度定义法求解 CNOP-P 时，扰动叠加在模式参数上。先用上述类似的方法计算目标函数关于单参数扰动的偏导，再组合成梯度 ∇f，从而得到目标函数关于参数扰动的梯度。梯度定义法求解 CNOP-P 的迭代过程也与上述求解 CNOP-I 时类似，这里不再赘述。

在实际应用中，针对不同的天气和气候事件，可能会采用不同的数值模式，并设计不同的目标函数来定义 CNOP。但在使用梯度定义法求解 CNOP-I 或 CNOP-P 的大量真实案例中，求解步骤具有一致性。梯度优化算法求解 CNOP 是迭代进行的，在每一个迭代步中，除了调用选取的梯度优化算法外，还有六个流程模块需要调用执行。图 2.11 右边框图(梯度定义法求解 CNOP 迭代框架)列出了六个模块的主要功能。根据求解的问题不同，或者依赖的数值模式不同，使用者可能需要对这六个流程模块做针对性的更改。但六个模块的功能均是一致的，具体描述如下。

(1)判断约束模块：根据 CNOP 的定义，在叠加扰动前需要判断扰动是否满足约束条件。如不满足则在该模块中做出相应处理，即投影到约束条件允许范围。

(2)叠加扰动模块：无论选择何种数值模式，求解 CNOP 之前都需要将扰动叠加到输入的参考态初始场，或叠加在模式参数上。该模块通过文件的写入实现叠加的过程。

(3)积分模式模块：在叠加扰动之后，需要调用数值模式开始积分，该模块负责调用模式的积分过程。另外，如果更改的模式参数涉及重新编译模式，在调用模式积分过程前该模块还需执行模式的编译步骤。

(4)读取输出模块：在模式积分完毕后，使用该模块将模式发展结果从输出文件中读取。

(5)读取参考态输出模块：该模块从输出文件中读取参考态(未叠加扰动)的发展结果。

(6)计算目标函数模块：该模块用于计算定义的目标函数。根据 CNOP 定义，我们所关注的目标函数最大值度量了扰动导致的状态变量的非线性最大发展。因此，该模块将叠加扰动后的发展与参考态(未叠加扰动)的发展做差值，并根据所研究问题计算目标函数(多数情况下用 L_2 范数度量)。

六个流程模块在求解 CNOP 的程序实现中非常重要，使用梯度定义法或智能算法等基于迭代的任何优化算法，这六个流程模块均应出现在迭代的每一步中，并且需要根据研究问题背景进行针对性地编写。如图 2.11，梯度定义法求解 CNOP 的具体流程从生成一个扰动初猜场开始，进入梯度优化方法进行迭代，计算梯度的过程使用梯度定义法。由于梯度定义法需要各个维度的偏导数，而梯度定义法中偏导数需要函数值计算，因此在这个步骤中需要用到六个流程模块计算函数值。得到偏导数后拼接成当前扰动的梯度，输入给梯度优化算法，算法沿梯度下降方向搜索一个新的扰动，完成一次迭代。当迭代满足迭代终止条件后，迭代结束。此时的扰动就是我们所求的 CNOP。

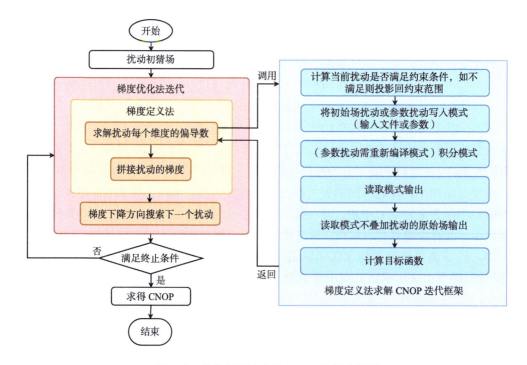

图 2.11　梯度定义法求解 CNOP 的基本流程

2.4.2　梯度定义法求解 CNOP-I 数值试验

本小节介绍梯度定义法求解 CNOP-I 在 ENSO 可预报性研究中的应用。具体来说，将根据梯度定义法求解 ICM 模式中 ENSO 事件的 CNOP-I，研究 ENSO 事件的最快增长初始误差，确定在 ENSO 发生前期致使预报产生最大误差的初始扰动模态。ICM 模式是张荣华等于 2003 年开发的一个用于 ENSO 模拟和预报的中等复杂程度海气耦合数值模式（Zhang et al.，2003）。该模式后由中国科学院海洋研究所（Institute of Oceanology，Chinese Academy of Sciences，IOCAS）冠名，并被收录于美国哥伦比亚大学 IRI 网站，为国际上提供 ENSO 的实时预测结果（详见：http://iri.columbia.edu）。这是首次以我国国内单位命名的海气耦合模式为国际学术界提供 ENSO 实时预测结果。

1. 试验设计

为了研究 ICM 中 ENSO 的最快增长初始误差，试验中选取 ICM 模拟的一次 El Niño 事件作为参考态，其 Niño 3.4 指数随时间的演变见图 2.12，可以看出，该事件的成熟阶段在冬季（12 月）。为充分考察初始扰动对预报误差的影响，本试验将选取 El Niño 事件当年 1 月作为预报起始月份，求解对本事件成熟阶段（即 12 月）SSTA 影响最大的初始扰动（即 CNOP-I）。选定最能体现 ENSO 事件特征的关键变量 SSTA，作为求解 CNOP-I 的物理要素，即初始扰动变量。CNOP-I 求解范围为（124 °E～30 °E，31 °S～31 °N），包含网格数为 134×61。

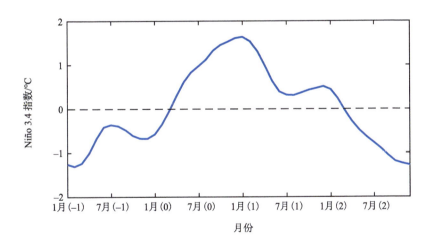

图 2.12　ICM 模拟 El Niño 事件参考态的 Niño 3.4 指数发展（单位：℃）

横坐标中，(−1) 表示 El Niño 发生的前一年；(0) 和 (1) 分别表示 El Niño 增长年以及衰减年；
(2) 表示 El Niño 衰减年的后一年

根据以上试验设置，在给定的初始扰动约束条件下，定义求解 CNOP-I 的目标函数 $J(\Delta T_0)$ 如下：

$$J(\Delta T_0^*) = \max_{\|\Delta T_0\| \leqslant \delta} \left\| M_{t_0 \to t}(T_0 + \Delta T_0) - M_{t_0 \to t}(T_0) \right\|^2$$

式中，T_0 为选定 El Niño 事件在 t_0 时刻（1 月份）的 SSTA 初始场，t 为预报时刻（即 12 个月后），ΔT_0 为叠加在 T_0 上的初始扰动；δ 是约束半径，$\|\Delta T_0\| = \sqrt{\sum_{i,j}[\Delta T_0(i,j)]^2}$，$\Delta T_0(i,j)$ 表示 SSTA 初始扰动在格点 (i,j) 上的值。ΔT_0^* 即为求得的 CNOP-I。

　　以往研究表明，当约束半径 δ 设置过大时，会导致较强的误差发展，甚至使得热带东太平洋 SSTA 误差达 10 ℃以上，不符合自然规律；而约束太小，又导致误差发展不明显。通过多组数值试验，最终确定 $\delta = 15$ 是合理的约束半径。

2. 试验结果与分析

　　基于以上目标函数及约束条件，利用梯度定义法计算得到 ICM 模式的 CNOP-I，如图 2.13 所示。可以看到，CNOP-I 的空间模态表现为赤道中太平洋地区明显的 SSTA 负异常，其他区域的海温异常相对较弱。

　　图 2.14 展示了该 CNOP-I 型初始误差导致的预报误差非线性发展。CNOP-I 型初始误差的发展使得赤道中东太平洋大范围降温，逐渐发展成类似 La Niña 事件的成熟模态。Mu 等（2014）指出，CNOP-I 型最快增长初始误差的发展与 ENSO 事件本身的发展具有相同的动力学机制，都可以用 Bjerknes 正反馈理论解释。赤道中太平洋冬季的海温负异常（图 2.13），引起了向西的风应力异常，在预报 3 个月时海表面东风异常触发上升的Kelvin 波，东传导致赤道东太平洋温跃层变浅，海表温度降低。随着预报时间的增加，海表面温度负异常进一步传播至整个中东太平洋海盆，同时东风异常加剧刺激了冷水上涌，最终使得赤道中东太平洋大范围降温，发展成类似 La Niña 成熟模态。图中 CNOP-I 型初始误差导致的风应力异常与相应的海温异常具有物理上的一致性。其中，异常的海表面东风与海温不规则的纬向梯度增强有关，同时它还引起太平洋中部和东部异常的Ekman 吸力，出现了从次表层到表层的降温效应。

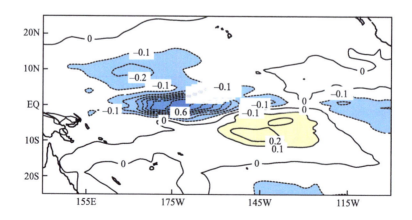

图 2.13　梯度定义法求解得到的 CNOP-I 型 SSTA 初始扰动模态（单位：℃）

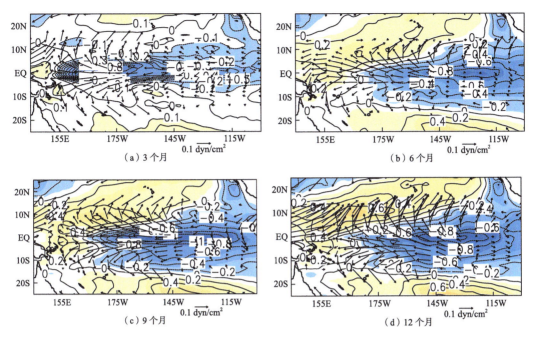

图 2.14　CNOP-I 初始误差导致的预报误差的非线性发展

图中填色表示 SSTA 误差(单位：℃)，矢量表示海表面风应力误差(单位：dyn/cm²)。

(a)～(d)分别是预报 3 个月、6 个月、9 个月和 12 个月的结果

(注：1 dyn=10⁻⁵ N)

为了更明显地展示 CNOP-I 型初始扰动对 ENSO 预报结果的影响，我们进一步对比了参考态以及在参考态上叠加 CNOP-I 型初始扰动后 Niño 3.4 指数的发展(图 2.15)。其中，黑色曲线为参考态 Niño 3.4 指数曲线，红色曲线为叠加 CNOP-I 的 Niño 3.4 指数曲线。由图可见，在参考态上叠加 CNOP-I 型初始扰动后，原本的 El Niño 事件被预报成

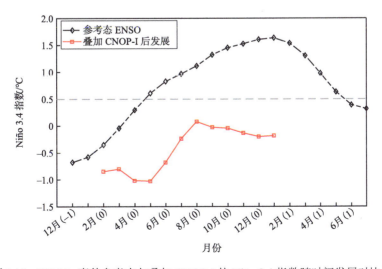

图 2.15　El Niño 事件参考态与叠加 CNOP-I 的 Niño 3.4 指数随时间发展对比图

其中黑色曲线为参考态 Niño 3.4 指数发展，红色曲线为叠加 CNOP-I 后 Niño 3.4 指数发展

一次弱 La Niña 事件，持续较短时间后，转变成中性情况。该结果说明，ICM 对 ENSO 强度的预报严重依赖于初始条件的准确性，而 CNOP-I 型初始扰动能极大地削弱 ENSO 预报的振幅，甚至预报成反位相事件。

初始误差和模式误差是导致 ENSO 事件预报不准确的主要原因。CNOP 方法能够有效地捕捉到引起预报结果最大不确定性的初始误差模态和模式参数误差，进而通过理想目标观测试验，优化观测网，改善 ENSO 事件的预报效果(Tao et al.，2017；Tao et al.，2018；Tao et al.，2019)。此外，Tao 等(2019)有关模式参数的 ENSO 可预报性研究，也提醒气象研究者需进一步挖掘 ENSO 的物理机制，以优化现有数值模式对 ENSO 复杂动力机制的表达能力，进而提高 ICM 对 ENSO 的预报技巧。

值得注意的是，本节利用梯度定义法求解 ICM 模式 CNOP-I 的示例，只是 ENSO 可预报性研究的初步窥探，由此可拓展出更多深入的研究，如 ENSO 最优前期征兆的识别，CNOP-I 与 CNOP-P 的季节依赖性，El Niño 和 La Niña 事件的复杂性及不对称性，目标观测敏感区的识别与改进，以及 ENSO 数值模式同化等。本示例的作用在于验证梯度定义法在真实数值模式中求解 CNOP 的可行性及准确性，相关成果及其扩展性结论均已发表(Mu et al.，2017；Mu et al.，2019a)。未来可从梯度定义法的并行化、梯度优化算法的改进、针对更复杂的数值模式利用梯度定义法求解 CNOP 等角度，更深入地开展 ENSO 可预报性研究。

2.5　CNOP 数值求解的延伸研究

以上详细介绍了用伴随方法、粒子群优化算法、差分进化算法以及梯度定义法求解 CNOP-I 或 CNOP-P 的具体步骤。对于较简单的数值模式，这些方法基本都能较准确地找到 CNOP。但对于复杂的海气耦合模式，用伴随方法计算 CNOP，编写伴随模式工作量太大。用差分进化等智能优化算法直接在复杂模式中计算 CNOP，计算代价又往往太大。因此，如何在复杂海气耦合模式中免伴随计算 CNOP，是限制 CNOP 方法在大气和海洋科学中广泛应用的一个难题。众多学者提出了多种不同的 CNOP 免伴随求解方法，这里进行简单介绍。

1. 集合投影算法

为了克服伴随方法计算 CNOP 编写伴随模式的困难，Wang 和 Tan(2010)利用集合投影方法近似统计切线性矩阵，再通过其转置矩阵计算目标函数关于初始扰动的梯度，进而求解 CNOP-I。该算法(记为 Wang10)避免了编写伴随模式，又具有较高的计算效率，拓展了 CNOP 方法的应用范围。

在 Wang10 算法中，切线性矩阵的近似表达式为 $\mathbf{H} = p_y (p_x^T p_x)^{-1} p_x^T$，其中 $p_x = (x_0^1, x_0^2, \cdots, x_0^n)$ 是在预报初始时刻的 n 个线性无关(正交)的扰动样本，$p_y = (y_1, y_2, \cdots, y_n)$ 对应于扰动样本 p_x 在预报终止时刻的发展。

Houtekamer 和 Mitchell(2001)指出，如果样本规模远小于模式中物理量的自由度(格点数×物理量个数），在距离较远的格点之间，初始误差和对应的预报误差场之间会产生虚假相关性。为了缓解这种虚假相关，Wang10 算法采用与 Houtekamer 和 Mitchell（2001）相似的局地化步骤，即用 $\tilde{\mathbf{H}} \approx \rho \circ p_y (p_x^{\mathrm{T}} p_x)^{-1} p_x^{\mathrm{T}}$ 近似代表切线性矩阵。这里。代表矩阵逐元相乘的舒尔积，矩阵 ρ 中的元素为 $\rho_{i,j} = C_0(d_{i,j}^h / d_0^h) \times C_0(d_{i,j}^v / d_0^v)$，其中 $d_{i,j}^h$、d_0^h、$d_{i,j}^v$ 和 d_0^v 分别代表格点之间的水平距离、水平局地化半径、垂直距离和垂直局地化半径，而 C_0 是 Gaspari 和 Cohn（1999）定义的滤波函数，依赖于 $d_{i,j}^h / d_0^h$ 或 $d_{i,j}^v / d_0^v$。

Wang10 集合投影算法的一个关键技术，是利用局地化步骤缓解预报误差和初始误差之间的长距离虚假相关性。该算法获得的近似切线性矩阵依赖于局地化半径大小的选取，而后者一定程度上又依赖于样本的质量和数量。这些因素都使得切线性矩阵的近似效果受人为经验的影响。

2. 基于奇异值分解（SVD）的集合投影算法

考虑到局地化半径大小的选取对 Wang10 算法效果的影响，Chen 等（2015）提出了基于奇异值分解（SVD）的新集合投影算法计算 CNOP-I。该算法计算 CNOP-I 时不需要伴随模式，并且避免了一般集合投影算法中的局地化步骤，从而避免了局地化半径的经验性选择。其主要思路是：对系统的长期历史积分资料进行 SVD 处理，得到一组能充分反映系统动力学性质的基底，把要优化的物理变量看作是所选基底的线性组合，从而把对物理变量的高维优化问题转化为对组合系数的低维优化问题。

具体做法是：对于一个受外力驱动的耗散系统，选取有限的 m 个正交空间模态作为基底，用其线性组合近似代表离散系统的状态向量，即 $x_0 = \sum_{i=1}^{m} a_i e_i$。这里 m 是选取基底的截断数目，e_i 是组成基底的奇异向量，a_i 是所选基底的权重系数。于是目标函数关于初始扰动的优化问题，转化为关于线性组合权重系数的优化问题，参考第 1 章式（1.37）。令 $F(a) = \left\| M\left(X_0 + \sum_{i=1}^{m} a_i e_i, t_0, t\right) - M(X_0, t_0, t) \right\|$，则可以通过求解目标函数关于权重系数的优化问题 $J_1(a_\delta) = \min_{\|a\|_\delta \leq \delta} [-F(a)^2]$，获取所选择基底的最优权重系数组合，进而得到 CNOP-I。

用基于 SVD 的集合投影算法计算 CNOP-I 时，其准确度和计算代价依赖于选取基底的数量 m。由于该算法选取解释方差较大的部分基底构建 CNOP-I，这种截选方式过滤了一些尽管解释方差较小但同样可能导致扰动较大发展的信号。因此，增加基底数量，可以提高 CNOP-I 的准确度，但计算代价也相应增大。在实际应用中，通常在可接受的计算代价前提下，通过增加基底的数量，以提高该算法对伴随算法的逼近程度，使得 CNOP 计算的准确度和计算代价达到一定程度的平衡。

Chen 等（2015）首先把基于 SVD 的集合投影算法应用于 ZC 模式，寻找 ENSO 事件的最优前期征兆。结果表明，用该算法得到的 CNOP-I，能够有效地逼近伴随方法得到的 CNOP-I，抓住其主要空间特征。Wen（2015）把基于 SVD 的集合投影算法和四种智能优化算法（遗传算法、粒子群算法、模拟退火算法和大洪水算法）结合起来，计算得到的 CNOP-I 及导致的误差发展，都与伴随方法的结果一致，推广了该算法对各种优化算法的适用性。

目前，基于降维思想的集合投影算法，已被成功应用到多个复杂耦合模式中，研究大气、海洋中的可预报性问题。Yang 等（2020）用该算法对 GFDL CM2p1 模式（Geophysical Fluid Dynamic Laboratory climate model，version 2p1）进行降维，并结合粒子群优化算法计算 CNOP-I，找到了最容易发展成 El Niño 事件的最优前期征兆。Xu 等（2021）把新算法应用到 NCAR 通用地球系统模式（CESM），把计算 CNOP 的 10^6 维优化问题转化为计算 $10\sim10^2$ 维的最优系数组合问题，并结合差分进化算法，计算 CNOP-I，成功找到了 El Niño 事件的三类最快增长初始误差。

3. 集合回报试验方法

Duan 等（2009）基于 CNOP-I 方法的基本思想，提出通过集合回报试验方法近似计算 CNOP-I。该方法不考虑模式误差的影响，针对模式中的 El Niño 事件，在初始场上叠加一定数量的初始误差，进行集合回报试验，从而识别对预报结果具有较大影响的初始误差。结果表明，在 ZC 模式中，该方法得到的初始误差，其空间结构与伴随方法计算的 CNOP-I 型初始误差非常接近。用集合回报试验方法近似计算 CNOP-I，目前已被成功应用到灵活全球海洋-大气-陆地系统模式（the flexible global ocean-atmosphere-land system model，FGOALS）、CESM 和 GFDL CM2p1 等多个复杂模式，探讨导致 ENSO 事件发生显著春季预报障碍的初始误差类型（Duan and Wei，2013；Duan and Hu，2016；Zhou et al.，2019；Qi et al.，2021）。

4. 基于模式或观测资料获取非线性最优扰动

Hou 等（2019）发展了一种可以直接用观测或模式资料确定最优初始扰动的方法。该方法从动力系统微分方程解的线性叠加原理出发，使得用观测资料或模式离线资料（如 Coupled Model Intercomparison Project Phase 5，CMIP5 资料）探讨天气或气候系统可预报性动力学问题具有坚实的理论基础，从而形成了一套相对完善的资料分析方法论。

该资料分析方法提出，在模式外强迫固定的情况下，从模式某变量的积分中选定两段时长相等的片段做差，那么终止时刻状态的差仅仅是由初始状态的差所导致，即这两段积分（从初始时刻到终止时刻）之间的差异可看作误差的发展演变。因此该方法排除了模式误差的干扰，仅考虑了初始误差对预报结果不确定性的影响，可用于探究初始误差演变的动力学行为，揭示对预报结果影响最大的初始误差。该方法的优势在于不采用实际预报资料，仅利用模式长期积分的离线资料即可开展关于可预报性动力学的分析，但该方法只适用于具有日循环或季节循环变率的大气或海洋变量的可预报性动力学分析。

5. 基于新局地化方案和预报-校正两步法策略的集合算法

Tian 等（2016）在 Wang10 集合算法的基础上，进一步改进局地化方案，并提出了预报-校正两步法计算 CNOP，提高了集合方法计算 CNOP 的效率。该算法被记为 Tian16，对 CNOP 计算效率的提高，主要体现在以下两个方面。

一方面，Tian16 认为，Wang10 采用的局地化方案在实际应用中计算 CNOP 的代价太大。例如计算一次切线性矩阵 $\tilde{\mathbf{H}} \approx \rho \circ p_y (p_x^{\mathrm{T}} p_x)^{-1} p_x^{\mathrm{T}}$，需要运算的量级大约 $O(2N \times \mathrm{mx} \times \mathrm{my} \times I_{\max})$，其中 N 是选取的集合样本的数量；mx 是优化变量的维数；my 是参与目标函数计算的变量的维数，$I_{\max}$ 是优化算法允许的最大迭代步数。而对于复杂的数值天气和气候模式，mx 和 my 的维数可能达到 $10^{6 \sim 9}$ 量级，直接用 Wang10 算法计算 CNOP 存储和计算代价很大。基于以上分析，Tian16 改用高斯随机样本（Gaussian random samples）局地化方案（Evensen，2004），大大减小了计算切线性矩阵的代价，从而提高了 CNOP 的计算效率。

另一方面，区别于一般集合投影算法的单一迭代过程，Tian16 采用预报-校正两步法策略，把优化计算 CNOP 的迭代过程分成预报和校正两个阶段进行。两个阶段都用上述新局地化方案近似计算切线性矩阵，并用相同的优化算法迭代计算 CNOP。但在预报阶段，用切线性矩阵计算目标函数中初始扰动的发展，即 $y' = (\rho \circ \mathbf{H})x'$，记为 TL 方案。预报阶段迭代停止后，把输出的最优结果，重新作为优化算法的初猜场，输入给优化算法，开始校正阶段的迭代搜索。在校正阶段，目标函数中初始扰动的发展不再采用切线性矩阵计算，而是用非线性模式进行计算，即 $y' = M_{t_0 \to \tau}(x_0 + x') - M_{t_0 \to \tau}(x_0)$，记为 TN 方案。这种预报-校正两步法策略，需要先完成 TL 方案的迭代搜索，再完成 TN 方案的迭代搜索，被称为 TSS 方案。TSS 方案既提高了优化效率，同时又确保最后得到的 CNOP 是优化问题的非线性最优解。

6. 非线性最小二乘集合算法

Tian 和 Feng（2017）认为，传统计算 CNOP 的算法本质上是使用优化算法求解有约束的极值问题，通常会导致 CNOP 计算代价大，效率不高。针对这一挑战，他们提出一种求解 CNOP 的新算法，即非线性最小二乘集合算法。该算法首先通过使用一种惩罚策略，把求解 CNOP 的约束优化问题转化为特定的无约束非线性最小二乘优化问题，然后使用具有更高效率的 Gauss-Newton 迭代方法求解 CNOP。和现有求解 CNOP 的方法相比，新算法不再依赖于求解约束优化问题的优化算法，更易实施和移植，且具有更高的计算效率。

7. 初猜场预分析算法

Liu 等（2022）指出，目前求解 CNOP 的算法都存在一定程度的不足。如传统的梯度下降算法求解 CNOP 时，一方面由于需要伴随模式计算梯度，当初始扰动较大或预报时间较长时，动力模式的强非线性可能会导致找不到真正的 CNOP；另一方面，这类算法计算 CNOP 时通常在约束范围内随机选取初猜场，导致只有部分初猜场收敛到目标函数的全局 CNOP，而另一些初猜场可能收敛到局部 CNOP，降低了 CNOP 的计算效率。Zheng 等（2017）利用粒子群优化算法求解 CNOP，能较好地收敛到全局 CNOP。但这类智能优化算法直接应用到复杂耦合模式，往往计算代价太大。Tian 等(2016)提出的预报-校正两步法优化策略中，用预报阶段迭代得到的最优结果，作为校正阶段迭代搜索的初猜场，能得到较准确的全局 CNOP；但在预报阶段仍然随机选择初始扰动样本，影响了 CNOP 的计算效率。

　　受 Zheng 等(2017)、Tian 等(2016)工作的启发，Liu 等(2022)提出一种求解全局 CNOP 的初猜场预分析算法(记为 PAIG-CNOP)。该算法避免了编写伴随模式，能够更有效且更准确地找到全局 CNOP。具体实施过程可分为以下五步。

　　步骤 1　首先在约束范围内按一定规则随机产生一定数量的扰动初猜场 x_{0ij}，其中 $i=1$，2，$\cdots$，P，代表初猜场所在的群数；$j=1$，2，$\cdots$，N，代表初猜场在群内的序号。

　　步骤 2　根据从初始扰动矩阵(由初猜场样本组成)出发推导的梯度公式，对每个初猜场，计算目标函数关于初始扰动的梯度。

　　步骤 3　用优化算法对每个初猜场 x_{0ij} 进行一步迭代搜索，得到更新后的初猜场 x'_{0ij}，以及对应的目标函数值。

　　步骤 4　选择目标函数最大值对应的 x'_{0ij}，记为 x_0^*。

　　步骤 5　以 x_0^* 作为最优初猜场，再次输入到优化算法进行迭代搜索，输出全局 CNOP。

　　与已有求解 CNOP 的算法相比，尽管智能优化算法也能较高概率地找到全局 CNOP，但 PAIG-CNOP 算法能很大程度地减少计算代价。虽然 PAIG-CNOP 比传统梯度下降算法多耗费一些机时，但 PAIG-CNOP 算法避免了编写伴随模式，且能更有效地找到全局 CNOP。

参 考 文 献

陈黛雅, 沈学顺, 霍振华. 2023. 广州"5.7"暴雨预报的模式不确定性研究. 气象学报, 81(1): 58-78.

徐辉. 2006. Zebiak-Cane ENSO 预报模式的可预报性问题研究. 中国科学院大气物理研究所博士学位论文.

余堰山. 2009. ENSO 事件春季可预报性障碍问题研究. 中国科学院大气物理研究所博士学位论文.

Ahrens B. 1999. Variational data assimilation for a Lorenz model using a non-standard genetic algorithm. Meteorology and Atmospheric Physics, 70: 227-238.

Birgin E G, Martinez J M, Raydan M. 2000. Nonmonotone spectral projected gradient methods on convex sets. SIAM J Optim, 10(4): 1196-1211.

Bjerknes J. 1969. Atmospheric teleconnections from the tropical Pacific. Mon Wea Rev, 97: 163-172.

Chen D, Cane M A, Kaplan A, et al. 2004. Predictability of El Niño over the past 148 years. Nature, 428: 733-736.

Chen L, Duan W S, Xu H. 2015. A SVD-based ensemble projection algorithm for calculating the conditional nonlinear optimal perturbation. Sci China Ser-D Earth Sci, 58: 385-394.

Clerc M. 1999. The swarm and the queen: towards a deterministic and adaptive particle swarm optimization. Congress on Evolutionary Computation-cec. IEEE. Washington, DC.

Duan W S, Hu J Y. 2016. The initial errors that induce a significant "spring predictability barrier" for El

Niño events and their implications for target observation: Results from an earth system model. Climate Dyn, 46: 3599-3615.

Duan W S，Huo Z H. 2016. An approach to generating mutually independent initial perturbations for ensemble forecasts: orthogonal conditional nonlinear optimal perturbations. J Atmos Sci, 73(3): 151-155.

Duan W S, Liu X C, Zhu K Y, et al. 2009. Exploring the initial errors that cause a significant "spring predictability barrier" for El Niño events. J Geophys Res: Oceans, 114: C04022 .

Duan W S, Wei C. 2013. The "spring predictability barrier" for ENSO predictions and its possible mechanism: Results from a fully coupled model. Int J Climatol, 33(5): 1280-1292.

Evensen G. 2004. Sampling strategies and square root analysis schemes for the EnKF. Ocean Dyn, 54: 539-560.

Fang C L, Zheng Q. 2009. The effectiveness of a genetic algorithm in capturing conditional nonlinear perturbation with parameterization "on-off" switches included by a model. J Trop Meteorol, 15(1): 13-19.

Fang C L, Zheng Q, Wu W H, et al. 2009. Intelligent optimization algorithms to VDA of models with on/off parameterizations. Adv Atmos Sci, 26(6): 1181-1197.

Gaspari G, Cohn S E. 1999. Construction of correlation functions in two and three dimensions. Quart J Roy Meteor Soc, 125(554): 723-757.

Holland J H. 1975. Adaptation in Natural and Artificial Systems. Ann Arbor: University of Michigan Press.

Hou M Y, Duan W S, Zhi X F. 2019. Season-dependent predictability barrier for two types of El Niño revealed by an approach to data analysis for predictability. Climate Dyn, 53: 5561-5581.

Houtekamer P L, Mitchell H L. 2001. A sequential ensemble Kalman filter for atmospheric data assimilation. Mon Wea Rev, 129: 123-137.

Hull P V, Tinker M L, Dozier G. 2006. Evolutionary optimization of a geometrically refined truss. Structural and Multidisciplinary Optimization, 31: 311-319.

Jiang Z N, Mu M, Wang D H. 2009. Ensemble prediction experiments using conditional nonlinear optimal perturbation. Sci China Ser D-Earth Sci, 52: 511-518.

Kennedy J, Eberhart R. 1995. Particle swarm optimization. Proc. IEEE Int Conf Neural Networks, Perth, Australia, 1942-1948.

Liu S Y, Shao Q, Li W et al. 2022. A new scheme for capturing global conditional nonlinear optimal perturbation. J Mar Sci Eng, 10340.

Mu B, Ren J H, Yuan S J. 2017. An efficient approach based on the gradient definition for solving conditional nonlinear optimal perturbation. Mathematical Problems in Engineering, 3208431.

Mu B, Ren J H, Yuan S J, et al. 2019a. The optimal precursors for ENSO events depicted using the gradient-definition-based method in an intermediate coupled model. Adv Atmos Sci, 36(12): 1381-1392.

Mu B, Zhang L L, Yuan S J, et al. 2019b. Intelligent algorithms for solving CNOP and their applications in ENSO predictability and tropical cyclone adaptive observations. J Trop Meteorol, 25(1): 63-81.

Mu M, Wang J F. 2003. A method for adjoint variational data assimilation with physical "on-off" processes. J Atmos Sci, 60(16): 2010-2018.

Mu M, Xu H, Duan W S. 2007. A kind of initial perturbations related to "spring predictability barrier" for El Niño events in Zebiak-Cane model. Geophy Res Lett, 34: L03709.

Mu M, Yu Y S, Xu H, et al. 2014. Similarities between optimal precursors for ENSO events and optimally growing initial errors in El Niño predictions. Theor Appl Climatol, 115: 461-469.

Mu M, Zheng Q. 2005. Zigzag oscillations in variational data assimilation with physical "On-Off" processes. Mon Wea Rev, 133(9): 2711-2720.

Peng F, Mu M, Sun G D. 2020. Evaluations of uncertainty and sensitivity in soil moisture modeling on the Qinghai-Xizang Plateau. Tellus A, 72(1): 1-16.

Peng F, Sun G D. 2014. Application of a derivative-free method with a project skill to solve an optimization problem. Atmos Oceanic Sci Lett, 7(6): 499-504.

Qi Q Q, Duan W S, Xu H. 2021. The most sensitive initial error modes modulating intensities of CP-and EP-El Niño events. Dynamics of Atmospheres and Oceans, 96(23): 101257.

Regulwar D G, Choudhari S A, Raj P A. 2010. Differential evolution algorithm with application to optimal operation of multipurpose reservoir. J Water Resour Prot, 2(6): 560-568.

Storn R, Price K. 1997. Differential evolution-a simple and efficient heuristic for global optimization over continuous spaces. J Global Optim, 11(4): 341-359.

Sun G D, Mu M. 2013. Understanding variations and seasonal characteristics of net primary production under two types of climate change scenarios in China using the LPJ model. Climatic Change, 120: 755-769.

Sun G D, Mu M, Ren Q J, et al. 2022. Determinants of physical processes and their contributions for uncertainties in simulated evapotranspiration over the Tibetan Plateau. J Geophys Res: Atmospheres, 127: e2021JD035756.

Sun G D, Peng F, Mu. M. 2017. Uncertainty assessment and sensitivity analysis of soil moisture based on model parameters-results from four regions in China. Journal of Hydrology, 555: 347-360

Sun G D, Xie D D. 2017. A study of parameter uncertainties causing uncertainties in modeling a grassland ecosystem using the conditional nonlinear optimal perturbation method. Sci China Ser D-Earth Sci, 60: 1674-1684.

Tao L J, Gao C, Zhang R H. 2018. ENSO predictions in an intermediate coupled model influenced by removing initial condition errors in sensitive areas: A target observation perspective. Adv Atmos Sci, 35(7): 853-867.

Tao L J, Gao C, Zhang R H. 2019. Model parameter-related optimal perturbations and their contributions to El Niño prediction errors. Climate Dyn, 52(3): 1425-1441.

Tao L J, Zhang R H, Gao C. 2017. Initial error-induced optimal perturbations in ENSO predictions, as derived from an intermediate coupled model. Adv Atmos Sci, 34(6): 791-803.

Tian X J, Feng X B. 2017. A nonlinear least-squares-based ensemble method with a penalty strategy for computing the conditional nonlinear optimal perturbations. Quart J Roy Meteor Soc, 143: 641-649.

Tian X J, Feng X B, Zhang H Q, et al. 2016. An enhanced ensemblebased method for computing CNOPs using an efficient localization implementation scheme and a two-step optimization strategy: Formulation and preliminary tests. Quart J Roy Meteor Soc, 142: 1007-1016.

Wang L, Shen X S, Liu J J, et al. 2020. Model uncertainty representation for a convection-allowing ensemble prediction system based on CNOP-P. Adv Atmos Sci, 37(8): 817-831.

Wang B, Tan X W. 2010. Conditional nonlinear optimal perturbations: adjoint-free calculation method and preliminary test. Mon Wea Rev, 138: 1043-1049.

Wen S C. 2015. Algorithm optimizations for solving CNOP and its applications. Ph.D dissertation. Tongji University.

Xu H, Chen L, Duan W S. 2021. Optimally growing initial errors of El Niño events in the CESM. Climate Dyn, 56: 3797-3815.

Yang Z Y, Fang X H, Mu M. 2020. The Optimal Precursor of El Niño in the GFDL CM2p1 Model. J Geophys Res: Oceans, 125: e2019JC015797.

Yu Y S, Duan W S, Xu H, et al. 2009. Dynamics of nonlinear error growth and season-dependent predictability of El Niño events in the Zebiak-Cane model. Quart J Roy Meteor Soc, 135(645): 2146-2160.

Yu Y S, Mu M, Duan W S. 2012. Does model parameter error cause a significant "spring predictability barrier" for El Niño events in the Zebiak-Cane model? J Climate, 25: 1263-1277.

Yuan S J, Liu Y X, Zhang H Z, et al. 2023. Dimension shifting based intelligent algorithm framework to solve conditional nonlinear optimal perturbation. Comput Geosci, 176: 105375.

Zebiak S E, Cane M A. 1987. A model El Niño-Southern Oscillation. Mon Wea Rev, 115: 2262-2278.

Zeng Q C, Zeng X D, Wang A H, et al. 2003. Models and numerical simulation of atmosphere-vegetation-soil interactions and ecosystem dynamics. Proceedings of ICCP6-CCP2003, Rinton Press Inc., Beijing, 18pp.

Zeng X D, Shen S S P, Zeng X B, et al. 2004. Multiple equilibrium states and the abrupt transitions in a dynamical system of soil water interacting with vegetation. Geophys Res Lett, 31, L05501. doi: 10.1029/2003GL018910.

Zeng X D, Zeng X B, Shen S S P, et al. 2005. Vegetation-soil water interaction within a dynamical ecosystem model of grassland in semi-arid areas. Tellus B, 57: 189-202.

Zhang R H, Zebiak S E, Kleeman R, et al. 2003. A new intermediate coupled model for El Niño simulation and prediction. Geophys Res Lett, 30, doi: 10.1029/2003GL018010.

Zheng Q, Dai Y, Zhang L, et al. 2012a. On the application of a genetic algorithm to the predictability problems involving "on-off" switches. Adv Atmos Sci, 29(2): 422-434.

Zheng Q, Sha J X, Fang C L. 2012b. An effective genetic algorithm to VDA with discontinuous "on-off" switches. Sci China Ser D-Earth Sci, 55: 1345-1357.

Zheng Q, Sha J X, Shu H, et al. 2014. A variant constrained genetic algorithm for solving conditional nonlinear optimal perturbations. Adv Atmos Sci, 31(1): 219-229.

Zheng Q, Yang Z B, Sha J X, et al. 2017. Conditional nonlinear optimal perturbations based on the particle swarm optimization and their applications to the predictability problems. Nonlin Process Geophys, 24: 1-12.

Zhou Q, Mu M, Duan W. 2019. The initial condition errors occurring in the Indian Ocean temperature that cause "spring predictability barrier" for El Niño in the Pacific Ocean. J Geophy Res: Oceans, 124: 1244-1261.

应　用　篇

第3章 ENSO春季预报障碍问题

3.1 引　　言

厄尔尼诺-南方涛动(ENSO)是发生在热带太平洋的海气耦合现象,被认为是全球气候系统中最强的年际信号之一。暖位相El Niño和冷位相La Niña之间的不规则振荡组成ENSO循环,表现为赤道中东太平洋大范围的海水异常增暖或变冷,以及伴随的大尺度海平面气压的跷跷板式变化(Rasmusson and Carpenter,1982;巢纪平,1993;李崇银和穆明权,1999)。尽管ENSO发生于热带太平洋,仍可通过遥相关或大气桥机制,影响我国乃至全球的天气和气候,如引发洪水、干旱和风暴等严重的自然灾害,对人类生活和社会生产带来严重影响(Rasmusson and Wallace,1983;Ropelewski and Halpert,1987;符淙斌和滕星林,1988;黄荣辉,1990;李崇银,1989;Alexander et al.,2002)。因此,对ENSO进行可预报性研究,进而提高ENSO事件的实时预报水平,不仅具有科学意义,同时也具有重要的社会经济意义。

春季预报障碍(SPB)是造成ENSO预报结果不确定性的重要原因。从统计学角度来看,SPB是指模式预报结果与观测之间的距平相关系数在春季迅速减小的现象(Webster and Yang,1992;Latif et al. 1994;Webster,1995;Torrence and Webster,1998;McPhaden,2003;Luo et al. 2008)。从误差增长角度来看,SPB是指在预报终止时,ENSO预报出现较大的预报误差,并且这些预报误差在春/夏季增长最快,呈现出明显的季节依赖特征(Mu et al.,2007a,2007b;Duan et al.,2009;Duan and Wei,2013)。SPB现象不仅出现在动力耦合模式中,也同样出现在统计预报模式中,是目前影响ENSO预报技巧的一个重要原因。

许多研究试图探讨SPB现象发生的原因,但至今没有统一的结论。一些研究认为气候态季节循环导致了SPB现象的发生。由于热带太平洋耦合系统自身的稳定性在春季最弱,季节循环的赤道纬向气压梯度在春季最小,导致了系统的不稳定性,使得误差在春季增长更快,外部扰动对系统的影响也更大(Zebiak and Cane,1987;Balmaseda et al.,1994;Webster and Yang,1992)。另一种观点认为,SPB现象是ENSO本身的季节锁相特征导致,是ENSO预测的固有属性。即ENSO事件总是倾向在春季发生位相转换,因而信噪比在春季最小,导致ENSO的SPB现象,即使额外增加观测,也不能改变春季信号弱的事实(Xue et al.,1994;Torrence and Webster,1998;Samelson and Tziperman,2001)。还有一些研究认为,ENSO系统是一个自振荡系统,基于模式的ENSO预报技巧严重依赖于初始场精度(Chen et al.,2004;Moore and Kleeman,1996;Xue et al.,1997a,1997b;Fan et al.,2000)。Chen等(1995,2004)通过在原有初始化方案中考虑海气耦合作用，明显减弱 SPB 现象，提高了 ZC 模式的 ENSO 预报技巧。因此，分析导致 ENSO 事件 SPB 现象的原因和机制，减弱甚至消除 ENSO 的 SPB 现象，进而提高 ENSO 预报技巧，不仅是短期气候研究的热点问题，也是提高 ENSO 业务预报水平的迫切需求。

很多研究从初始误差增长的角度探讨 SPB 发生的原因。Galanti 等(2002)和 Burgers 等(2005)考察了 ENSO 预测时海气耦合不稳定性引起的误差线性增长。另一些研究试图用线性奇异向量(LSV)方法识别导致显著 SPB 的初始误差类型(Moore and Kleeman，1996；Xue et al.，1997a，1997b；Chen et al.，1997)。然而，LSV 代表了线性模式的最快增长方向，不能刻画非线性模式中的最快增长初始扰动，不能充分反映数值模式中非线性物理过程对初始误差增长的影响。在非线性模式中，LSV 只在初始扰动较小、预报时间较短的情形下才有效。为了克服 LSV 的局限性，Mu 等(2003)提出了 CNOP 方法。CNOP 是 LSV 在非线性领域的拓展，是满足一定物理约束条件、在预报时刻具有最大非线性发展的一类初始扰动。Mu 等(2003)首次把 CNOP 方法应用到 WF96 理论模式(Wang and Fang，1996)研究 ENSO 的 SPB 问题。结果表明，相对误差的线性增长，非线性作用使得 CNOP 型初始误差发生更显著的 SPB 现象。由于 ENSO 本身是非线性的，LSV 方法总是低估 ENSO 预测时 SPB 现象导致的预报误差，CNOP 方法在研究 ENSO 可预报性问题时具有明显的优势(Mu et al.，2007a)。随后，CNOP 方法被应用到各种不同复杂程度的数值模式，深入研究各种误差来源引起的 ENSO 的 SPB 问题，取得了一系列成果(Mu et al.，2007b；Duan et al.，2009；Duan and Wei，2013；Yu et al.，2009，2012a，2012b；Yu et al.，2014)。因为篇幅原因，本章主要以 ZC 模式为例，介绍 CNOP-I 和 CNOP-P 方法在 ENSO 事件 SPB 研究中的应用。

3.2　CNOP-I 方法在 ENSO 春季预报障碍研究中的应用

3.2.1　试　验　设　计

Yu 等(2009)选取 8 次 El Niño 事件作为参考态，其中 4 次为弱事件，4 次为强事件，分别用 WR_1、WR_2、WR_3、WR_4、SR_1、SR_2、SR_3 和 SR_4 表示，下标 1～4 代表事件从冷位相过渡到暖位相的月份分别为 1 月、4 月、7 月和 10 月，以表征不同特征的 El Niño 事件。这里定义的强 El Niño 是指成熟阶段 Niño3 指数大于 2.5 ℃的 El Niño 事件，而弱 El Niño 是指成熟阶段 Niño3 指数小于 2.5 ℃的 El Niño 事件。图 3.1 是这 8 次 El Niño 事件 Niño3 指数随时间的变化。对每一个 El Niño 事件，从不同的预报起始月份做 8 次预报，预报时长为一年。把 El Niño 发生年(即事件发展达到峰值的年份)记为第(0)年，第(−1)年和第(1)年分别代表 El Niño 发生年的前一年和后一年。从 7 月(−1)、10 月(−1)、1 月(0)和 4 月(0)开始的预报，跨越了 El Niño 事件增长阶段的春季，记为跨增长位相预报；从 7 月(0)、10 月(0)、1 月(1)和 4 月(1)开始的预报，跨越了 El Niño 衰减阶段的春季，记为跨衰减位相预报。

　　给定约束范围 $\delta = 0.8$，对每一次预报，计算目标函数值达到最大时的 CNOP-I 型最快增长初始误差。优化的起始时刻就是预报的起始时刻，优化时间段是 12 个月，也是预报的时间长度。由于每次 El Niño 事件有 8 次预报，8 次 El Niño 事件即有 64 次预报，计算每一次预报的最快增长初始误差。Yu 等(2009)根据这 64 个 CNOP-I 型初始误差空间结构的相似性，利用聚类分析方法将其分为两类(图 3.2)：一类 CNOP-I 型初始误差的 SSTA 在赤道中西太平洋是负异常，在东太平洋为正异常，斜温层深度距平沿赤道为一致的正异常，记为第一类 CNOP-I 型误差；另一类 CNOP-I 型初始误差的空间结构与第一类符号几乎相反，记为第二类 CNOP-I 型误差。对于强 El Niño 事件，跨增长位相预报的 CNOP-I 型初始误差往往都是第二类，而跨衰减位相预报的 CNOP-I 型初始误差往往是第一类。然而，对于弱 El Niño 事件，很难确定在 El Niño 增长阶段和衰减阶段的 CNOP-I 型初始误差倾向于哪一类。

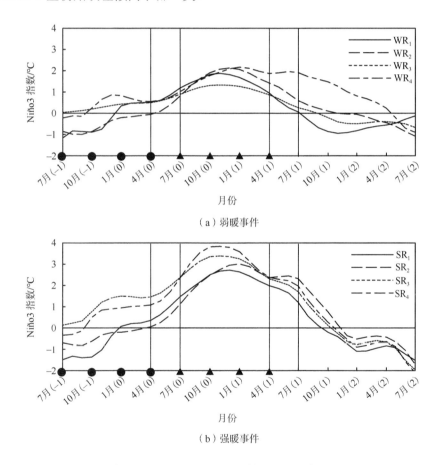

（a）弱暖事件

（b）强暖事件

图 3.1　8 个 El Niño 参考态 Niño3 指数随时间的变化(单位：℃)

(a) 4 次弱 El Niño 事件，分别记为 WR$_1$、WR$_2$、WR$_3$ 和 WR$_4$，分别在 1 月、4 月、7 月和 10 月 Niño3 指数从负值变为正值；

(b) 类似于(a)，但属于 4 次强 El Niño 事件，分别记为 SR$_1$、SR$_2$、SR$_3$ 和 SR$_4$。

圆点标记了跨增长位相预报的 4 个预报起始月份，三角形标记了跨衰减位相预报的 4 个预报起始月份

(Yu et al.，2009)

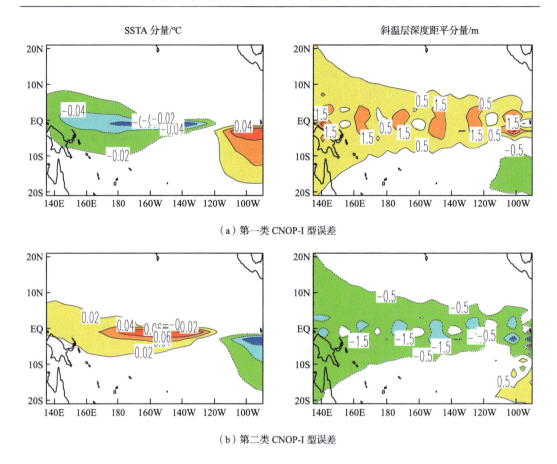

（a）第一类 CNOP-I 型误差

（b）第二类 CNOP-I 型误差

图 3.2　两类合成 CNOP-I 型初始误差的空间结构

(a) 第一类 CNOP-I 型初始误差；(b) 第二类 CNOP-I 型初始误差

左列是 SSTA 分量（单位：℃），右列是斜温层深度距平分量（单位：m）

(Yu et al.，2009)

3.2.2　El Niño 的春季预报障碍现象

为了研究 CNOP-I 型初始误差对 ENSO 事件 SPB 的影响，考察误差发展的季节依赖性。将一年分为四个季节：1～3 月（January-February-March，JFM），4～6 月（April-May-June，AMJ），7～9 月（July-August-September，JAS）和 10～12 月（October-November-December，OND）。计算误差在各个季节的增长率 $\kappa \approx \dfrac{\|T'(t_2)\| - \|T'(t_1)\|}{t_2 - t_1}$，其中 $\|T'(t)\| = \sqrt{\sum_{i,j}[T'_{i,j}(t)]^2}$，代表用范数度量的 SSTA 预报误差随时间的发展。当 κ 为正（负）值，表示误差增大（减小）；κ 的绝对值越大，误差增大（减小）越快。

计算 64 次预报的 CNOP-I 型初始误差在各个季节的增长率 κ，比较 El Niño 不同发展阶段 SPB 现象有何不同。结果表明，不论是在 El Niño 增长阶段还是衰减阶段，CNOP-I 型初始误差的发展都存在明显的季节依赖性，并且导致较大的预报不确定性。值得注意的是，跨增长位相预报比跨衰减位相预报具有更大的不确定性。当预报初始时刻处于春季时，预报不确定性比从其他季节开始的预报要小。与 LSV 相比，CNOP-I 型初始误差通常导致更大的预报误差和更显著的 SPB 现象。下面分别介绍跨增长位相预报和跨衰减位相预报的数值结果。

1. 跨增长位相预报

从 7 月(−1)、10 月(−1)、1 月(0) 和 4 月(0) 开始的预报跨越了 El Niño 增长阶段的春季(AMJ)。从不同的预报起始月份，在 8 个 El Niño 参考态上分别叠加相应的 CNOP-I 型初始误差，积分模式 12 个月。CNOP-I 型初始误差的发展可以通过计算模式预报结果减去 El Niño 参考态得到。随后，计算误差在各个季节的增长率 κ。

图 3.3 给出了不同强度 El Niño 事件的 CNOP-I 型初始误差在各个季节的平均增长率。从 7 月(−1) 开始预报时，无论是强 El Niño 事件还是弱 El Niño 事件，CNOP-I 型初始误差都倾向于在春季 AMJ 发展最大，误差增长呈现明显的季节依赖性。考虑到显著 SPB 的发生需要两个条件：一是误差增长具有明显的季节依赖性；二是误差增长造成较大的预报误差。图 3.4 给出了 CNOP-I 型初始误差导致的 12 个月后预报误差的大小，其中 $E_{\mathrm{Niño3}}$ 是预报的 Niño3 指数与参考态 Niño3 指数之间的差。正(负)$E_{\mathrm{Niño3}}$ 代表 Niño3 区平均 SSTA 正(负)的预报误差，高(低)估了 El Niño 事件的强度。可以看到，8 次 El Niño 事件中，部分事件的 Niño3 指数预报误差为正，高估了 El Niño 事件的强度，而另一部分事件 Niño3 指数预报误差为负，低估了 El Niño 事件的强度。进一步，我们发现大多数导致高估 El Niño 事件的 CNOP-I 型误差都与图 3.2 中第一类误差类似，而低估 El Niño 事件的 CNOP-I 型误差都与第二类误差类似。也就是说，这两类 CNOP-I 型误差不仅导致较大的预报不确定性，而且其增长具有明显的季节依赖性，从而被认为是最有可能导致 El Niño 事件发生显著 SPB 的初始误差类型。

分析从 10 月(−1) 和 1 月(0) 开始预报时 CNOP-I 型初始误差在各季节的增长率 [图 3.3(b)～(c)]。结果表明，从 10 月(−1) 开始预报时，一些 El Niño 事件的 CNOP-1 型初始误差倾向于在 AMJ 发展最快，而另一些则在 AMJ 和 JAS 都有很快的增长，并且在 JAS 有最大的增长率。从 1 月(0) 开始的预报，最大增长率始终发生在 JAS。对于这种情况，Mu 等(2007b) 指出，虽然初始误差在 JAS 季节有最快的增长，但误差在 AMJ 季节已经增长很大，同样会导致预报技巧跨春季有明显的下降。从 10 月(−1) 和 1 月(0) 开始预报的 CNOP-I 型初始误差也可以分为两类：一类误差高估了 El Niño 事件的强度，它们的 SSTA 分量在赤道中西太平洋为负异常，而在赤道东太平洋为正异常，斜温层深度距平分量沿赤道一致地变深，类似于图 3.2 中第一类 CNOP-I 型误差；另一类误差则低估了 El Niño 事件的强度，空间结构与前一类基本相反，类似于图 3.2 中第二类 CNOP-I 型误差。

以上结果表明，跨 El Niño 增长位相预报的 CNOP-I 型误差被分为两类，其误差增长都具有明显的季节依赖性，并导致最大的预报误差，因而会造成 El Niño 事件显著的 SPB 现象。特别是对于强 El Niño 事件，最容易导致 SPB 的初始误差倾向于与合成的第二类 CNOP-I 型误差相似，总是导致负的预报误差，使得预报结果低估了 El Niño

事件的强度。而对于弱 El Niño 事件，CNOP-I 导致的预报误差可能是正的，也可能是负的。

从 El Niño 增长位相 4 月 (0) 开始预报时，预报起始月份处于春季 AMJ 第一个月，意味着直接从春季开始预报。结果显示，8 次 El Niño 事件的 CNOP-I 型初始误差同样可以分为两类，结构分别类似于合成的第一类和第二类 CNOP-I 型误差。对于强 El Niño 事件，对预报结果影响最大的初始误差仍然类似于第二类 CNOP-I 型误差。但无论是强事件还是弱事件，误差增长率在 AMJ 都较小，误差发展最快的季节出现在 JAS 或 OND[图 3.3(d)]。也就是说，如果直接从春季开始预报，预报技巧在 JAS 或 OND 下降得最为剧烈，而在春季没有特别大的下降。更进一步的分析指出，尽管 CNOP-I 型初始误差仍然会造成不小的预报误差，但从春季开始的预报比其他季节相对容易。

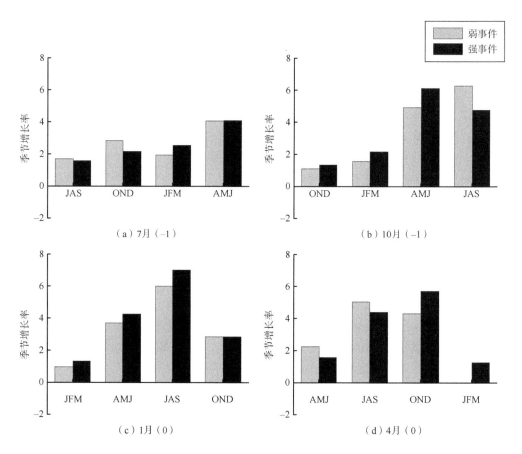

图 3.3 CNOP-I 型初始误差在各个季节增长率 κ 的集合平均

图中灰色表示弱 El Niño 事件的平均结果，黑色表示强 El Niño 事件的平均结果

预报起始月份分别是：(a)7 月 (-1)；(b)10 月 (-1)；(c)1 月 (0)；(d)4 月 (0)

(Yu et al.，2009)

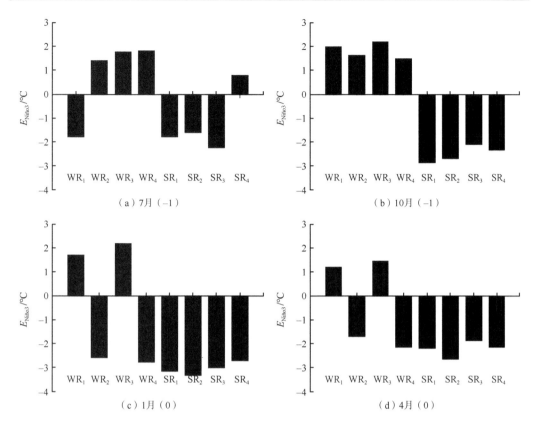

图 3.4 8 次 El Niño 事件 CNOP-I 型初始误差导致的 Niño3 区平均 SSTA 预报误差(单位:℃)

预报起始月份分别是: (a)7 月(−1); (b)10 月(−1); (c)1 月(0); (d)4 月(0)

(Yu et al., 2009)

很多学者利用 LSV 方法研究 ENSO 事件的 SPB 现象, 得到了一些有意义的结果 (Moore and Kleeman, 1996; Xue et al., 1997a, 1997b; Chen et al., 1997; Thompson, 1998)。但 LSV 基于线性理论, 是切线性模式的最快增长扰动, 不能刻画非线性模式中最快增长扰动的特征, 因而不适合用于研究非线性对 ENSO 事件 SPB 的影响。下面比较 CNOP-I 方法和 LSV 方法的数值结果, 考察非线性在 SPB 现象中所起的作用。

对每次 El Niño 事件, 同样利用 SPG2 优化算法计算了 8 次预报(增长位相 4 次、衰减位相 4 次)的 LSV, 共计 64 个 LSV。与计算 CNOP-I 不同的是, 此处目标函数定义为初始误差在预报时刻线性发展的大小。为了方便与两类 CNOP-I 做比较, 计算 LSV 的范数与 CNOP 相同, 约束半径同样选为 $\delta = 0.8$。优化所得的 LSV 的相反结构, 即乘以常数−1, 仍然是范数大小为 0.8 的 LSV。因此, 在给定的范数约束条件下, 可以得到两个 LSV, 它们的范数大小相同, 但空间结构相反, 分别记为 LSV 和−LSV。

考察两类 LSV 型初始误差的空间结构和对 SPB 的影响。结果表明, 尽管 LSV 和−LSV 的空间结构分别与两类 CNOP-I 型误差相似, 并且各自的非线性发展也具有明显的季节依赖性, 但其在各季节的增长率没有 CNOP-I 型初始误差的增长率大(图 3.5), 导致相对较小的预报误差(图 3.6), 进而导致相对弱的 SPB 现象。在增长位相预报中, CNOP-I

型误差和 LSV 型误差导致的预报误差差别较大，表明非线性作用在 El Niño 的增长位相预报中有相对较大的影响。

2. 跨衰减位相预报

对每次 El Niño 事件，分别以 7 月 (0)、10 月 (0)、1 月 (1) 和 4 月 (1) 为预报起始月份预报一年，即跨越 El Niño 事件衰减阶段的春季进行预报。同样研究跨衰减位相预报的 CNOP-I 型初始误差，考察误差发展是否存在季节依赖性，是否导致 SPB 现象。结果表明，当预报起始月份为 7 月 (0)、10 月 (0) 和 1 月 (1) 时，CNOP-I 型初始误差的发展表现出明显的季节依赖性，在 AMJ 和 (或) JAS 季节增长较快。根据误差发展对预报结果的影响，把这些 CNOP-I 型初始误差分为两类：导致正预报误差的 CNOP-I 型初始误差，与图 3.2 中第一类初始误差相近；导致负预报误差的 CNOP-I 型初始误差，与第二类初始误差相近。对于 LSV 型误差，通常比对应的 CNOP-I 型误差导致相对较小的预报误差，进而产生相对弱的 SPB 现象。这些结果与 El Niño 增长位相预报的结果一致，不再一一赘述。

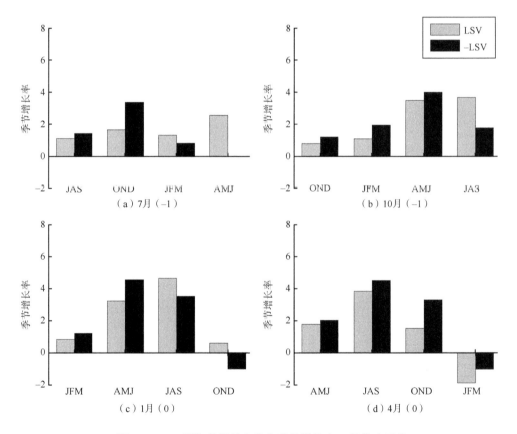

图 3.5　LSV 型初始误差在各个季节增长率 κ 的集合平均

图中灰色表示 LSV 型误差的平均结果，黑色表示–LSV 型误差的平均结果

预报起始月份分别是：(a) 7 月 (–1)；(b) 10 月 (–1)；(c) 1 月 (0)；(d) 4 月 (0)

(Yu et al., 2009)

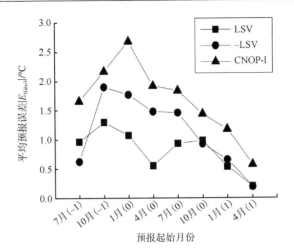

图 3.6　不同类型初始误差导致的 Niño3 指数预报误差的平均值（单位：℃）

图中，正方形代表 LSV 型初始误差，圆形代表–LSV 型初始误差，三角形代表 CNOP-I 型初始误差。
横坐标是预报起始月份，其中 7 月(–1)、10 月(–1)、1 月(0)和 4 月(0)是跨增长位相预报，7 月(0)、
10 月(0)、1 月(1)和 4 月(1)是跨衰减位相预报
（Yu et al.，2009）

　　当然，衰减位相的情形与增长位相也存在一些不同。其中之一就是两者 CNOP-I 型初始误差的空间结构大体上是相反的。跨增长位相预报的 CNOP-I 型初始误差大部分与第二类 CNOP-I 型误差相似，导致负的预报误差，低估 El Niño 事件的强度。而跨衰减位相预报的 CNOP-I 型初始误差大部分与第一类误差相似，导致正的预报误差，阻碍 El Niño 事件衰减[除了从 7 月(0)开始的预报，图略]。

　　另一个不同点在于，跨 El Niño 增长位相和衰减位相预报时，CNOP-I 型初始误差导致的预报误差的大小是不同的。图 3.6 给出了每一个预报起始月份八次 El Niño 事件 Niño3 指数预报误差$|E_{\text{Niño3}}|$的平均大小。结果表明，跨 El Niño 增长位相预报时，CNOP-I 导致的预报误差往往比跨衰减位相预报时要大。更进一步地，当预报起始月份从增长位相春季之前的 7 月(–1)到 1 月(0)，CNOP-I 型初始误差导致的预报误差逐渐增大。而当预报起始月份从 1 月(0)到衰减位相春季 4 月(1)，预报误差逐渐减小。若是直接从增长位相春季 4 月(0)开始预报，CNOP-I 导致的预报误差比从 10 月(–1)和 1 月(0)预报时要小，但比所有跨衰减位相预报的预报误差都要大。这个结果意味着跨增长位相预报比跨衰减位相预报更加困难，不确定性更大。当直接从春季开始预报时，预报误差通常比从其他季节开始的预报要小，这个特点在 El Niño 衰减位相最为显著，表现为从 4 月(1)开始预报的预报误差最小。Kirtman 等(2002)指出，对于较长时间的预报，直接从春季开始的 ENSO 预报比起从其他季节开始的预报，预报技巧更高。这一观点支持了 CNOP-I 方法得到的结果。

　　CNOP-I 型初始误差导致的预报误差在 El Niño 不同位相的变化规律，与 LSV 的结果有所不同。由于 CNOP-I 方法考虑了非线性作用的影响，可以认为得到的结果更合理。进一步考察由于 CNOP-I 和 LSV 的不同导致的非线性作用的影响，从图 3.6 可以看到，CNOP-I 和 LSV 导致的预报误差的差异，在跨增长位相预报时比跨衰减位相预报更明显，

这意味着增长位相非线性的作用强于衰减位相的情况。

总的来说，无论是跨增长位相的预报，还是跨衰减位相的预报，CNOP-I 型初始误差都会导致最大的预报误差，并且误差发展具有明显的季节依赖性，造成严重的 SPB 现象。LSV 型初始误差，由于导致较小的预报误差，产生相对较弱的 SPB 现象。这意味着跨春季预报时非线性作用增加了 El Niño 预报结果的不确定性，尤其是跨增长位相预报时，非线性的影响比跨衰减位相预报时更大。另外，CNOP-I 型误差和 LSV 型误差尽管空间结构相似，但其微小的差异导致 SPB 现象的强度明显不同，意味着 SPB 的产生与初始误差的空间结构密切相关。

3.2.3　导致春季预报障碍的初始误差发展机制

由上述结果可知，CNOP-I 型初始误差会导致最大的预报误差，并且其发展有明显的季节依赖性，导致严重的 SPB 现象。本小节考察 CNOP-I 型初始误差发展演变的空间结构，将其与 El Niño 和 La Niña 事件本身的发展以及它们的最优前期征兆联系起来，解释这些 CNOP-I 型初始误差的发展机制。

1. 两类 CNOP-I 型初始误差的发展

前面通过聚类分析方法将对应于不同 El Niño 事件、不同预报起始月份的 CNOP-I 型初始误差分为两类，即第一类 CNOP-I 型初始误差和第二类 CNOP-I 型初始误差。前者的 SSTA 分量在赤道中西太平洋有负异常，在赤道东太平洋有正异常，而斜温层深度距平分量沿着赤道一致地变深；而后者的空间结构几乎与前者符号相反。当预报跨越 El Niño 事件增长（衰减）位相的春季时，导致最大预报误差的初始误差大多数与第二类（第一类）CNOP-I 型初始误差更加相似。第二类 CNOP-I 型初始误差在跨增长位相预报中导致的预报不确定性，比第一类 CNOP-I 型初始误差在跨衰减位相预报中导致的预报不确定性更加严重。因此，在 El Niño 事件的不同发展阶段，SPB 现象的表现是不同的，跨增长位相预报发生的 SPB 比跨衰减位相预报更加明显。

导致显著 SPB 现象的初始误差有两类明显相反的空间结构，使得两类误差的发展具有两种表现。第一类 CNOP-I 型初始误差导致 Niño3 指数正的预报误差，表明这类误差的发展使得 Niño3 区域 SSTA 变大。由于第一类 CNOP-I 型初始误差在赤道东太平洋具有正异常信号，猜测这些正异常信号会逐渐发展变大，演变成为类似于 El Niño 事件的空间结构，可以推测这类误差的发展与 El Niño 事件本身的发展相似。而第二类 CNOP-I 型初始误差会导致 Niño3 指数负的预报误差，表明这类误差使得 Niño3 区域 SSTA 变小。由于第二类 CNOP-I 型初始误差在赤道东太平洋具有负异常信号，猜测这些负异常信号逐渐放大，演变成为类似于 La Niña 事件的空间结构，可以推测这类误差的发展与 La Niña 事件的发展相似。

为了验证这些猜测，把两类合成 CNOP-I 型初始误差分别在不同预报起始月份叠加到强 El Niño 事件，考察两类误差导致的 SSTA 误差发展。图 3.7 给出了 4 次强 El Niño 增长位相 SSTA 误差发展的合成图。图 3.8 对应衰减位相的误差发展。结果表明，无论是跨增长位相还是衰减位相，两类 CNOP-I 型初始误差导致的 SSTA 误差发展，都类似于 El Niño 事件或 La Niña 事件的空间结构。对第一类 CNOP-I 型初始误差，误差发展 3 个月时，赤道中太平洋的负异常基本消失，而赤道东太平洋的正异常信号逐渐变强，并且向西延伸。12 个月后，正 SSTA 误差的发展基本覆盖了赤道中东太平洋，这样的空间分布与 El Niño 事件成熟位相 SSTA 的空间结构相似。对于第二类 CNOP-I 型初始误差，

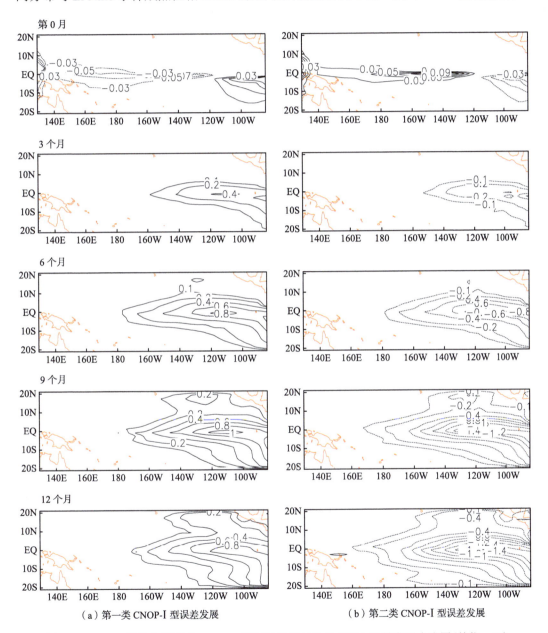

（a）第一类 CNOP-I 型误差发展　　　　　　　　（b）第二类 CNOP-I 型误差发展

图 3.7　El Niño 增长位相两类 CNOP-I 型初始误差导致的 SSTA 误差发展合成图（单位：℃）

(a)第一类 CNOP-I 型初始误差，(b)第二类 CNOP-I 型初始误差

（余堰山，2009）

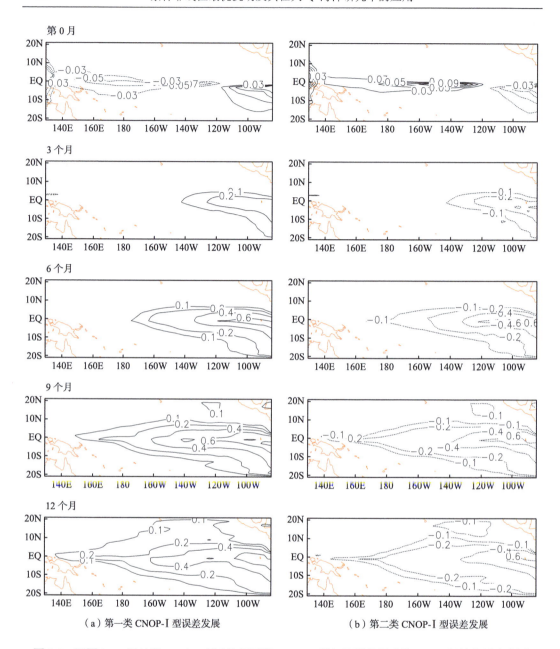

图 3.8　同图 3.7，但对应 El Niño 衰减位相两类 CNOP-I 型初始误差导致的 SSTA 误差发展合成图

(余堰山，2009)

其发展基本与第一类 CNOP-I 型初始误差相反，赤道东太平洋负 SSTA 误差逐渐发展变强，向西延伸，形成类似 La Niña 事件的空间结构。

由于 CNOP-I 型初始误差的发展与 ENSO 事件的发展具有相似性，而 ENSO 事件的发展可以用 Bjerknes 正反馈机制来解释。这里同样用 Bjerknes 正反馈机制解释两类误差的发展。当赤道东太平洋 SSTA 出现正误差时，赤道太平洋纬向海表温度梯度相应减小，

Walker 环流开始减弱，偏东信风随之减弱，西风异常增强。增强的西风异常进一步抑制了赤道东太平洋次表层冷水上翻，减弱了赤道涌流，使得赤道东太平洋变得更暖，即正 SSTA 误差发展越来越大，这就解释了第一类 CNOP-I 型初始误差的发展过程。同样，若赤道东太平洋出现负 SSTA 误差，即第二类 CNOP-I 型初始误差，Bjerknes 正反馈机制也导致负 SSTA 误差的发展。

2. 两类 CNOP-I 型初始误差和 ENSO 最优前期征兆的相似性

最容易导致 SPB 的两类 CNOP-I 型初始误差，其发展过程分别与 El Niño 和 La Niña 事件的发展相似。如果两类 CNOP-I 型误差与最优前期征兆的空间结构也相似，则能进一步印证它们具有相同的动力增长机制。需要指出的是，ENSO 事件的最优前期征兆是叠加在气候平均态最容易发展成 ENSO 事件的初始扰动，参考态是气候平均态；而 CNOP-I 型初始误差是叠加在 ENSO 事件导致最大预报误差的初始扰动，参考态是 ENSO 事件。

第 2 章 2.1 节用 CNOP-I 方法识别了 ENSO 最优前期征兆的空间结构。比较图 2.4 和图 3.2 可以看出，ENSO 最优前期征兆分别与两类 CNOP-I 型初始误差具有相似的局地性特征。计算它们的空间相似系数，El Niño 事件的最优前期征兆与引起 SPB 的第一类 CNOP-I 型初始误差，相似系数达到 0.74；La Niña 事件的最优前期征兆与引起 SPB 的第二类 CNOP-I 型初始误差，相似系数为 0.55。这些结果表明，ENSO 事件的最优前期征兆与导致严重 SPB 的 CNOP-I 型初始误差，在空间结构上具有较高的相似性。

也就是说，两类 CNOP-I 型初始误差与 ENSO 事件的最优前期征兆，具有相似的局地性空间特征和相似的发展过程，最后都发展成 El Niño 或 La Niña 的成熟模态。这进一步说明，两类 CNOP-I 型误差发展的动力学机制与 ENSO 事件本身发展的物理机制相同，都可以用 Bjerknes 正反馈机制解释。

3.2.4　识别 El Niño 事件的目标观测敏感区

El Niño 事件的 SPB 现象与初始误差的空间结构密切相关，如果能够改善初始场的精度，减小初始误差，可能大大减弱 El Niño 事件的 SPB 现象。增加观测是改善数值预报模式初始场的重要手段，但大范围增加观测，尤其是海洋观测，会消耗巨大的经济成本，在现实中很难实现。目标观测为优化实际观测的布局提供了一种有效且经济的途径。其主要思想是，与大范围的增加观测相比，当只在某些局地关键区域内优先增加观测、并同化至模式初始场，可以有效减小初始误差，达到提高预报技巧的目的（Snyder，1996；Mu，2013）。这些局地关键区域即为目标观测敏感区，识别敏感区是目标观测的关键问题。

Yu 等（2012a）根据最容易导致 El Niño 事件 SPB 的两类 CNOP-I 型误差的空间结构特征，确定了 El Niño 目标观测的敏感区。把热带太平洋区域划分成 6 个矩形区域，分别记为 D1，D2，…，D6，其中两类 CNOP-I 型初始误差的大值区主要位于 D5 区域（图 3.9）。对每个 CNOP-I 型初始误差，分别在六个子区域内进行目标观测，即消除单一子区域内的初始误差，保留区域外误差。图 3.10 给出了进行目标观测后 Niño3 区 SSTA 均方根误差的发展。可以看到，当消除 CNOP-I 误差大值区（D5 区域）的初始误差、而保留其他区域误差时，预报时刻 SSTA 的误差均方根最小。也就是说，在 CNOP-I 型误差的大值

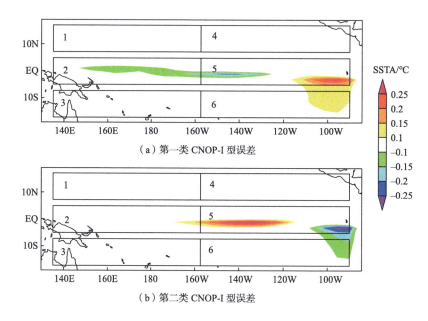

图 3.9　导致 El Niño 发生春季预报障碍的两类 CNOP-I 型初始误差的 SSTA 分量合成图（单位：℃）

(a) 和 (b) 中的 6 个矩形区域分别记为 D1，D2，…，D6，其中两类误差的大值区主要位于 D5

（Yu et al.，2012a）

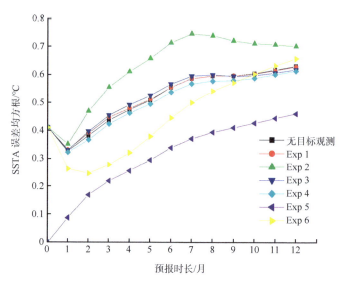

图 3.10　在单一子区域进行目标观测 Niño3 区 SSTA 误差均方根发展合成图（单位：℃）

图中红色对应 Exp 1 消除 D1 区域误差，绿色对应 Exp 2 消除 D2 区域误差，深蓝色对应 Exp 3 消除 D3 区域误差，浅蓝色对应 Exp 4 消除 D4 区域误差，粉红色对应 Exp 5 消除 D5 区域误差，黄色对应 Exp 6 消除 D6 区域误差

（Yu et al.，2012a）

区进行目标观测,可以有效减小 El Niño 事件的预报误差,进而提高 El Niño 事件的预报技巧。根据这些结果,可以把 CNOP-I 型误差的大值区,即赤道东太平洋,确定为 El Niño 事件的目标感测敏感区。

Mu 等(2014)进一步把 D1~D6 每个子区域的最优前期征兆信号(包括 SSTA 分量和斜温层深度距平分量)分别叠加到气候平均态,考察这些子区域信号是否能发展成 El Niño 事件。从图 3.11 可以看到,D5 区前期征兆信号发展成 El Niño 事件,其他子区域信号则不能导致 El Niño 事件的发生。这些结果说明,由于 ENSO 事件的最优前期征兆通常和 CNOP-I 型初始误差具有相似的局地化空间特征,在敏感区(D5 赤道东太平洋区域)内开展目标观测,不仅可以提高初始场精度,而且可以提前捕捉到 ENSO 的最优前期征兆信号,进而有效提高 ENSO 预报技巧。

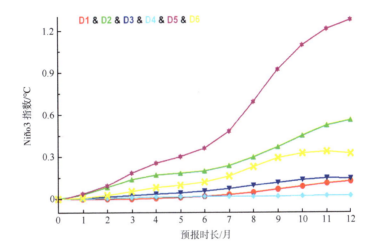

图 3.11　单一子区域最优前期征兆信号叠加到气候平均态,Niño3 指数随时间的演变(单位:℃)

(Mu et al.,2014)

3.3　CNOP-P 方法在 ENSO 春季预报障碍研究中的应用

上一节介绍了导致 El Niño 显著 SPB 现象的两类 CNOP-I 型初始误差的空间结构、误差增长机制以及在目标观测中的应用。这些研究都假设模式是完美的,即没有模式误差。然而,现有的数值模式远没有达到可以完美描述大气和海洋运动状态的程度,模式误差在很大程度上影响 ENSO 的模拟和预报技巧(Liu,2002;Zhang et al.,2003;Zavala-Garay et al.,2004;Williams,2005)。

模式误差对 ENSO 可预报性的影响主要表现在两方面。一方面数值模式未能准确地描述一些物理过程,比如大气季节内振荡在 ENSO 的发生发展过程中起重要作用(Lau and Chan,1988;李崇银和周亚萍,1994),而这种物理过程在中等复杂程度的 ZC 模式中难以被准确描述。一些研究者试图寻找对 ENSO 可预报性影响最大的随机强迫扰动,而数值模式难以准确描述这些随机强迫扰动,因而导致难以消除的预报误差(Kleeman and Moore，1997；Moore and Kleeman，1999）。另一方面，数值模式中的一些参数是经验性确定的，使得模式参数存在一定的不确定性，从而导致预报结果的不确定性。Zebiak和 Cane（1987）考察了 ZC 模式中参数扰动对 ENSO 模拟结果的影响。Liu（2002）通过直接选取不同的参数值，探讨 ENSO 模拟效果对参数不确定性的敏感性和依赖性。Barkmeijer 等（2003）提出"线性强迫奇异向量"的概念，研究参数误差对 ENSO 可预报性的影响。这些研究结果表明，来源于参数不确定性的模式误差，对 ENSO 可预报性具有一定影响。然而，这些方法或者带有一定的试探性，不能穷尽所有参数值，或者基于线性理论。

鉴于 CNOP-I 在 ENSO 事件 SPB 中的成功应用，余堰山（2009）和 Yu 等（2012b）用CNOP-P 方法，探讨了模式参数不确定性对 ENSO 事件 SPB 的影响。结果表明，在 ZC模式中，CNOP-P 型参数误差引起的预报误差，通常不会导致显著的预报误差，因而不发生 SPB 现象。也就是说，模式参数误差可能不是导致显著 SPB 现象的主要误差来源。考察 CNOP-I 和 CNOP-P 的简单组合导致的预报误差，即把 CNOP-I 型初始误差叠加到参考态初始场，同时把 CNOP-P 型参数误差叠加到模式参数，积分数值模式。此时预报误差的发展具有明显的季节依赖性，且预报误差的大小与仅有 CNOP-I 时大小相当。这些结果进一步说明，相对于 CNOP-I 型初始误差，CNOP-P 型参数误差对 SPB 的影响很小。

尽管上述研究在单独比较 CNOP-I 和 CNOP-P 时，参数误差相对初始误差来说，对El Niño 预报结果的影响较小。但可能存在这样一种情况：当初始误差和参数误差同时存在时，两者的最优组合误差导致的 SPB 现象可能比仅有初始误差时显著得多。在这种情况下，尽管参数误差本身的影响小，却可以显著促进初始误差的发展，其对 El Niño预报结果的影响依然不可忽视。考虑到 Yu 等（2012b）中 CNOP-I 型初始误差和 CNOP-P型参数误差的联合模态只是两者的简单组合，不能考察两种误差同时存在时对预报结果的最大影响，Yu 等（2014）利用 CNOP 方法，在 ZC 模式中分别考察四种不同的误差对预报结果的影响，即最优组合误差（CNOP：同时优化初始误差和参数误差）、最优初始误差（CNOP-I：只优化初始误差）、最优参数误差（CNOP-P：只优化参数误差）以及最优初始误差和最优参数误差联合模态（CNO-I+CNOP-P），特别是重点考察了最优组合误差（CNOP）是否比 CNOP-I 误差导致更显著的 SPB 现象，更全面地评估了参数误差对 ElNiño 预报的影响。下面介绍试验设计方案和主要数值试验结果。

3.3.1　试　验　设　计

同样选取图 3.1 中的 8 次 El Niño 事件作为参考态，其中 4 次为弱事件（$WR_1 \sim WR_4$），4 次为强事件（$SR_1 \sim SR_4$）。对每一个 El Niño 事件，仍然从不同的预报起始月份做 8 次预报，每次预报一年。从 7 月（–1）、10 月（–1）、1 月（0）和 4 月（0）开始的预报，跨越了El Niño 事件增长阶段的春季，记为跨增长位相预报；从 7 月（0）、10 月（0）、1 月（1）和4 月（1）开始的预报，跨越了 El Niño 衰减阶段的春季，记为跨衰减位相预报。对每一次预报，计算在给定约束范围内使目标函数达到最大的 CNOP-P 型参数误差、CNOP-I 型初始误差以及 CNOP 最优组合误差。优化起始时刻就是预报起始时刻，优化时间长度是

12 个月，即预报时间长度。由于每次 El Niño 事件有 8 次预报，8 次 El Niño 事件即有 64 次预报。对这 64 次预报，分别计算 CNOP-P、CNOP-I 和 CNOP。

扰动参数和约束条件的选取和余堰山（2009）以及 Yu 等（2012b）一致（见第 2 章表 2.7）。构造目标函数来度量初始误差 u_0 和模式参数误差 p 引起的预报时刻预报误差的发展，最优组合误差 CNOP 就是使得目标函数达到最大值的初始扰动，记作 $(u_{0\delta}, p_\mu)$，可以通过求解下面的非线性最优化问题得到：

$$J(u_{0\delta}, p_\mu) = \max_{u_0 \in \delta, p \in \mu} \left\| T'(u_0, p, \tau) \right\|^2 \tag{3.1}$$

式中，$T'(u_0, p, \tau)$ 是 u_0 和 p 导致的预报 τ 时刻 SSTA 误差的非线性发展，范数 $\|T'(u_0, p, \tau)\| = \sqrt{\sum_{i,j} [T'_{i,j}(u_0, p, \tau)]^2}$ 度量了 SSTA 误差的大小，其中 $T'_{i,j}(u_0, p, \tau)$ 是 τ 时刻空间格点 (i,j) 上的 SSTA 误差。

初始误差 $u_0 = (w_1 T'_0, w_2 H'_0)$，$T'_0$ 是 SSTA 初始误差，H'_0 是斜温层深度距平初始误差，$w_1 = (2.0°\text{C})^{-1}$，$w_2 = (50\,\text{m})^{-1}$，分别是 T'_0 和 H'_0 的无量纲化系数。u_0 的约束条件是 $\|u_0\|_\delta \leqslant 1.0$，范数 $\|u_0\|_\delta = \sqrt{\sum_{i,j} [(w_1 T'_{0i,j})^2 + (w_2 H'_{0i,j})^2]}$ 度量了初始误差的大小，其中 $T'_{0\,i,j}$ 和 $H'_{0\,i,j}$ 分别代表在模式格点 (i,j) 处的 SSTA 初始误差和斜温层深度距平初始误差。

p 是叠加在 9 个模式参数组成的向量 P 上的误差，$P = (\alpha, \beta, \varepsilon, \eta, T_1, b_1, T_2, b_2, \sigma)$，取值见表 2.7 第三列。$p = (p_1, p_2, \cdots, p_9)$，约束条件是 $-\mu_i \leqslant p_i \leqslant \mu_i$，$i = 1, \cdots, 9$，其中 $\mu_i = x_i(\%)P_i$，表示各参数的误差占模式参数值的百分比不超过 x_i，x_i 的取值见表 2.7 第 4 列。

为了与 CNOP 误差进行比较，也计算了单独考虑初始误差 u_0 和单独考虑模式参数误差 p 的情况。当模式参数误差 $p = 0$ 时，优化问题（3.1）变成

$$J(u_{0\delta}^{\text{I}}) = \max_{u_0 \in \delta} \left\| T'(u_0, \tau) \right\|^2 \tag{3.2}$$

其中，$u_{0\delta}^{\text{I}}$ 为 CNOP-I 误差，即最优初始误差。

当初始误差 $u_0 = 0$ 时，优化问题（3.1）变成

$$J(p_\mu^{\text{p}}) = \max_{p \in \mu} \left\| T'(p, \tau) \right\|^2 \tag{3.3}$$

式中，p_μ^{p} 为 CNOP-P 误差，即最优参数误差。而 CNOP-I 和 CNOP-P 的简单组合 $(u_{0\delta}^{\text{I}}, p_\mu^{\text{p}})$，记为 CNOP-I+CNOP-P 联合模态。

令 $J_1(u_0, p) = -J(u_0, p)$，上述求极大值的优化问题转化成求极小值优化问题。Yu 等（2014）采用 SPG2 算法进行优化计算。而 SPG2 算法需要提供目标函数关于初始扰动和参数扰动的梯度，可以用伴随模式解决这个问题。徐辉（2006）编写了 ZC 模式关于状态变量的伴随模式，余堰山（2009）在此基础上将模式参数也作为扰动变量，建立了对模式参数和状态变量同时进行扰动的切线性模式和伴随模式。

3.3.2　数值试验结果

1. 预报误差的季节增长

对所有 El Niño 事件的 8 个起报月份，分别计算 CNOP、CNOP-I、CNOP-P 和 CNOP-I+CNOP-P 导致的预报误差的季节增长率，考察预报误差增长随季节的变化情况。图 3.12 是跨 El Niño 增长位相预报时四种误差导致的 SSTA 误差季节增长集合平均。可以看到，CNOP 误差的增长有明显的季节变化，尤其是当预报起始月份为 7 月(−1) 和 10 月(−1) 时，误差都在春季(AMJ)增长最大，具有显著的 SPB 现象。当预报起始月份为 1 月(0) 时，虽然此时误差在夏季(JAS)增长最大，但在春季的误差增长只是略小于夏季，也会导致相当显著的预报障碍现象。当预报起始月份为 4 月(0)时，此时已经进入春季，误差在春季增长不大，SPB 现象不明显。CNOP-I 误差和 CNOP-I+CNOP-P 也可以得到相似的结论。相比之下，CNOP-P 导致的误差增长小得多，并没有引起 SPB 现象。跨衰减位相的误差增长与跨增长位相的结论基本一致，不再具体分析。值得注意的是，图 3.12 中最优组合误差 CNOP 虽然可以引起显著的 SPB 现象,但其结果与 CNOP-I 误差的结果相似，说明最优组合误差 CNOP 不会引起比 CNOP-I 显著得多的 SPB 现象。

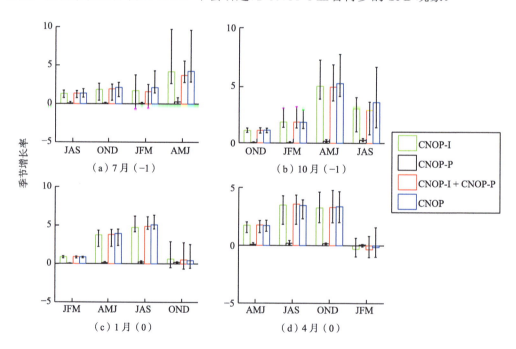

图 3.12　跨 El Niño 增长位相预报时四种误差导致的 SSTA 误差季节增长率集合平均

预报起始月份分别是：(a) 7月(−1)；(b) 10月(−1)；(c) 1月(0)；(d) 4月(0)。图中绿色对应 CNOP-I，黑色对应 CNOP-P，红色对应 CNOP-I+CNOP-P，蓝色对应 CNOP。柱状图表示 8 次 El Niño 事件误差季节增长的平均结果，叠加在柱状图上的线段下端表示 8 次事件中的最小值，上端表示最大值。纵坐标表示误差增长大小，横坐标是 JAS、OND、JFM 和 AMJ 四个季节

(Yu et al.，2014)

2. 预报误差的大小

进一步考察四种误差对 El Niño 预报不确定性的影响。图 3.13 表示不同 El Niño 事件跨增长位相的预报误差大小。结果表明，对于不同的 El Niño 事件和预报起始月份，与 CNOP-I 相比，CNOP-P 自身导致的预报误差很小，并且尽管最优组合误差 CNOP 导致的预报误差最大，但并没有比 CNOP-I 的结果大很多。也就是说，参数误差不仅自身导致的预报误差很小，对初始误差发展的促进作用也不大，因而最优组合误差并不会显著加剧 El Niño 事件预报障碍的发生。此外，CNOP-I＋CNOP-P 导致的预报误差并不总比 CNOP-I 的结果大，这可能是由于有时候 CNOP-I 和 CNOP-P 的作用一致，这样最终的预报误差要大于 CNOP-I 导致的预报误差；而有时候两者的作用互相抑制，导致线性组合产生更小的预报误差。跨衰减位相预报的结论与跨增长位相一致，不再一一赘述。

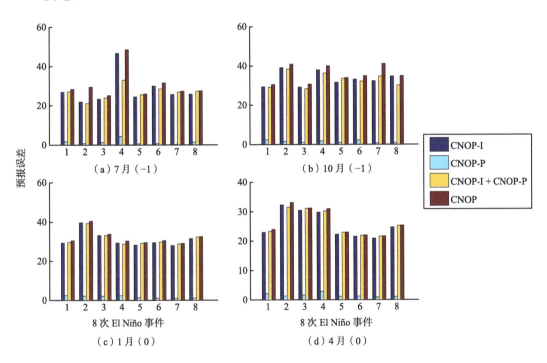

图 3.13　跨 El Niño 增长位相预报时四种误差导致的 SSTA 预报误差的大小

预报起始月份分别是：(a) 7 月 (–1)；(b) 10 月 (–1)；(c) 1 月 (0)；(d) 4 月 (0)。图中深蓝色对应 CNOP-I，浅蓝色对应 CNOP-P，黄色对应 CNOP-I+CNOP-P，棕色对应 CNOP。纵坐标表示预报误差的大小，横坐标表示 8 次不同的 El Niño 事件

(Yu et al.，2014)

3. 预报误差空间结构的发展

考察误差的空间结构在不同预报时刻的发展情况。前面的结果显示，从 10 月 (–1) 开始的预报会导致最显著的 SPB 现象，下面以 10 月 (–1) 开始的一次预报作为代表进行分析，比较四种误差空间结构的发展。

图 3.14 表明，在预报起始月份 10 月（−1），CNOP 与 CNOP-I 的 SSTA 误差的空间结构几乎一样，在赤道东太平洋为 SSTA 正扰动，赤道中西太平洋为负扰动，而 CNOP-P 由于是参数误差，此时没有状态变量的初始扰动。随着时间的推移，从 1 月（0）到 7 月（0），最优组合误差的发展不论是从空间结构，还是强度的大小，都和 CNOP-I 误差的结果十分相似。CNOP-P 导致的误差发展虽然在空间结构上与其他三种误差类似，但最终引起的是负温度误差，并且量值上也小很多，这与前面的分析结果一致。对于其他 El Niño 事件和预报起始月份，结论都是类似的。至此可以得出结论：对 ZC 模式中的 El Niño 事件，最优组合误差不会比初始误差产生显著增强的 SPB 现象，参数误差对初始扰动的促进作用不明显，也就是说，初始误差确实是导致显著 SPB 现象的主要因素。

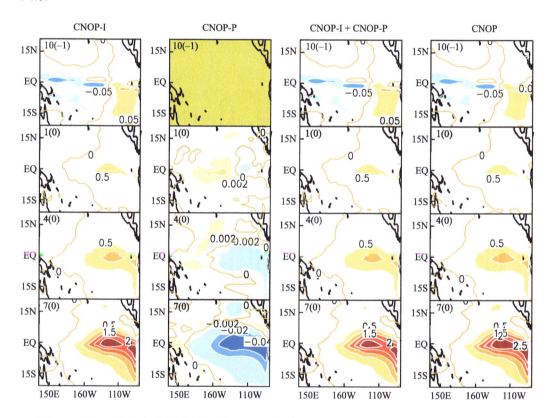

图 3.14　从 10 月（−1）开始预报第 3 次 El Niño 事件，由 CNOP-I、CNOP-P、CNOP-I+CNOP-P 和 CNOP 引起的 SSTA 误差的空间结构发展（单位：℃）

(Yu et al.，2014)

4. CNOP 与 CNOP-I 导致误差发展机制的比较

Mu 等（2007b）指出，SPB 现象可能是气候态季节循环、El Niño 事件本身和在 Bjerknes 正反馈机制作用下快速发展的初始误差共同作用导致的。在 Bjerknes 正反馈机制中，有三个变量比较重要：SSTA 异常、风应力异常和冷水上翻异常。因此，分别在

El Niño 参考态上叠加 CNOP 误差和 CNOP-I 误差，比较三个变量发展的差异。从图 3.15 可以看到，叠加 CNOP 和 CNOP-I 误差后，三个变量的差异随着时间演变不断增加，但总的来说量值都很小，说明 CNOP 和 CNOP-I 导致的误差发展机制是相似的。

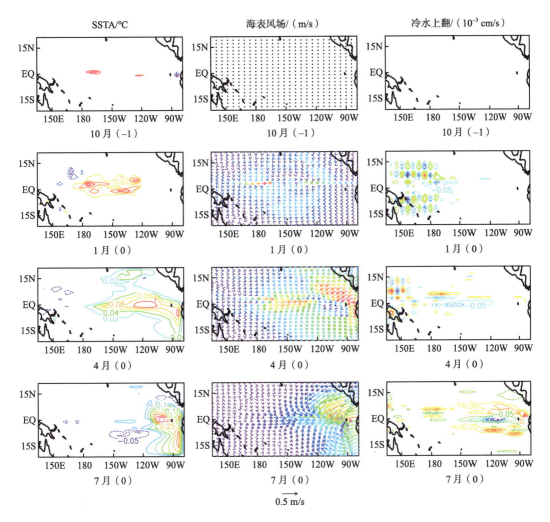

图 3.15　在第 3 次 El Niño 事件的 10 月 (−1) 分别叠加 CNOP 和 CNOP-I，三个大气海洋状态变量发展的差异

图中左边一列是 SSTA 差异 (单位：℃)，中间一列是风场差异 (单位：m/s)，右边一列是冷水上翻差异 (单位：10^{-3} cm/s)

(Yu et al.，2014)

3.4　CNOP 方法在 ENSO 春季预报障碍问题的延伸研究

综上，CNOP 方法应用到 ZC 模式，研究 ENSO 事件的 SPB 问题，取得了一系列研究成果。但这些只是 CNOP 方法研究 ENSO 事件 SPB 问题的部分成果。许多学者针对

不同的物理问题和研究重点,把 CNOP 方法应用到不同复杂程度的多个数值模式,研究 ENSO 的可预报性问题,下面进行简单介绍。

为了克服许多数值模式没有伴随模式、不能直接计算 CNOP 这一困难,Duan 等(2009)基于 CNOP 方法的基本思想,提出用集合回报试验方法近似计算 CNOP-I。结果表明,在 ZC 模式中,用该方法得到的容易导致 El Niño 事件发生 SPB 的初始误差,其空间结构与伴随方法得到的结果非常相似。两者结果的一致性,一方面拓展了 CNOP-I 在复杂耦合模式中的应用潜力;另一方面验证了理想试验中的 CNOP-I 型初始误差在实际预测的分析场中是可能出现的。Yu 等(2012b)、Duan 和 Wei(2013)进一步验证了 ENSO 实际预测中确实存在类似 CNOP-I 的初始误差模态,与其他误差相比,这些误差会导致更大的预报误差。

由于 ZC 模式是中等复杂程度预报模式,只能描述热带太平洋表层海温误差对 ENSO 事件 SPB 的影响。而已有研究表明,次表层过程在 ENSO 事件的发生发展中起着重要作用,因此次表层海温误差也可能对 ENSO 事件的 SPB 产生重要影响(Meinen and McPhaden,2000;Hasegawa and Hanawa,2003;McPhaden,2003)。Duan 和 Hu(2016)在 CESM 模式中对表层和次表层海温同时叠加误差,通过集合回报试验方法近似计算 CNOP-I,揭示了易导致 El Niño 事件发生显著 SPB 现象的两类初始误差及其增长机制,并指出优先在赤道东太平洋上层和赤道西太平洋次表层实施目标观测,可能有效减弱 El Niño 事件的 SPB 现象,提高 ENSO 预报技巧。Hu 等(2019)用同样的方法,得到了两类易导致 La Niña 事件 SPB 现象的初始误差模态。Xu 等(2021)通过基于奇异值分解的集合投影算法对优化问题进行降维,再结合差分进化算法,优化计算 CESM 模式中的 CNOP-I,找到了 El Niño 事件的三类最快增长初始误差,其中两类初始误差的空间结构与 Duan 和 Hu(2016)用集合回报试验方法得到的结果类似。

以上研究主要探讨了热带太平洋海温误差对 ENSO 预测的影响。而已有研究表明,热带太平洋和印度洋气候系统通过"大气桥"和印尼贯穿流相互作用,对 ENSO 事件具有重要影响。Zhou 等(2019a)用集合回报试验方法,近似寻找 CESM 模式中的 CNOP-I,考察了热带印度洋海温初始误差对 El Niño 事件 SPB 的影响。结果表明,最易导致 El Niño 发生 SPB 的印度洋海温初始误差可以分为两类:第一类呈现为西正东负类似于正 IOD 事件的海温结构,而第二类则表现为西负东正类似于负 IOD 事件的海温结构。两类海温初始误差在热带印度洋和热带太平洋具有不同的误差发展特征和物理机制。Zhou 等(2019b)进一步确定了热带印度洋地区的海温目标观测敏感区,在该敏感区内增加观测,能够有效改善 El Niño 跨春季的预报技巧。随后,Zhou 等(2021)用同样的方法,研究了热带印度洋海温初始误差对 La Niña 事件 SPB 的影响。

另外,20 世纪 90 年代前,El Niño 事件主要表现为传统的东太平洋型 El Niño(eastern-Pacific type of El Niño,EP-El Niño);90 年代后,中太平洋型 El Niño(central-Pacific type of El Niño,CP-El Niño)事件频繁发生,给 ENSO 预测带来了新的挑战。而原始 ZC 模式不能较好地模拟和预报出 CP-El Niño 事件。Duan 等(2014)用 CNOP-F 方法矫正 ZC 模式,减小模式误差,使得校正后的 ZC 模式对两类 El Niño 都具有较好的模拟能力。Tian 和 Duan(2016)采用校正后的 ZC 模式,研究两类 El Niño 事件的 SPB 现象,指出 CP-El Niño 事件也对应两类 CNOP-I 型初始误差,其中第一类与 EP-El Niño 第一类 CNOP-I 型初始误差相似;第二类误差则与 EP-El Niño 的两类 CNOP-I 型初始误差均不相同。Duan 等(2018)基于 CNOP-F 方法校正后的 ZC 模式,使用 CNOP-I 方法,识别了能够有效提高两类 El Niño 事件预报技巧的最优观测阵列。

由于 ZC 模式只能描述热带太平洋大气和海洋的运动状态,不能考虑 ENSO 与热带外地区的相互作用,因此,ZC 模式无法揭示热带外地区的海温误差对两类 El Niño 预报不确定性的作用。鉴于此,Yang 等(2020;2023)使用基于主成分分析的粒子群智能优化算法(PPSO),将 CNOP-I 方法应用到复杂的全球海气耦合气候模式 GFDL CM2p1 中,分别找到了两类 El Niño 事件的最优前期征兆。结果表明,两类事件的最优前期征兆存在明显差异,EP-El Niño 的最优前期征兆主要表现为赤道西太区域上层的正海温扰动,通过 Kelvin 波东传至赤道东太平洋,在 Bjerknes 正反馈机制下发生 EP-El Niño 事件;而 CP-El Niño 的最优前期征兆在赤道太平洋区域不明显,主要表现为副热带北太平洋区域的正海表海温扰动,通过风-蒸发-海表温度反馈(wind-evaporation-SST feedback,WES;Xie and Philander,1994)机制,使得赤道中太平洋升温,发生 CP-El Niño 事件。Qi 等(2021)针对复杂海气耦合 GFDL CM2p1 模式,用集合回报试验方法近似寻找 CNOP-I,考察了整个太平洋区域的海温误差对两类 El Niño 预报结果的影响。其研究结果强调,要想减弱 SPB、进而提高两类 El Niño 事件的预报技巧,不仅应关注热带太平洋初始条件的精度,同时也不能忽视副热带太平洋初始条件不确定性的影响。

为了克服单一数值模式的研究结果对模式的依赖性,Hou 等(2019)发展了一种可以直接用观测或模式资料确定 CNOP-I 型初始扰动的方法,并对 CMIP5 计划中多个耦合模式的离线资料进行分析,从初始误差增长角度出发,探讨两类 El Niño 预报的 SPB 问题。结果表明,CP-El Niño 事件的预报误差通常在夏季增长最大,发生夏季预报障碍现象,而 EP-El Niño 的预报主要受到春季预报障碍影响;若要在预报中提前区分两类 El Niño 事件,仅仅关注赤道太平洋是不够的。西太平洋次表层、东南太平洋上层以及北太平洋维多利亚模态区域初始海温的准确性都十分重要。

除了初始误差,模式误差也是影响天气和气候可预报性的另一个重要因素。模式误差来源广泛且复杂多样,除了模式参数误差外,还有一些不能显示描述的模式误差,例如物理过程参数化对次网格过程的近似、大气噪音和西风爆发等随机过程、数值计算所引起的计算误差等。通过在模式倾向方程叠加外强迫,可以在一定程度上描述这些模式误差的综合效应。Duan 和 Zhao(2015)揭示了能够引起 El Niño 预测最大不确定性的两类 CNOP-F 型模式倾向误差。Duan 等(2016)进一步指出,这两类 CNOP-F 型倾向误差能够导致 El Niño 事件发生显著的 SPB 现象,并且两类 CNOP-F 型误差和两类 CNOP-I 型初始误差的空间结构相似。这一结果意味着 CNOP-F 和 CNOP-I 可能具有相同的敏感区,在这些敏感区内增加观测,不仅可以减小初始误差,同时还有助于减小模式误差,进而提高 ENSO 预报技巧。Tao 等(2020)针对中等复杂程度 ICM 模式,构建了 CNOP-F 倾向扰动预测模型,并将其耦合到 ICM,构建了新的 ENSO 预测系统,明显减弱了 ENSO 事件的预报障碍,提高了 ENSO 事件的模拟和预测技巧。Zheng 等(2023)针对 ZC 模式,发展了可用于抵消初始误差和模式误差综合影响的集合非线性强迫奇异向量方法,将其应用于 ENSO 预测研究，显著减弱了春季预报障碍的影响，有效提高了 El Niño 多样性的预测水平，从而为 ENSO 预测提供了具有更高预报技巧的新预测方法。

3.5　结论和讨论

基于非线性理论的 CNOP 方法，在 ENSO 春季预报障碍研究中得到了广泛的应用。通过 CNOP 方法对 ENSO 进行可预报性研究，可以有效提高 ENSO 事件的预报技巧。

CNOP-I 型误差是对 ENSO 预报结果不确定性影响最大的初始误差类型，其空间结构具有一定的局地性分布特征。根据这些空间分布特征，再结合误差发展规律，可以确定 ENSO 预报的目标观测敏感区。由于 ENSO 事件的最优前期征兆通常和 CNOP-I 型初始误差具有相似的局地性空间特征，在敏感区内进行目标观测，不仅可以提高初始场精度，而且可以提前捕捉到 ENSO 的最优前期征兆信号，进而有效提高 ENSO 预报技巧。

考察初始误差和模式参数误差对 ENSO 预报结果不确定性的影响，发现 CNOP-I 型初始误差会导致 El Niño 发生显著的 SPB 现象，而对于给定约束条件下的 CNOP-P 型模式参数误差，却不会导致明显的 SPB 现象。这些结果是基于中等复杂程度的海气耦合模式得到，并没有涉及更复杂的数值模式，还需要进一步验证这些结果是否依赖于数值模式。

用 CNOP-I 方法研究由初始误差导致的 ENSO 可预报性问题，得到了一系列研究成果。结果表明，ENSO 事件的 SPB 现象是气候态年循环、ENSO 事件本身和初始误差共同作用的结果。其中气候态年循环和 ENSO 事件在一次 ENSO 预报中是固定的，具有特定空间结构的初始误差是导致 SPB 发生的关键因素。而 CNOP-I 型初始误差，相比于 LSV，其误差增长具有更明显的季节依赖性，并在预报时刻产生更大的预报误差，因此导致相对较强的 SPB 现象。该结果也同时表明，CNOP-I 方法比 LSV 更适合用来研究 ENSO 事件的 SPB 现象，特别是研究非线性过程对 SPB 的影响。在 ENSO 预测的目标观测研究中，CNOP-I 方法同样比 LSV 更适合用来寻找目标观测的敏感区。

尽管用 CNOP 方法研究 ENSO 的可预报性问题已取得相当大的进展，但其中一些结论还需要进一步验证，同时也需要开展更深入的研究，加深理解 ENSO 的多样性及其可预报性差异。目前关于 ENSO 可预报性的研究结果大多适用于 EP-El Niño 事件，未来需要进一步研究与 CP-El Niño 预报结果不确定性有关的可预报性问题。由于两类 El Niño 事件具有不同的动力和物理发展机制，最优前期征兆信号可能表现为不同的空间分布特征(Yang et al.，2020，2023)，两类事件是否具有共同的目标观测敏感区还存在一定争议(Qi et al.，2021；Hou et al.，2019)。因此，对两类 El Niño 事件，特别是 CP-El Niño，仍需选择具有较高模拟和预报能力的数值模式进行深入研究。此外，在全球变暖背景下，气候平均态等因素都发生明显变化，给 ENSO 预测和可预报性研究增加了难度(Yeh et al.，2009；McPhaden et al.，2011；Xiang et al.，2013)。

参 考 文 献

巢纪平. 1993. 厄尔尼诺和南方涛动动力学. 北京: 气象出版社.

符淙斌, 滕星林. 1988. 我国夏季的气候异常与埃尔尼诺/南方涛动现象的关系. 大气科学, 12: 133-141.

黄荣辉. 1990. 引起我国夏季旱涝的东亚大气环流异常遥相关及其物理机制研究. 大气科学, 14: 108-117.

李崇银. 1989. El Niño 事件与中国东部气温异常. 热带气象学报, 35: 210-219.

李崇银, 穆明权. 1999. 厄尔尼诺的发生与赤道西太平洋暖池次表层海温异常. 大气科学, 22, 513-521.

李崇银, 周亚萍. 1994. 热带大气季节内振荡和 ENSO 的相互关系. 地球物理学报, 37: 17-26.

Alexander M A, Blade I, Newman M, et al. 2002. The atmospheric bridge: The influence of ENSO teleconnections on air-sea interaction over the global oceans. J Climate, 15: 2205-2231.

Balmaseda M A, Anderson D L T, Davey M K. 1994. ENSO prediction using a dynamical ocean model coupled to a statistical atmospheres. Tellus A, 46: 497-511.

Barkmeijer J, Iversen T, Palmer T N. 2003. Forcing singular vectors and other sensitive model structure. Quart J Roy Meteor Soc, 129: 2401-2423.

Burgers G, Jin F F, Van Oldenborgh G J. 2005. The simplest ENSO recharge oscillator. Geophys Res Lett, 32: L13706.

Chen D, Cane M A, Kaplan A, et al. 2004. Predictability of El Niño over the past 148 years. Nature, 428: 733-736.

Chen D, Zebiak S E, Busalacchi A J, et al. 1995. An improved procedure for El Niño forecasting: Implications for predictability. Science, 269: 1699-1702.

Chen Y Q, Battisti D S, Palmer T N, et al. 1997. A study of the predictability of tropical Pacific SST in a coupled atmosphere/ocean model using singular vector analysis: the role of the annual cycle and the ENSO cycle. Mon Wea Rev, 125: 831-845.

Duan W S, Hu J Y. 2016. The initial errors that induce a significant "spring predictability barrier" for El Niño events and their implications for target observation: Results from an earth system model. Climate Dyn, 46: 3599-3615.

Duan W S, Li X Q, Tian B. 2018. Towards optimal observational array for dealing with challenges of El Niño-Southern Oscillation predictions due to diversities of El Niño. Climate Dyn, 51 (9-10): 3351-3368.

Duan W S, Liu X C, Zhu K Y, et al. 2009. Exploring the initial errors that cause a significant "spring predictability barrier" for El Niño events. J Geophys Res: Oceans, 114: C04022.

Duan W S, Tian B, Xu H. 2014. Simulations of two types of El Niño events by an optimal forcing vector approach. Climate Dyn, 43 (5-6): 1677-1692.

Duan W S, Wei C. 2013. The "spring predictability barrier" for ENSO predictions and its possible mechanism: Results from a fully coupled model. Int J Climatol, 33 (5): 1280-1292.

Duan W S, Zhao P. 2015. Revealing the most disturbing tendency error of Zebiak-Cane model associated with El Niño predictions by nonlinear forcing singular vector approach. Climate Dyn, 44: 2351-2367.

Duan W S, Zhao P, Hu J Y, et al. 2016. The role of nonlinear forcing singular vector tendency error in causing the "spring predictability barrier" for ENSO. J Meteor Res, 30 (6): 853-866.

Fan Y, Allen M R, Anderson D L T, et al. 2000. How predictability depends on the nature of uncertainty in initial conditions in a coupled model of ENSO. J Climate, 13: 3298-3313.

Galanti E, Tziperman E, Harrison M, et al. 2002. The equatorial thermocline outcropping: A seasonal control on the tropical Pacific oceanatmosphere instability strength. J Climate, 15: 2721-2739.

Hasegawa T, Hanawa K. 2003. Heat content variability related to ENSO events in the Pacific. J Phys

Oceanogr, 33(2): 407-421.

Hou M Y, Duan W S, Zhi X F. 2019. Season-dependent predictability barrier for two types of El Niño revealed by an approach to data analysis for predictability. Climate Dyn, 53: 5561-5581.

Hu J Y, Duan W S, Zhou Q. 2019. Season-dependent predictability and error growth dynamics for La Niña predictions. Climate Dyn, 53: 1063-1076.

Kirtman B P, Shukla J, Balmaseda M, et al. 2002. Current status of ENSO forecast skill: A report to CLIVAR Working Group on Seasonal to Interannual Prediction. ICPO Publication No.56, World Climate Research Programme.

Kleeman R, Moore A M. 1997. A theory for the limitation of ENSO predictability due to stochastic atmospheric transients. J Atmos Sci, 54: 753-767.

Latif M, Barnett T P, Cane M A, et al. 1994. A review of ENSO prediction studies. Climate Dyn, 9(4-5): 167-179.

Lau K M, Chan P H. 1988. Intraseasonal and interannual variability of tropical convection: a possible link between the 40-50 day oscillation and ENSO. J Atmos Sci, 45: 506-521.

Liu Z Y. 2002. Simple model study of ENSO suppression by external periodic forcing. J Climate, 15: 1088-1098.

Luo J J, Masson S, Behera S K, et al. 2008. Extended ENSO predictions using a fully coupled ocean-atmosphere model. J Climate, 21(1): 84-93.

Meinen C S, McPhaden M J. 2000. Observations of warm water volume changes in the equatorial Pacific and their relationship to El Niño and La Niña. J Climate, 13(20): 3551-3559.

Mcphaden M J. 2003. Tropical Pacific Ocean heat content variations and ENSO persistence barriers. Geophys Res Lett, 30(9): 319-338.

Mcphaden M J, Lee T, McClurg D. 2011. El Niño and its relationship to changing background conditions in the tropical Pacific Ocean. Geophys Res Lett, 38: L15709.

Moore A M, Kleeman R. 1996. The dynamics of error growth and predictability in a coupled model of ENSO. Quart J Roy Meteor Soc, 122(534): 1405-1446.

Moore A M, Kleeman R. 1999. Stochastic forcing of ENSO by the intraseasonal oscillation. J Climate, 12: 1199-1220.

Mu M. 2013. Methods, current status, and prospect of targeted observation. Sci China Ser D-Earth Sci, 56(12): 1997-2005.

Mu M, Duan W S, Wang B. 2003. Conditional nonlinear optimal perturbation and its applications. Nonlin Process Geophys, 10: 493-501.

Mu M, Duan W S, Wang B. 2007a. Season-dependent dynamics of nonlinear optimal error growth and El Niño-Southern Oscillation predictability in a theoretical model. J Geophy Res: Atmospheres, 112: D10113.

Mu M, Xu H, Duan W S. 2007b. A kind of initial perturbations related to "spring predictability barrier" for El Niño events in Zebiak-Cane model. Geophy Res Lett, 34: L03709.

Mu M, Yu Y S, Xu H, et al. 2014. Similarities between optimal precursors for ENSO events and optimally growing initial errors in El Niño predictions. Theor Appl Climatol, 115: 461-469.

Qi Q Q, Duan W S, Xu H. 2021. The most sensitive initial error modes modulating intensities of CP-and EP-El Niño events. Dynamics of Atmospheres and Oceans, 96(23): 101257.

Rasmusson E M, Carpenter T H. 1982. Variations in tropical sea surface temperature and surface wind fields associated with the Southern Oscillation/El Niño. Mon Wea Rev, 110: 354-384.

Rasmusson E M, Wallace J M. 1983. Meteorological aspects of the El Niño/Southern Oscillation. Science, 222: 1195-1202.

Ropelewski C F, Halpert M S. 1987. Global and regional scale precipitation patterns associated with the El Niño Southern Oscillation. Mon Wea Rev, 115: 1606-1626.

Samelson R M, Tziperman E. 2001. Instability of the chaotic ENSO: the growth-phase predictability barrier. J Atmos Sci, 58(23): 3613-3625.

Snyder C. 1996. Summary of an informal workshop on adaptive observations and FASTEX. Bull Amer Meteor Soc, 77: 953-961.

Tao L J, Duan W S, Vannitsem S. 2020. Improving forecasts of El Niño diversity: a nonlinear forcing singular vector approach. Climate Dyn, 55: 739-754.

Thompson C J. 1998. Initial conditions for optimal growth in a coupled ocean-atmosphere model of ENSO. J Atmos Sci, 55(4): 537-557.

Tian B, Duan W S. 2016. Comparison of the initial errors most likely to cause a spring predictability barrier for two types of El Niño events. Climate Dyn, 47(3): 779-792.

Torrence C, Webster P J. 1998. The annual cycle of persistence in the El Niño/Southern Oscillation. Quart J Roy Meteor Soc, 124(550): 1985-2004.

Wang B, Fang Z. 1996. Chaotic oscillations of tropical climate: A dynamic system theory for ENSO. J Atmos Sci, 53: 2786-2802.

Webster P J. 1995. The annual cycle and the predictability of the tropical coupled ocean-atmosphere system. Meteorol Atmos Phys, 56(1-2): 33-55.

Webster P J, Yang S. 1992. Monsoon and ENSO: selectively interactive systems. Quart J Roy Meteor Soc, 118(507): 877-926.

William P D. 2005. Modelling the climate change: the role of unresolved process. Phil Tras R Soc, 363: 2931-2946.

Xiang B, Wang B, Li T. 2013. A new paradigm for the predominance of standing central Pacific warming after the late 1990s. Climate Dyn, 41: 327-340.

Xie S P，Philander S G H. 1994. A coupled ocean-atmosphere model of relevance to the ITCZ in the eastern Pacific. Tellus A, 46(4): 340-350.

Xu H, Chen L, Duan W S. 2021. Optimally growing initial errors of El Niño events in the CESM. Climate Dyn, 56: 3797-3815.

Xue Y, Cane M A, Zebiak S E, et al. 1994. On the prediction of ENSO, a study with a low-order Markov model. Tellus A, 46: 512-528.

Xue Y, Cane M A, Zebiak S E. 1997a. Predictability of a coupled model of ENSO using singular vector analysis: Part I: Optimal growth in seasonal background and ENSO cycles. Mon Wea Rev, 125: 2043-2056.

Xue Y, Cane M A, Zebiak S E, et al. 1997b. Predictability of a coupled model of ENSO using singular vector analysis: Part II: Optimal growth and forecast skill. Mon Wea Rev, 125: 2057-2073.

Yang Z Y, Fang X H, Mu M. 2020. The optimal precursor of El Niño in the GFDL CM2p1 model. J Geophys Res: Oceans, 125: e2019JC015797.

Yang Z Y, Fang X H, Mu M. 2023. Optimal precursors for central Pacific El Niño events in GFDL CM2p1. J Climate, 36: 3453-3467.

Yeh S W, Kug J S, Dewitte B, et al. 2009. El Niño in a changing climate. Nature, 461: 511-514.

Yu L, Mu M, Yu Y S. 2014. Role of parameter errors in the spring predictability barrier for ENSO events in the Zebiak-Cane model. Adv Atmos Sci, 31(3): 647-656.

Yu Y S, Duan W S, Hui X, et al. 2009. Dynamics of nonlinear error growth and season-dependent predictability of El Niño events in the Zebiak-Cane model. Quart J Roy Meteor Soc, 135(645): 2146-2160.

Yu Y S, Mu M, Duan W S, et al. 2012a. Contribution of the location and spatial pattern of initial error to uncertainties in El Niño predictions. J Geophy Res: Oceans, 117: 1-13.

Yu Y S, Mu M, Duan W S. 2012b. Does model parameter error cause a significant "spring predictability barrier" for El Niño events in the Zebiak-Cane model? J Climate, 25: 1263-1277.

Zavala-Garay J, Moore A M, Kleeman R. 2004. Influence of stochastic forcing on ENSO prediction. J Geophys Res: Oceans, 109: C11007.

Zebiak S E, Cane M A. 1987. A model El Niño-Southern Oscillation. Mon Wea Rev, 115(10): 2262-2278.

Zhang L, Flügel M, Chang P. 2003. Testing the stochastic mechanism for low-frequency variations in ENSO predictability. Geophys Res Lett, 30(12): 1630.

Zheng Y C, Duan W S, Tao L J, et al. 2023. Using an ensemble nonlinear forcing singular vector data assimilation approach to address the ENSO forecast uncertainties caused by the "spring predictability barrier" and El Niño diversity. Climate Dyn, 61(11): 4971-4989.

Zhou Q, Mu M, Duan W. 2019a. The initial condition errors occurring in the Indian Ocean temperature that cause "spring predictability barrier" for El Niño in the Pacific Ocean. J Geophy Res: Oceans, 124: 1244-1261.

Zhou Q, Duan W S, Hu J Y. 2019b. Exploring sensitive area in the tropical Indian Ocean for El Niño predictions: implication for targeted observation. J Oceanol Limnol, 38(6): 1602-1615.

Zhou Q, Duan W S, Wang X, et al. 2021. The initial errors in the tropical Indian Ocean that can induce a significant "spring predictability barrier" for La Niña events and their implication for targeted observations. Adv Atmos Sci, 38(9): 1566-1579.

第4章 台风目标观测

4.1 引　　言

科学研究离不开观测。首先，观测是发现物理现象的重要途径；其次，要理解事物演变的规律与机制，也离不开观测。能否基于理论知识对将来要发生的现象做出有价值的预测，是衡量一门科学成熟的重要标志之一。目前，在大气–海洋领域，数值预报已得到广泛应用。这时，观测又承担起了为数值模式提供初始条件与边界条件的任务。

目标观测又称为适应性观测，是 20 世纪 90 年代以来发展起来的一种观测策略。具体地，为了使验证时刻(t_1)所关注区域(亦称验证区)内的预报更加准确，要在目标时刻t_2(其中 t_1 与 t_2 皆为未来时刻，且 $t_2 < t_1$)在对验证区域预报影响较大的区域(敏感区)进行额外观测(Snyder，1996)。额外获得的观测资料经过数据同化后，能够为模式提供更接近真实状况的初始场，以期得到更加准确的预报结果。目标观测旨在利用有限观测资源获得最佳的预报技巧。要实现这一目标，其核心是敏感区的识别。

敏感区识别的方法大致可分为两类：第一类是基于伴随的方法，如伴随敏感性向量方法(Ancell and Mass，2006)、线性奇异向量方法(SVs；Palmer et al.，1998)、伴随敏感性引导向量方法(ADSSV；Wu et al.，2007)等；第二类是基于集合的方法，如集合转换方法(ET；Bishop and Toth，1999)、集合卡曼滤波方法(EnKF；Hamill and Snyder，2002)、集合转换卡曼滤波方法(ETKF；Bishop et al.，2001)等。这些方法已经在一系列外场试验中得到应用，如锋面和大西洋风暴追踪试验(FASTEX；Snyder，1996)、北太平洋试验(NORPEX；Langland et al.，1999)、冬季风暴观测试验(WSR；Szunyogh et al.，2000)、台湾地区热带气旋下投式探空仪观测试验(DOTSTAR；Wu et al.，2005)、全球观测系统研究与可预报性试验(THORPEX；Rabier et al.，2008)，THORPEX 亚太地区试验(T-PARC；Aberson et al.，2011)等。相关结果表明，目标观测能够在一定程度上改进数值预报(Szunyogh et al.，2000；Wu et al.，2005；Chou et al.，2011)。

然而，各种方法识别的敏感区及其在目标观测中的效果，有时可能存在较大差异。在不同试验中，同一种方法既可能改善预报效果，也可能对预报效果提高没有帮助(Majumdar et al.，2006)。评判目标观测方法的优缺点是一件非常复杂的事情，不论是哪一种目标观测方法，只能从统计的角度来评判其效果(Mu，2013)。考虑到 SVs 方法受限于线性近似，为了克服线性近似假设的不足，Mu 等(2003)提出了条件非线性最优扰动方法，也即前文中的 CNOP-I 方法。CNOP-I 是第一线性奇异向量(FSV)在非线性领域的一个自然推广，下文将其简称为 CNOP。穆穆等(2007)首次将 CNOP 方法引入到目标观测的研究中，此后，其广泛地被应用于台风的目标观测研究，取得了一系列有意义的成果(Mu et al.，2009；Qin and Mu，2011a，2011b；Zhou and Mu，2011，2012a，2012b；

Chen and Mu，2012；Chen et al.，2013；Qin et al.，2013)。本章将简要介绍 CNOP 方法在台风目标观测方面的研究进展。

4.2　CNOP 和 FSV 识别的敏感区之异同

FSV 作为 SVs 中增长最大的向量，被广泛地应用于目标观测敏感区的识别(Palmer et al.，1998；Gelaro et al.，1999；Buizza et al.，2007)。CNOP 是 FSV 在非线性空间的拓展。因此，下文将首先考察台风目标观测研究中，用 CNOP 与 FSV 识别敏感区的异同。

4.2.1　试　验　设　计

1. 模式、资料及优化算法

本节使用美国宾夕法尼亚大学和美国国家大气研究中心(PSU-NCAR)共同开发的中尺度模式 MM5(mesoscale model 5；Dudhia，1993)及其伴随系统(Zou et al.，1997)进行研究。其中，非线性模式采用的物理参数化方案主要包括 Anthes-Kuo 积云对流参数化方案、高分辨率行星边界层方案、简单的辐射冷却方案与大尺度稳定降水方案。其切线性及伴随模式使用了与之相对应、仅包含干过程的物理参数化方案。

所使用的资料有两套：其一是美国国家环境预测中心(NCEP)发布的全球 $1° \times 1°$ 再分析资料，将该资料插值到 MM5 模式格点上形成初、边值条件。在此基础上，积分非线性模式，将其作为大气的真实场，也称为参考态 $M(X_0)$。在参考态初始场 X_0 上叠加小扰动生成新的初始分析场 $X_0 + \delta X_0$，积分模式可得到扰动后的预报场 $M(X_0 + \delta X_0)$。另一套资料是中国气象局整编的台风年鉴资料，该资料作为观测资料，将用以与模式输出结果作对比、分析。

优化算法使用谱投影梯度算法(SPG2；Birgin et al.，2001)。该算法可以计算球约束或者盒子约束条件下多变量的目标函数的极小值问题。在优化过程中，SPG2 需要输入目标函数关于初始扰动的梯度，这些梯度可通过伴随技术等得到。需要指出，尽管在计算 CNOP 和 FSV 时均使用了伴随系统，但伴随系统只应用于梯度求解过程，因而并不影响 CNOP 可以考虑非线性过程。

2. 台风个例介绍

本节选取了以下 3 个台风个例进行研究(图 4.1)。

(1)2005 年 0509 号台风"麦莎"(Matsa)，研究时段为 2005 年 8 月 4 日 12 时到 8 月 6 日 00 时，即台风登陆前的 36 个小时。该台风登陆强度强，影响范围广、时间长，是 2005 年受灾面积最大、经济损失最为严重的一个台风。该台风造成辽宁、上海、江苏、浙江、安徽、福建和山东等 7 省(市)不同程度的灾情，直接经济损失 177.1 亿元。

(2)2004 年 0422 号台风"米雷"(Meari)，选取台风转向前的 36 个小时作为研究时段，即 2004 年 9 月 25 日 12 时到 9 月 27 日 00 时。该台风从生成起一直向西北移动，在到达我国东海后转为向东北前进，最终在日本鹿儿岛附近登陆。

(3)2004 年 0407 号台风"蒲公英"(Mindulle)，该台风在菲律宾北部海域突然北折，穿过台湾岛，再次在我国浙江省登陆，给我国东南沿海地区带来较严重的影响。对于台风"蒲公英"，我们选取其路径转折前的 36 小时进行研究，即 2004 年 6 月 27 日 12 时至 6 月 29 日 00 时。

模式分辨率取 60 km，对于所选的三个台风个例，模式格点数分别为：$55\times55\times11$，$51\times55\times11$ 及 $41\times51\times11$，中心经纬度分别为（125 °E，28 °N）、（125 °E，25 °N）和（123 °E，20 °N），模式层顶都为 100 hPa。如图 4.1 所示，对于三个个例，MM5 模拟的台风路径与观测的误差均在 200 km 以内，这与当时业务化台风路径的预报误差大体相当。可见，MM5 模式对所研究的台风具有一定的模拟能力，因而可以基于该模式开展研究。

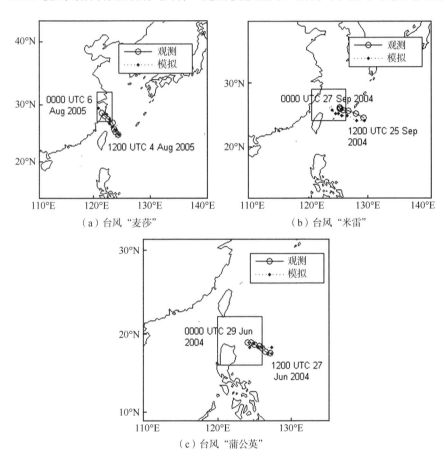

（a）台风"麦莎"　　　　　　　　　　（b）台风"米雷"

（c）台风"蒲公英"

图 4.1　模拟（点线）与观测（实线）的台风路径
图中方框是选取的验证区域(Mu et al.，2009)

3. 目标函数、初始扰动约束的选取

目标函数和扰动约束范数选取相同的度量范数，优化时段选为台风路径模拟时段的后24 小时。此处，分别使用了动能(kinetic energy，KE)和总干能量(total dry energy，TE)作为度量范数。在动能作为度量范数时，侧重考察风场初始误差的影响。此时，目标函数与扰动约束范数分别表示如下：

$$J = \frac{1}{D_2} \int_{D_2} \int_0^1 \left[u_t'^2 + v_t'^2 \right] d\sigma dD_2 \tag{4.1}$$

$$(\delta X_0)^{\mathrm{T}} C_1 (\delta X_0) = \frac{1}{D_1} \int_{D_1} \int_0^1 \left[u_0'^2 + v_0'^2 \right] d\sigma dD_1 \tag{4.2}$$

式中，u_0' 和 v_0' 分别表示初始时刻经向风和纬向风扰动，u_t' 和 v_t' 分别表示验证时刻经向风和纬向风扰动，σ 表示垂直坐标，D_1 和 D_2 分别表示叠加扰动区域和验证区域。

当以干能量作为度量范数时，考察的是风场、温度场、地表气压场的初始误差对预报时刻各物理量的综合影响。此时，目标函数与扰动约束范数分别由下式给出

$$J = \frac{1}{D_2} \int_{D_2} \int_0^1 \left[u_t'^2 + v_t'^2 + \frac{c_{\mathrm{p}}}{T_{\mathrm{r}}} T_t'^2 + R_{\mathrm{a}} T_{\mathrm{r}} \left(\frac{p_{\mathrm{s},t}'}{p_{\mathrm{r}}} \right)^2 \right] d\sigma dD_2 \tag{4.3}$$

$$(\delta X_0)^{\mathrm{T}} C_1 (\delta X_0) = \frac{1}{D_1} \int_{D_1} \int_0^1 \left[u_0'^2 + v_0'^2 + \frac{c_{\mathrm{p}}}{T_{\mathrm{r}}} T_0'^2 + R_{\mathrm{a}} T_{\mathrm{r}} \left(\frac{p_{\mathrm{s},0}'}{p_{\mathrm{r}}} \right)^2 \right] d\sigma dD_1 \tag{4.4}$$

式中，u_0'、v_0'、T_0' 和 $p_{\mathrm{s},0}'$ 表示初始时刻经向风、纬向风、温度和地面气压扰动；u_t'、v_t'、T_t' 和 $p_{\mathrm{s},t}'$ 表示验证时刻经向风、纬向风、温度和地面气压扰动；c_{p}、R_{a}、p_{r} 和 T_{r} 分别表示等压比热容、气体常数、参考气压和参考温度。

由 CNOP 的定义可知，扰动约束范数要小于某一个值 β。此处，在两种能量范数下，分别将扰动约束大小 β 取为 0.000 3 J/kg 与 0.03 J/kg。在后一种约束条件下，得到的 CNOP 的量值大体在预报台风时采用的分析场的误差范围之内。

4.2.2　CNOP 和 FSV 的结构对比

在目标观测中，通常将 CNOP 或 FSV 的大值区作为敏感区。CNOP 和 FSV 的结构决定了两者所识别的敏感区的异同，下面我们将比较 CNOP 与 FSV 的结构。

1. 水平结构比较

对于台风"麦莎"，在采用干能量范数时，不同扰动约束条件下计算得到的 CNOP 和 FSV 如图 4.2 所示。当约束大小 β =0.000 3 J/kg 时，CNOP 和 FSV 的结构在风场和温度场上均很相似。当约束大小 β =0.03 J/kg 时，CNOP 和 FSV 的结构差别较大。当约束值变化幅度增大时，CNOP 的结构、量值均有明显变化，而 FSV 仅在量值上有所不同。在量值上，当约束值为 β =0.000 3 J/kg 时，在 σ = 0.7 层（约 850 hPa）上的温度与风的最大值分别为 0.1 K 和 0.15 m/s。当 β =0.03 J/kg 时，温度和风的最大值分别为 1 K 和 1.5 m/s。此时，温度扰动和风场扰动的大小与分析误差更为接近。为此，下文研究中将约束大小取为 0.03 J/kg。对于台风"米雷"和"蒲公英"，CNOP 与 FSV 的空间结构与约束值大小之间的关系是类似的。同样地，当 β =0.03 J/kg 时，CNOP 和 FSV 的大小更为合理。

此外，扰动约束较小时，CNOP 和 FSV 的结构具有较高的相似性，这表明线性近似成立。当初始扰动约束较大，或者说扰动大小与分析误差相当时，CNOP 和 FSV 的结构

差异较大。此时，线性近似不再成立，两者识别的敏感区也有较大区别。那么能量范数形式不同对 CNOP 与 FSV 的结构有何影响呢？比较图 4.2 与图 4.3 可知，对于台风"麦莎"个例，在使用不同目标函数时，CNOP 与 FSV 中的风场扰动结构十分相似，仅在量级上有所区别。鉴于以干能量为目标函数可以考虑更多的物理量，下文将主要对以干能量为目标函数得到的结果进行分析。

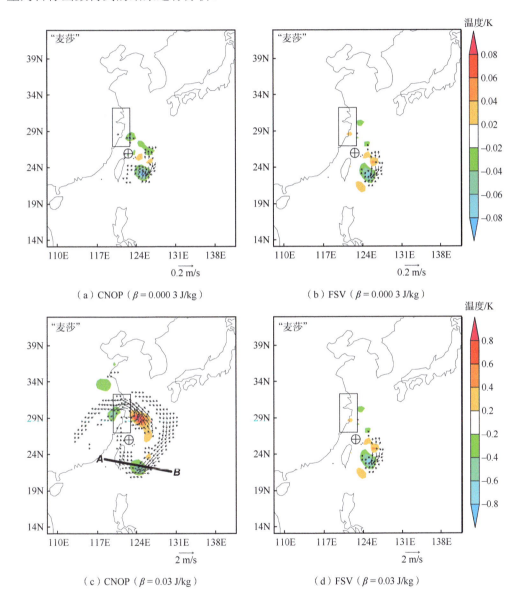

图 4.2　目标函数为干能量范数且优化时长为 24 小时，不同扰动约束下对台风"麦莎"得到 CNOP 与 FSV 在 $\sigma = 0.7$ 层上的空间结构

(a) 和 (b) 分别是 β=0.0003 J/kg 时 CNOP 和 FSV；(c) 和 (d) 分别是 β=0.03 J/kg 时 CNOP 和 FSV。阴影表示温度（单位：K），矢量为风场（单位：m/s）。矩形方框表示验证区域，十字圈表示台风位置
(Mu et al.，2009；有修改)

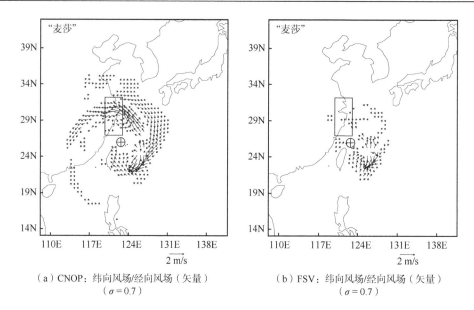

（a）CNOP：纬向风场/经向风场（矢量）
（σ=0.7）

（b）FSV：纬向风场/经向风场（矢量）
（σ=0.7）

图4.3 同图4.2，但目标函数为动能，扰动约束大小为0.03 J/kg

（Mu et al.，2009）

对于另外两个台风，图4.4给出了以干能量为目标函数下CNOP与FSV的空间结构。对于台风"米雷"，CNOP和FSV识别的敏感区较为一致。扰动大值区集中在台风中心的东北。不同的是，CNOP在初始台风位置的西北及东南侧也有局地的温度大值。然而，在台风"蒲公英"个例中，CNOP和FSV的结构差别明显。CNOP的风场从台风中心向外呈现出气旋-反气旋交替结构，温度场则在台风中心北侧呈现为正负交替的结构。在FSV中，尽管风场(温度场)也是气旋-反气旋(正负)交替的结构，但扰动的分布大致相对集中，主要位于台风中心的西北。

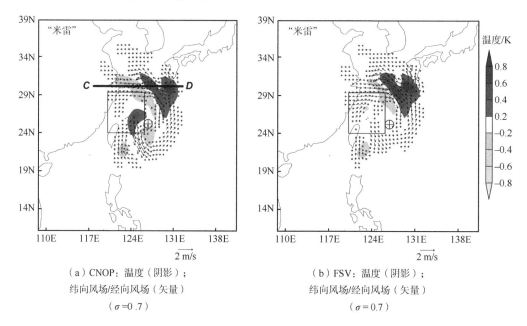

（a）CNOP：温度（阴影）；
纬向风场/经向风场（矢量）
（σ=0.7）

（b）FSV：温度（阴影）；
纬向风场/经向风场（矢量）
（σ=0.7）

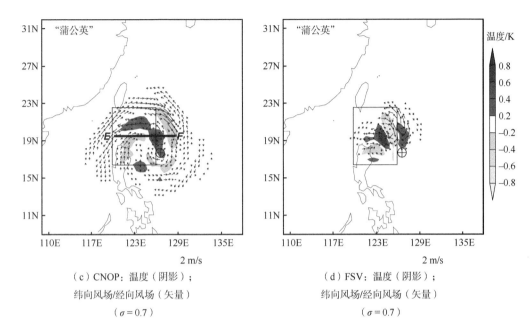

（c）CNOP：温度（阴影）；
纬向风场/经向风场（矢量）
（σ = 0.7）

（d）FSV：温度（阴影）；
纬向风场/经向风场（矢量）
（σ = 0.7）

图 4.4　同图 4.2，但分别为台风"米雷"和"蒲公英"的结果（扰动约束大小为 0.03 J/kg）

（Mu et al.，2009）

2. 垂直结构比较

图 4.5 展示了 CNOP 和 FSV 沿着图 4.2 与图 4.4 中 *AB*、*CD* 和 *EF* 做垂直剖面时的结构。对于所有个例，不论 CNOP 还是 FSV，温度扰动呈现明显的"斜压"结构。对于台风"麦莎"，在 850 hPa 以上，CNOP 倾斜结构比 FSV 更明显，但在 850 hPa 以下，情况则相反。在台风"米雷"中，CNOP 和 FSV 的垂直结构较为相似，这和它们的水平结构也较为相似一致。对于台风"蒲公英"，CNOP 比 FSV 具有更加明显的西斜结构。这种结构有利于初始误差快速发展（Ehrendorfer and Errico，1995），从而一定程度上解释了为何 CNOP 发展得更快。

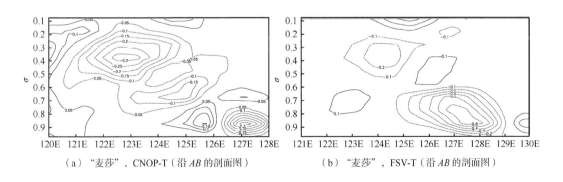

（a）"麦莎"，CNOP-T（沿 *AB* 的剖面图）

（b）"麦莎"，FSV-T（沿 *AB* 的剖面图）

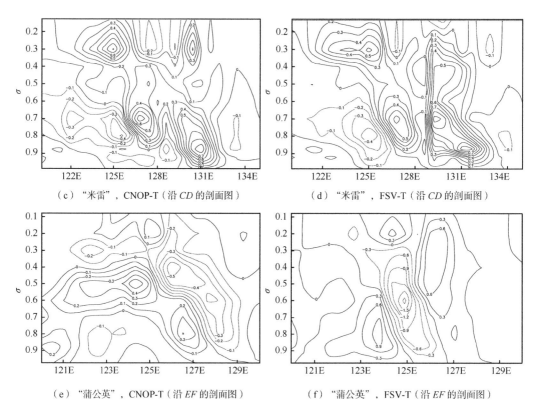

（c）"米雷"，CNOP-T（沿 *CD* 的剖面图）　　　（d）"米雷"，FSV-T（沿 *CD* 的剖面图）

（e）"蒲公英"，CNOP-T（沿 *EF* 的剖面图）　　　（f）"蒲公英"，FSV-T（沿 *EF* 的剖面图）

图 4.5　CNOP 和 FSV 的温度扰动（单位：K）沿 *AB*、*CD*、*EF* 的垂直剖面

（*AB*、*CD*、*EF* 位置参见图 4.2、图 4.4）

（Mu et al.，2009）

3. CNOP 与 FSV 结构差异分析

在涡度方程中，雅可比项对涡旋运动十分重要，其会促使涡旋向西北方向移动（Kitade，1981）。此处，CNOP 型扰动可以产生更大的雅可比非线性项[图 4.6(a)～(b)]，表明 CNOP 比 FSV 对气旋的移动会产生更大的影响。另外，Corbosiero 和 Molinari(2003) 指出，强对流活动也会影响热带气旋的移动。图 4.6(c)～(d)表明，CNOP 和 FSV 的风场和温度场的大值区对应着强的辐合辐散区。这也部分解释了为何 CNOP 和 FSV 会对热带气旋产生较大的影响，同时也说明 CNOP 和 FSV 所识别的敏感区具有确切的物理意义。

4.2.3　扰动发展对比

1. 水平结构的发展

由式(4.2)和式(4.4)可知，当以动能或者干能量为目标函数时，初始扰动没有"比湿"这一项。尽管如此，初始风场、温度场的扰动也会在预报终止时刻引起比湿场的变化。为此，在分别以动能、干能量为目标函数的前提下，下面分别考察 CNOP 和 FSV 在预报终止时刻所导致的风场、温度场和比湿场的变化。

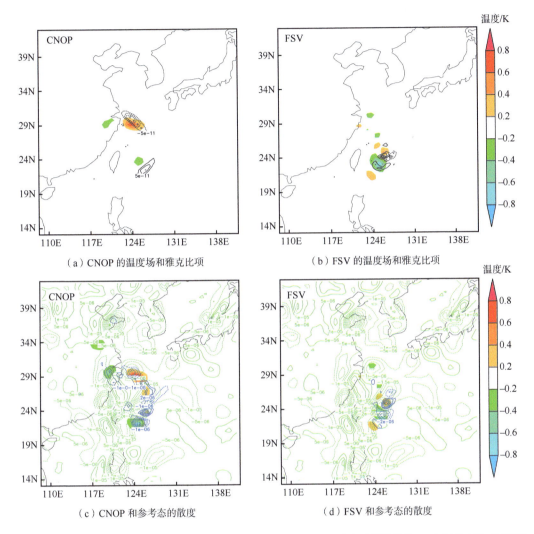

图 4.6　"麦莎"个例中，$\sigma = 0.7$ 层，(a) CNOP 和 (b) FSV 的温度场(阴影单位：K)和雅克比项(等值线单位：s^{-2})，以及 (c) CNOP 和 (d) FSV 的散度(蓝色等值线单位：s^{-1})、参考态的散度(绿色等值线)

(Mu et al.，2009)

对于台风"麦莎"，不同目标函数下优化所得到的 CNOP 在预报终止时刻引起的风场、温度场以及比湿场的变化是相似的[图 4.7(a)～(b)]。对于 FSV，尽管两种目标函数下最终引起的风场与温度场变化相似，但比湿场却有较大差异[图 4.7(c)～(d)]。相比于 FSV，不论是以动能还是干能量为目标函数，CNOP 所引起的预报误差都更大。对于台风"米雷"，由于 CNOP 和 FSV 的结构相似，两者所引起的风场、温度场、比湿场的预报误差也相似[图 4.8(a)～(b)]。相比之下，在"蒲公英"个例中，CNOP 和 FSV 的结构差别较大，因此两者在预报终止时刻引起的风场、温度场和比湿场的变化差别也较为明显。其中，CNOP 引起的变化更显著，也对预报终止时刻验证区域台风的预报影响更大。

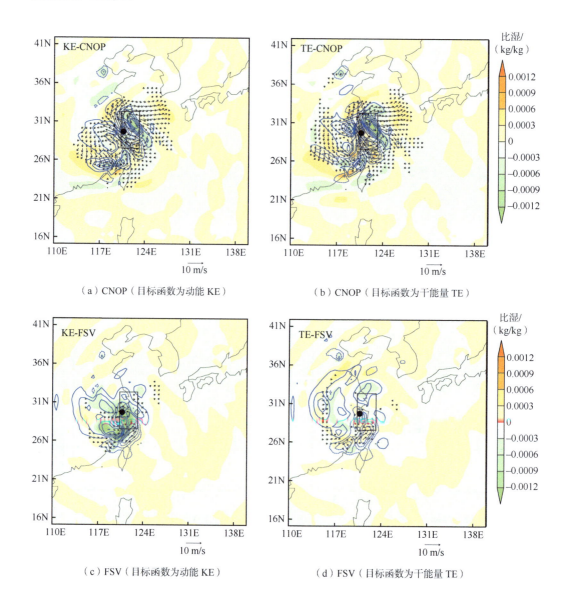

（a）CNOP（目标函数为动能 KE）　　　　　　（b）CNOP（目标函数为干能量 TE）

（c）FSV（目标函数为动能 KE）　　　　　　（d）FSV（目标函数为干能量 TE）

图 4.7　在预报终止时刻，σ=0.7 层，不同目标函数下得到的 CNOP 引起的风场(矢量单位：m/s)、
温度场(等值线单位：K)和比湿场(阴影单位：kg/kg)的变化（"麦莎"个例）
(a)动能(KE)；(b)干能量(TE)。(c)~(d)与(a)~(b)类似，但为 FSV 引起的变化。
图中矩形框为验证区域，黑色实心点表示预报终止时刻的台风位置
(Mu et al.，2009；有修改)

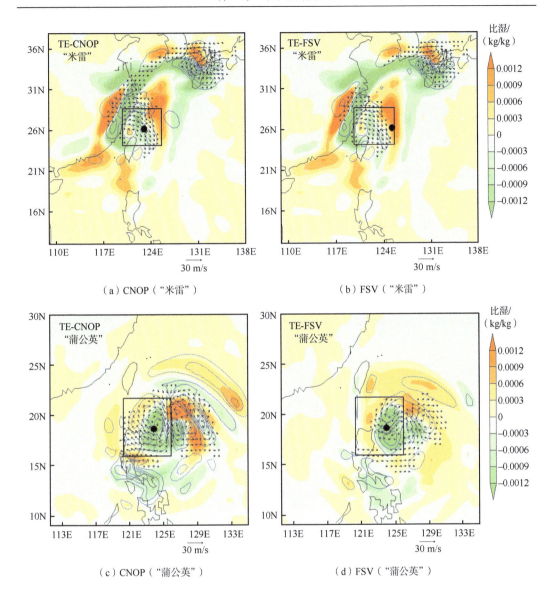

（a）CNOP（"米雷"）　　　　　　　　　　　（b）FSV（"米雷"）

（c）CNOP（"蒲公英"）　　　　　　　　　　　（d）FSV（"蒲公英"）

图 4.8　同图 4.7，但对应目标函数为干能量(TE)时"米雷"(a)～(b)和"蒲公英"(c)～(d)的结果

(Mu et al.，2009)

2. 扰动能量的发展

下面，考察 CNOP 和 FSV 导致的预报误差发展情况。图 4.9 表明，对于三个台风个例，CNOP 均在预报终止时刻导致的误差能量增长最大。其中，对于"米雷"个例，由于 CNOP 和 FSV 的结构较为相似，两者引起的预报误差能量在预报前期非常接近。在预报 21 小时后，两者的差别才逐渐显现。最终，CNOP 型初始误差导致了更大的预报误差[图 4.9(b)]。此外，在"蒲公英"个例中，不论是 CNOP 还是 FSV，所引起的误差能量增长均非单调递增。需要指出的是，尽管 CNOP 不能在每个时刻都导致较大的预报

误差，但是在预报终止时刻，其总是引起较大的预报误差。

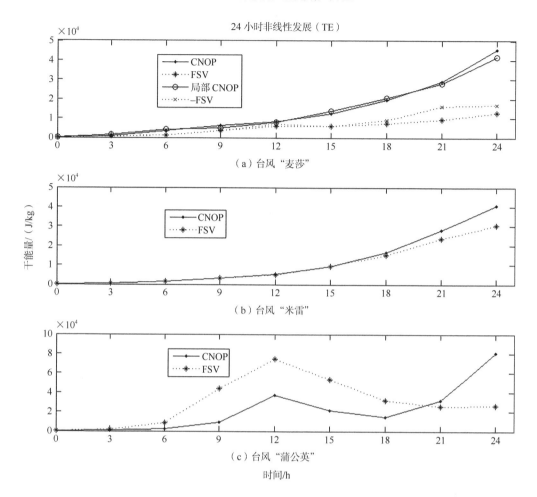

图 4.9　不同类型初始误差（CNOP、FSV、局部 CNOP、–FSV）所引起的
台风预报误差干能量（TE）的非线性发展

（Mu et al.，2009）

4.3　CNOP 敏感区的有效性研究

　　下面将分别从理想回报试验、观测系统模拟试验（OSSEs）和观测系统试验（OSEs）
对 CNOP 敏感区的有效性进行检验。在理想回报试验中，假设真值已知，考察在敏感区
内直接减小初始误差对预报的影响；OSSEs 指的是，通过在真值上添加扰动（误差）产
生模拟观测资料，进而同化上述观测后对预报的改善程度；OSEs 指直接在敏感区内同
化真实观测资料，进而判别敏感区的有效性。从理想回报试验到观测系统试验是从理论
到外场业务实践的过程。

4.3.1　理想回报试验

在初始场中分别减小 CNOP 型和 FSV 型初始误差，考察对预报的改善程度。采用公式如下：

$$J_1(\delta X_0) = [PM(X_0 + \delta X_0) - PM(X_0)]^T C[PM(X_0 + \delta X_0) - PM(X_0)] \tag{4.5}$$

$$J_2(\delta X_0) = [PM(X_0 + c\delta X_0) - PM(X_0)]^T C[PM(X_0 + c\delta X_0) - PM(X_0)] \tag{4.6}$$

式中，c 为某一小于 1 的常数（$0<c<1$，分别取为 0.25、0.50、0.75），其大小表示对相应误差的振幅。P 是投影矩阵，验证区内元素取值为 1，验证区外则为 0；δX_0 为干能量范数度量下的 CNOP 或者 FSV；$J_1(\delta X_0)$ 为由 CNOP 或者 FSV 导致的预报误差；$J_2(\delta X_0)$ 为将 CNOP 或者 FSV 减小后导致的预报误差。预报技巧改进程度定义如下：

$$\frac{J_1(\delta X_0) - J_2(\delta X_0)}{J_1(\delta X_0)} \tag{4.7}$$

对于三个台风个例，将 CNOP 或 FSV 减小的幅度越大，误差振幅越小，预报技巧改进越多（表 4.1）。当减小相同幅度时，减小 CNOP 误差总可以使预报技巧得到更大提升。对于"米雷"个例中，由于线性近似基本成立，减小 CNOP 和 FSV 所引起的预报改善相当。对于"蒲公英"个例，减小 FSV 对预报改善效果有限，在某些情况下预报技巧甚至降低。这是因为 FSV 是在线性模式计算得到的，在非线性模式中增长可能相对缓慢，甚至低于更小误差的增长速度。目前，FSV 已被应用于目标观测敏感区的识别（Bergot，1999）。相比于 FSV，CNOP 可以导致更大的预报误差，减小 CNOP 又可以带来更好的预报结果。因此，将 CNOP 用于目标观测敏感区的识别更具有潜在的意义与价值。

表 4.1　将 CNOP 或 FSV 的大小减小至原来的 c 倍时验证区内预报技巧的改进程度

系数 c	"麦莎"		"米雷"		"蒲公英"	
	CNOP	FSV	CNOP	FSV	CNOP	FSV
0.25	86.4%	46.5%	94.8%	92.1%	84.8%	25.1%
0.50	69.9%	26.3%	75.0%	67.3%	53.8%	7.5%
0.75	49.4%	15.3%	42.0%	35.7%	24.1%	−5.3%

4.3.2　观测系统模拟试验

与理想回报试验不同，OSSEs 和 OSEs 需要借助数值模式的资料同化系统来完成。资料同化是把不同来源的观测数据通过一系列的处理、调整最终能够综合进行运用的一个过程，其能够为数值预报提供更好的初始场。OSSEs 和 OSEs 的原理如图 4.10 所示。在每一组试验中，首先需要一个对照的控制预报试验（control experiments，Ctrl），在这个预报中没有同化任何观测资料；在第二个预报中可以同化不同的观测资料，如同化所有可用的观测资料（All）、敏感区内的观测资料（Sen）等。如果将每个预报中固定间隔（如

6 小时)的台风中心位置、强度标记出来,那么不同预报之间的对比则表明同化不同观测资料对台风预报的影响。例如,Ctrl 和 All 的差别表明同化所有观测后引起的预报变化;All 和 Sen 的差别表明同化所有观测与只同化敏感区内的观测对预报的影响;不同的 Sen 则表明同化不同敏感区内观测对预报的影响。需要指出,在 OSSEs 中,同化的观测是人造的、符合一定统计特征的模拟观测;在 OSEs 中,同化的是真实观测。

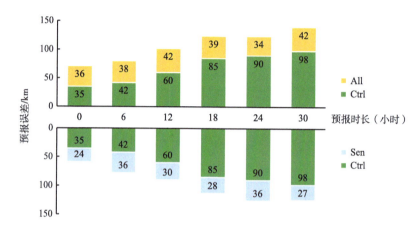

图 4.10　OSSEs 和 OSEs 原理示意图

Ctrl:没有同化任何观测资料、间隔 6 小时的预报误差;All(Sen):在 0 时刻同化所有可用(敏感区内)观测资料后的预报误差。相较于 Ctrl,All(Sen)预报误差减小(增加)表明观测提高(降低)了预报技巧

1. 观测系统模拟试验

利用 OSSEs 对 2009 年 7 个台风的 CNOP 敏感区和 SVs 敏感区进行了有效性检验。表 4.2 列出了这 7 个台风个例的基本信息,包括:台风名称(第一行)、预报起始时间(第二行;例如"082012"代表 8 月 20 日 12 时)、不同预报时刻下 Ctrl 试验的路径预报误差(3-11 行)、台风移动方向(12 行)。

表 4.2　台风个例 Ctrl 试验中的路径预报误差和台风移动方向

台风名称	"环高"	"彩虹"	"巨爵"	"彩云"	"凯萨娜"	"银河"	"妮妲"
预报起始时间	082012	091000	091306	091700	092618	102918	112806
24 h	251.3	110	211.6	88.7	168.3	11	125.4
30 h	305.0	132.9	171.1	85.9	155.6	59.2	213.6
36 h	323.5	128.8	222.7	125.4	155.6	188.3	287.9
42 h	365.7	188.3	204.6	192.1	189.9	267.9	282.4
48 h	487.2	157.5	233.9	275.7	194.9	216.7	282.4
54 h	364.2	39.7	266.1	268.5	184.4	153.2	493.0
60 h	261.5	59.2	297.2	260.8	165.4	226.8	376.3
66 h	354.7	144.7	537.7	49.2	125.1	—	—
72 h	199.2	—	—	—	101.4	—	—
移动方向	向北	向西	西北	打转	向西	向西	停滞

这里以台风"银河"（Mirinae）为例进行分析，图 4.11 展示了用 CNOP 方法和 SVs 方法确定的目标观测敏感区（阴影）以及背景场中 $\sigma=0.5$ 层（约 500 hPa）上的流场。可以看出，CNOP 和 SVs 确定的敏感区有较大区别：前者位于台风行进方向的右侧，主要分布在台风与其西北方位的副热带高压之间的相互作用区；后者位于台风起始位置的左侧，即台风银河与其后紧随的另一个台风之间的鞍形区域。在这两个敏感区内，分别模拟了 23 个下投探空仪的观测点（图中方点）。在每一个观测点上，假设探空仪下降过程中均获得了 200 hPa、500 hPa、850 hPa 高度上的风场和温度场的观测。利用 MM5 模式的三维变分资料同化系统，将这些资料的信息传递给模式、产生新的初始场。

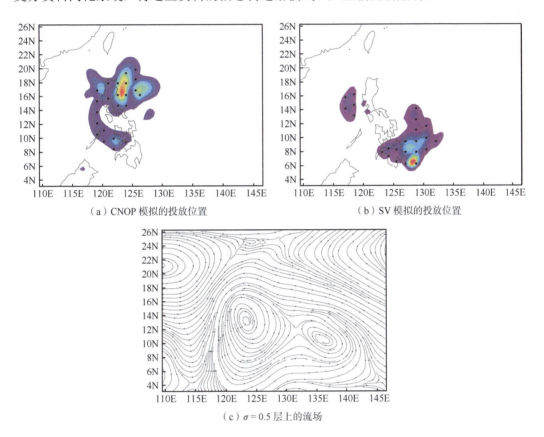

（a）CNOP 模拟的投放位置　　　　　　　　　（b）SV 模拟的投放位置

（c）$\sigma=0.5$ 层上的流场

图 4.11　用 CNOP(a)和 SVs(b)方法确定的台风个例"银河"（Mirinae）目标观测敏感区，
以及(c)$\sigma=0.5$ 层上的流场分布。图(a)～(b)中方形为模拟的下投探空仪投放位置

(Qin and Mu，2011a)

使用新的初始场再次对该台风路径进行预报，并每间隔 6 小时对台风中心进行定位。通过与观测数据对比，得到预报 24～60 小时内的路径误差，见图 4.12（a）中菱形所示。如果菱形位于对角线以上，则表明同化模拟观测资料后路径预报误差增加（即预报技巧下降）；相反，若菱形位于对角线以下，则表明路径预报技巧提高。可以看到，多数菱形都位于对角线以下，尤其当预报时长超过 30 小时后，更加明显。这表明，在 CNOP

和 SVs 确定的敏感区内进行目标观测，能够提高该台风路径预报技巧。

需要指出，路径预报误差在 24 小时出现了大幅增加。分析表明，这与控制预报在该时刻对台风中心位置的精准预测有关。虽然 CNOP 敏感区内的观测使得该时刻路径预报相对误差增加了 300%，但其绝对误差只有 35.7 km，远小于当前业务化预报的平均水平。如果对 30～60 小时的路径预报误差进行平均，在 CNOP(SVs)敏感区内进行观测可以使得路径预报误差平均下降 14.6%(17.6%)。对所有 7 个个例，发现在 CNOP 敏感区进行目标观测，可以使得路径预报误差减小 13% 至 46%，而在 SVs 敏感区进行目标观测后，这一数值大小为 14% 到 25%。可见，CNOP 方法确定的目标观测敏感区对改善台风路径预报技巧是有帮助的。

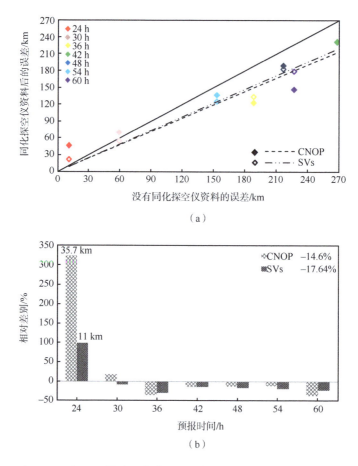

图 4.12　在 CNOP 和 SVs 敏感区内分别同化模拟观测后，台风"银河"(Mirinae)
在 24～60 小时内的(a)路径预报误差及(b)预报技巧改进程度

(Qin and Mu，2011a)

2. 观测系统试验

OSEs 是在 OSSEs 的基础上，将同化"模拟"的观测资料替代为真实观测。此时，在敏感区进行目标观测的有效性,是敏感区、资料同化方案和观测共同作用的体现。由于模式误差与资料同化方案的影响,OSEs 对台风预报技巧的改善程度在三种检验方案中有可能是较低的,但却是最接近实际情况的。在 2003~2009 年的 DOTSTAR 外场试验中,共对 20 个台风进行了机载探空仪的目标观测,获得了宝贵的观测资料。针对这 20 个台风个例,分别利用 CNOP 和 FSV 方法确定了目标观测敏感区,通过 MM5 的三维变分资料同化系统同化不同敏感区内的相应观测资料,来检验目标观测的有效性。

此处,以台风"妮妲"(200922)为例进行分析。图 4.13(a)给出外场试验投放的探空仪数量和位置,共投放了 15 个探空仪。通过与参考态中 500 hPa 位势高度以及 300~850 hPa 深层平均风[图 4.13(d)]进行比较,发现 CNOP 和 FSV 方法确定的共同敏感区[图 4.13(b)~(c)]位于台风中心位置的西南象限,对应着越赤道气流。此外,CNOP 方法还在台风与其东北方位的副热带高压间确定出一个局地的敏感区。基于这些信息,进行了以下几组观测系统试验:①同化所有 15 个探空仪资料;②同化 CNOP 敏感区内的第 2~5 号探空仪资料;③同化 FSV 敏感区内的 10~13 号探空仪资料;④同化 6~9 号探空仪资料。这些试验分别代表同化所有观测与在 CNOP 敏感区、FSV 敏感区及随机区域内的观测资料。

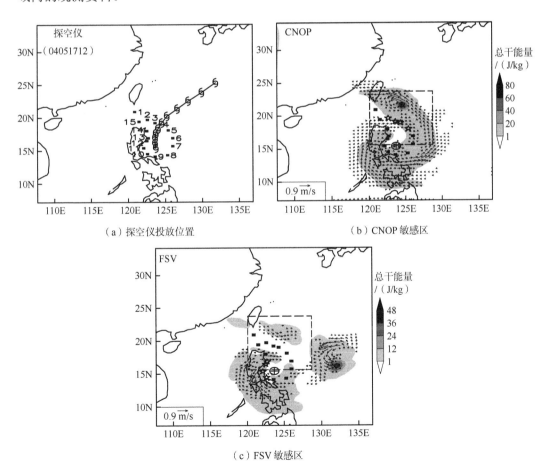

（a）探空仪投放位置　　　　　　　（b）CNOP 敏感区

（c）FSV 敏感区

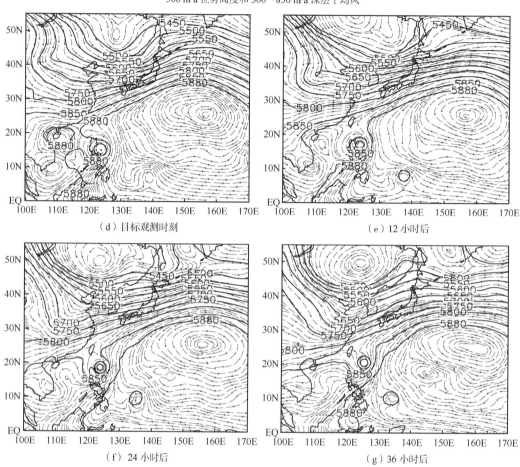

图 4.13 （a）DOTSTAR 中对台风"妮妲"（200922）投放的探空仪位置及（b）CNOP 和（c）FSV 方法确定的敏感区位置，（d）～（g）目标观测时刻及其后 36 小时（间隔 12 小时）的 500 hPa 位势高度（实线单位：m）与 300～850 hPa 深层平均风（虚线）

（Chen et al.，2013）

按照以上试验设计，对 20 个台风个例都进行了同化试验。图 4.14 给出了同化不同观测后台风路径预报技巧的改善情况。整体而言，目标观测后多数预报结果变好，少数预报结果变差。平均而言，预报技巧改善程度要大于其下降程度；同化 CNOP 敏感区内观测对路径预报技巧的改善等于（甚至大于）同化所有探空仪资料的改善效果，优于同化 FSV 敏感区及其它敏感区内观测的结果。此外，在沿用 MM5 模式计算得到的敏感区基础上，使用 NCEP 和 NCAR 等机构合作开发的更为先进的 WRF 模式（the weather research and forecasting model）重复上述试验，得到的结论不变。这也在一定程度上说明，当模式能够刻画台风发展演变的主要动力与物理过程时，不需要过分担忧目标观测效果对模式的依赖性。

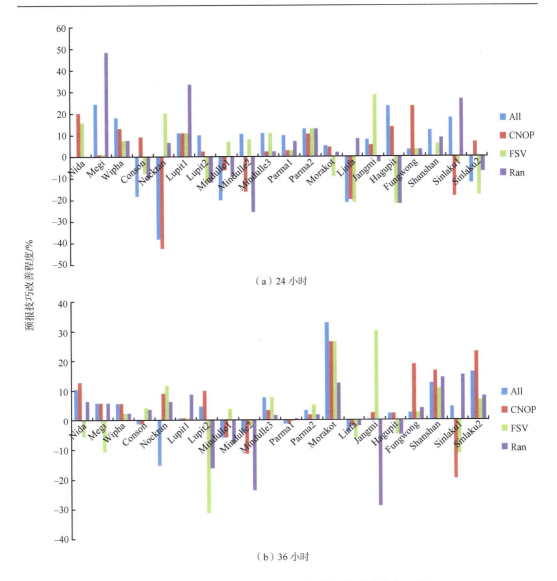

（a）24 小时

（b）36 小时

图 4.14　针对 20 个台风个例，进行不同 OSEs 后预报技巧的改进程度。其中，All、CNOP、
FSV、Ran 分别表示同化所有、CNOP 敏感区、FSV 敏感区及随机区域内的观测资料
（Chen et al.，2013）

4.4　台风目标观测的延伸研究

目前，CNOP 方法已被用于我国近海热带气旋目标观测的外场试验。自 2020 年起，中国科学院大气物理研究所联合复旦大学、国家气象卫星应用中心、香港天文台等多家单位，启用风云四号卫星择机对我国近海热带气旋实施目标观测外场试验。目前，已利用卫星上的干涉式大气垂直探测仪（geostationary interferometric infrared sounder，GIIRS），对 2020～2021 年 5 个热带气旋个例，即"灿鸿"（2020）、"美莎克"（2020）、

"海高斯"（2020）、"灿都"（2021）、"康森"（2021），进行了目标观测外场试验（Feng et al.，2022）。在实施观测前，利用 CNOP 方法确定了观测敏感区，并将该敏感区提供给国家气象卫星应用中心，用于调整风云四号卫星的扫描区域。基于经过反演的温度、水汽资料，对这 5 个热带气旋进行了 8 组观测系统试验。其中，"灿鸿"（2020）、"美莎克"（2020）、"灿都"（2021）各两组，"海高斯"（2020）、"康森"（2021）各一组。

　　针对"灿鸿"（2020）和"美莎克"（2020），由 GIIRS 观测反演的 400～700 hPa 高度上的温度，如图 4.15 所示。与常规观测相比，目标观测的密度更高，几乎覆盖热带气旋的外围区域。但是，由于热带气旋内对流活动旺盛、云层深厚密集，使得该区域内观测明显稀疏。在预报时长超过 2.5 天的情况下，目标观测对路径预报的改善更为明显（图4.16）。在 3～3.5 天时，路径预报误差平均减小约 100 km。

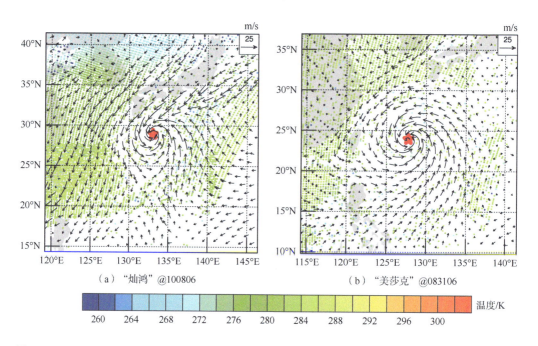

图 4.15　风云四号卫星对（a）"灿鸿"与（b）"美莎克"观测反演后的 400～700 hPa 高度上的温度场（填色）。其中，矢量为背景场的 10 m 风场，红星为热带气旋中心位置

（Feng et al.，2022）

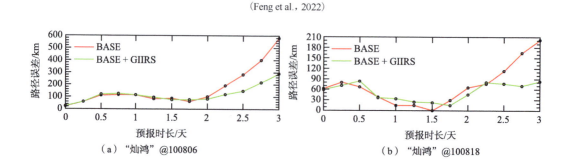

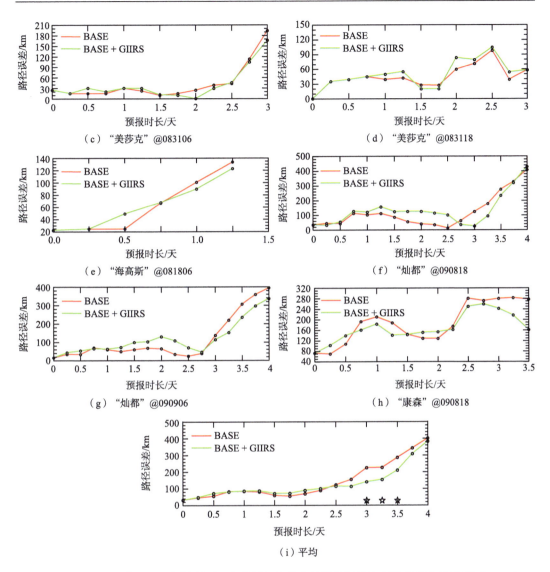

图 4.16　(a)～(h)同化不同观测资料后 8 个热带气旋的路径预报误差演变及(i)平均结果(单位：km)。
其中，红线为同化常规观测(BASE)，绿线为常规观测+GIIRS 目标观测，五角星表示两者差异
通过 95%的显著性检验

(Feng et al., 2022)

　　为了提高南海区域台风预报精度，上述科研院所和业务部门针对 2022 年 07 号台风
"木兰"联合开展了风云四号卫星高光谱探测仪和香港机载下投探空仪协同的台风加密
观测试验(图 4.17)。在实施观测前 3 天采用 CNOP 方法确定了目标观测敏感区，并最终
将风云四号卫星高光谱探测仪的扫描范围确定为海南岛东南部一带(105 °E～125 °E，
10 °N～35 °N)。与此同时，下投探空仪、平飘式探空仪分别在台风"木兰"中心附近、
我国南部沿海上空进行加密观测，观测时段为 8 月 8 日 8 时至 8 月 10 日 8 时。
　　加密观测的资料实时被同化至国家气象中心的业务预报模式，对台风"木兰"进行

路径、强度及引发降水的预报，并及时对公众发布。加密观测显著提升了预报技巧（图4.18）。进行加密观测前，台风"木兰"预计将往西北方向移动冲击雷州半岛；加密观测后，台风"木兰"预计先西行靠近海南岛，然后折向北——这与后期台风"木兰"的实际路径更为接近。强度和降水预报方面，加密观测使得最大风速预报误差平均减小 11%，中等强度以上降水级别的预报评分也有所提升。

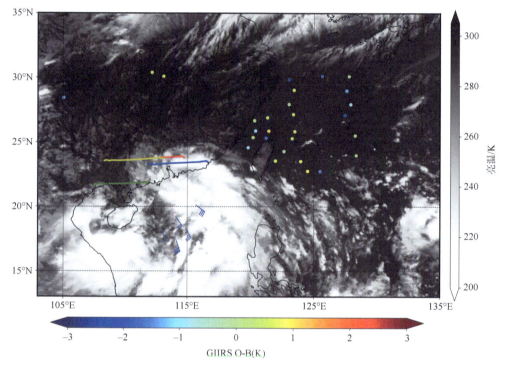

图 4.17　2022 年 8 月 9 日 6 时（标准时）前后加密观测示意图

黑白图为风云四号 B 星观测的亮温；风标为下投探空仪观测；彩色实线为平飘探空仪观测。
彩色圆点为质控前后长波通道观测的亮温差

（Chan et al.，2023）

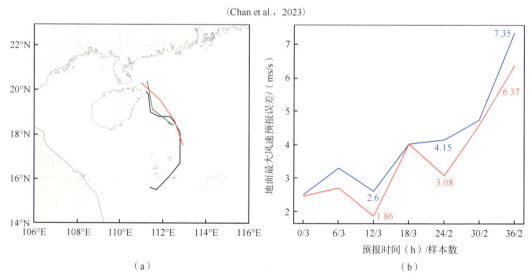

（a）　　　　　　　　　　　　　（b）

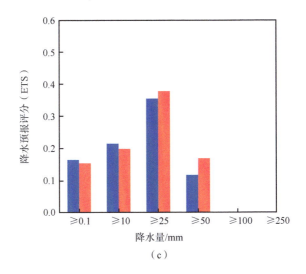

图 4.18　加密观测前、后台风"木兰"预报对比

(a)黑色：实际路径；红(绿)色：加密观测前(后)预报路径。(b)加密观测前(蓝)、后(红)近地面最大风速预报误差。
(c)加密观测前(蓝)、后(红)各等级降水预报评分(ETS)

(Chan et al.，2023)

4.5　结论和讨论

　　本章介绍了 CNOP 方法在台风目标观测研究中的应用。首先，探讨了在不同目标函数以及扰动约束大小下 CNOP 的结构特征，并与相同条件下的 FSV 进行了对比。结果表明，CNOP 的结构特征使其具有更大的非线性发展，进而导致了更大的台风预报误差，这为 CNOP 应用于台风目标观测奠定了基础。随后，分别从理想回报试验、观测系统模拟试验(OSSEs)和观测系统试验(OSEs)对 CNOP 目标观测的有效性进行了检验。所有试验结果都表明，相比于 FSV，CNOP 方法所识别的台风观测敏感区更有效。最后，通过业务化观测，证实了 CNOP 方法在我国近海热带气旋目标观测中的有效性。

　　随着全球变暖，极端天气气候事件频发，极端事件的预报面临重大挑战。常规的观测已经不能满足对极端事件预报的要求，目标观测的重要性日益凸显。笔者相信，在科研人员与业务部门的紧密合作配合下，随着人工智能与算力的发展，目标观测一定会对提高极端天气气候事件的预报能力，发挥越来越大的作用。

参 考 文 献

穆穆, 王洪利, 周菲凡. 2007. 条件非线性最优扰动方法在适应性观测研究中的初步应用. 大气科学, 31(6)：1102-1112.

Aberson S D, Majumdar S J, Reynolds C A, et al. 2011. An observing system experiment for tropical cyclone targeting techniques using the global forecast system. Mon Wea Rev, 139: 895-907.

Ancell B C, Mass C F. 2006. Structure, growth rates, and tangent linear accuracy of adjoint sensitivities with respect to horizontal and vertical resolution. Mon Wea Rev, 134: 2971-2988.

Bergot T. 1999. Adaptive observations during FASTEX: A systematic survey of upstream flights. Quart J Roy Meteor Soc, 125: 3271-3298.

Birgin E G, Martinez J E, Marcos R. 2001. Algorithm 813: SPG-software for convex-constrained optimization. ACM Trans. Math Softw, 27: 340-349.

Bishop C H, Toth Z. 1999. Ensemble transformation and adaptive observations. J Atmos Sci, 56: 1748-1765.

Bishop C H, Etherton B J, Majumdar S J. 2001. Adaptive sampling with the ensemble transform Kalman filter. Part I: Theoretical aspects. Mon Wea Rev, 129: 420-436.

Buizza R, Cardinali C, Kelly G et al. 2007. The value of targeted observations. Part II: The value of observations taken in singular vectors-based target areas. Quart J Roy Meteor Soc, 133: 1817-1832.

Chan P W, Han W, Mak B, et al. 2023. Ground-space-sky observing system experiment during tropical cyclone Mulan in August 2022. Adv Atmos Sci, 40(2): 194-200.

Chen B Y, Mu M. 2012. The roles of spatial locations and patterns of initial errors in the uncertainties of tropical cyclone forecasts. Adv Atmos Sci, 29: 63-78.

Chen B Y, Mu M, Qin X H. 2013. The impact of assimilating dropwindsonde data deployed at different sites on typhoon track forecasts. Mon Wea Rev, 141: 2669-2682.

Chou K H, Wu C C, Lin P H, et al. 2011. The impact of dropwindsonde observations on typhoon track forecasts in DOTSTAR and T-PARC. Mon Wea Rev, 139: 1728-1743.

Corbosiero K L, Molinari J. 2003. The relationship between storm motion, vertical wind shear, and convective asymmetries in tropical cyclones. J Atmos Sci, 60: 366-376.

Dudhia J. 1993. A nonhydrostatic version of the Penn State/NCAR mesoscale model: Validation tests and simulation of an Atlantic cyclone and cold front. Mon Wea Rev, 121: 1493-1513.

Ehrendorfer M, Errico R M. 1995. Mesoscale predictability and the spectrum of optimal perturbations. J Atmos Sci, 52: 3475-3500.

Feng J, Qin X H, Wu C Q. 2022. Improving typhoon predictions by assimilating the retrieval of atmospheric temperature profiles from the FengYun-4A's geostationary interferometric infrared sounder(GIIRS). Atmospheric Research, 280: 106391.

Gelaro R, Langland R. H, Rohaly G D et al. 1999. An assessment of the singular-vector approach to targeted observations using the FASTEX dataset. Quart J Roy Meteor Soc, 125: 3299-3327.

Hamill T M, Snyder C. 2002. Using improved background-error covariance from an ensemble kalman filter for adaptive observations. Mon Wea Rev, 130: 1552-1572.

Kitade T. 1981. A numerical study of the vortex motion with barotropic models. J Meteor Soc Japan, 59: 801-807.

Langland R H, Toth Z, Gelaro R, et al. 1999. The North Pacific Experiment(NORPEX-98): Targeted observations for improved North American weather forecasts. Bull Amer Meteor Soc, 80: 1363-1384.

Majumdar S J, Aberson S D, Bishop C H, et al. 2006. A comparison of adaptive observing guidance for Atlantic tropical cyclones. Mon Wea Rev, 134: 2354-2372.

Mu M. 2013. Methods, current status, and prospect of targeted observation. Sci China Ser D-Earth Sci, 56: 1997-2005. doi: 10.1007/s11430-013-4727-x.

Mu M, Duan W S, Wang B. 2003. Conditional nonlinear optimal perturbation and its applications. Nonlin Process Geophys, 10: 493-501.

Mu M, Zhou F F, Wang H L. 2009. A method for identifying the sensitive areas in targeted observations for tropical cyclone prediction: conditional nonlinear optimal perturbation. Mon Wea Rev, 137: 1623-1639.

Mu B, Ren J H, Yuan S J, et al. 2019. Identifying typhoon targeted observations sensitive areas using the gradient definition based method. Asia-Pacific J Atmos Sci, 55: 195-207.

Palmer T N, Gelaro R, Barkmeijer J, et al. 1998. Singular vectors, metrics, and adaptive observations. J Atmos Sci, 55: 633-653.

Qin X H, Mu M. 2011a. Influence of conditional nonlinear optimal perturbations sensitivity on typhoon track forecasts. Quart J Roy Meteor Soc, 138: 185-197.

Qin X H, Mu M. 2011b. A study on the reduction of forecast error variance by three adaptive observation approaches for tropical cyclone prediction. Mon Wea Rev, 139: 2218-2232.

Qin X H, Mu M, Duan W S. 2013. Conditions under which CNOP sensitivity is valid for tropical cyclone adaptive observations. Quart J Roy Meteor Soc, 139: 1544-1554.

Rabier F, Gauthier P, Cardinali C, et al. 2008. An update on THORPEX-related research in data assimilation and observing strategies. Nonlin Process Geophys, 15: 81-94.

Snyder C. 1996. Summary of an informal workshop on adaptive observations and FASTEX. Bull Amer Meteor Soc, 77: 953-961.

Szunyogh I, Toth Z, Morss R E, et al. 2000. The effect of targeted dropsonde observations during the 1999 Winter Storm Reconnaissance Program. Mon Wea Rev, 128: 3520-3537.

Wu C C, Lin P H, Chou K H, et al. 2005. Dropwindsonde observations for typhoon surveillance near the Taiwan region(DOSTAR): An overview. Bull Amer Meteor Soc, 86: 787-790.

Wu C C, Chen J H, Lin P H, et al. 2007. Targeted observations of tropical cyclone movement based on the Adjoint-Derived Sensitivity Steering Vector. J Atmos Sci, 64: 2611-2626.

Zhang L, Yuan S J, Mu B, et al. 2017. CNOP-based sensitive areas identification for tropical cyclone adaptive observations with PCAGA method. Asia-Pac J Atmos Sci, 53(1): 63-73.

Zhang L, Mu B, Yuan S J, et al. 2018. A novel approach for solving CNOPs and its application in identifying sensitive regions of tropical cyclone adaptive observations. Nonlin Process Geophys, 25: 693-712.

Zhou F F, Mu M. 2011. The impact of verification area design on tropical cyclone targeted observations based on the CNOP method. Adv Atmos Sci, 28(5): 997-1010.

Zhou F F, Mu M. 2012a. The Impact of Horizontal Resolution on the CNOP and on Its Identified Sensitive Areas for Tropical Cyclone Predictions. Adv Atmos Sci, 29: 36-46.

Zhou F F, Mu M. 2012b. The time and regime dependences of sensitive areas for tropical cyclone prediction using the CNOP method. Adv Atmos Sci, 29: 705-716.

Zou X L, Vandenberghe F, Pondeca M, et al. 1997. Introduction to adjoint techniques and the MM5 adjoint modeling system. NCAR Technical Note, NCAR/TN-435-STR, 117pp.

第 5 章　CNOP-I 方法在阻塞和 NAO 可预报性研究中的应用

5.1　引　言

　　阻塞高压是在西风带长波槽脊的发展过程中形成的含有闭合高压中心的准静止长波脊。它稳定少动、持续时间长，常和切断低压相伴出现。Rex(1950)给出了阻塞高压的定义：在地面图和 500 hPa 等压面图上必须同时出现闭合等值线；在 500 hPa 等压面，高压将西风急流分为南北两支；高压中心位于 30 °N 以北；持续时间不少于 5 天。阻塞高压的建立和崩溃，常伴随着一次大范围大气环流形势的剧烈转变，对天气、气候有重要影响。在此期间，数值天气预报经常失效(Tibaldi and Molteni，1990；Kimoto et al.，1992)。因此，探讨阻塞的可预报性问题，对于提高阻塞的预报能力具有重要意义。

　　北大西洋涛动(north Atlantic oscillation，NAO)指的是冰岛低压和亚速尔高压两个大气活动中心气压的负相关关系，在等压面上表现为格陵兰岛南部和副热带地区位势高度场的负相关关系(Walker，1928)。当 NAO 处于正位相(NAO+)时，冰岛低压、亚速尔高压两个大气活动中心同时加强，北大西洋地区呈现出纬向环流特征；当 NAO 处于负位相(NAO–)时，这两个大气活动中心同时减弱，北大西洋地区呈现出经向环流特征。NAO 是冬季北半球最为显著的大气低频模态之一，其本质时间尺度在两周左右(Feldstein，2003)。NAO–与阻塞非常相像(Luo et al.，2007a，2007b)，其对北半球的天气、气候也有重要影响(Hurrell，1995；Thompson and Wallace，2000；Thompson et al.，2000)。因此，研究 NAO 在天气时间尺度的可预报性同样具有重要意义。

　　早在 1965 年，Lorenz 指出大气中的小扰动可能增长非常快，以至于在一定时间内可能影响到大尺度环流，一些文献中用线性奇异向量(SV)研究这种最快增长扰动。Molteni 和 Palmer(1993)采用能量范数意义下的 SV 研究北半球冬季大气环流有限时间内的不稳定性，结果表明，SV 与大气环流转型存在联系。Buizza 和 Molteni(1996)使用 SV 方法研究了阻塞发展过程中的正压动力机制，指出阻塞脊上游的最快增长扰动对局地偶极子阻塞的形成起着重要作用。Frederiksen(2000)研究了阻塞发展期间不同范数意义下的 SV，指出 SV 与伴随模态、最大敏感性扰动相似。

　　值得注意的是，大气和海洋的运动都受复杂的非线性系统支配。因此，线性近似必然有一定的局限性。Oortwijn 和 Barkmeijer(1995)指出，即使在线性框架下，第一 SV 也并非激发阻塞的最优扰动。Barkmeijer(1996)对线性最快增长扰动作了修改，考虑了部分非线性的作用。Oortwijn 和 Barkmeijer(1995)、Oortwijn(1998)考虑非线性的作用，采用迭代方法获得了激发阻塞的最优扰动。

　　阻塞和 NAO 的形成过程是一个非线性初值问题(Shutts，1983；Luo et al.，2007a，

2007b)。CNOP-I 是不做线性近似，考虑完整非线性过程的方法。本章将利用 CNOP-I 方法针对阻塞和 NAO 寻找其非线性框架下的最优初始扰动，期望能够更全面地抓住关于初始扰动空间模态的信息，从而为天气环流转型的成功预报提供新思路。

5.2　T21L3 斜压准地转模式

针对阻塞和 NAO 最优扰动的计算，采用 T21L3 斜压准地转模式。该模式是一个全球谱模式，气压为垂直坐标(Marshall and Molteni，1993)。模式中包含地形项，同时外强迫项为经验强迫函数。水平场采用球谐三角截断，总波数为 21(T21)，转化成高斯网格，相当于 64 个经度×32 个纬度。模式积分变量为三个等压面上的位势涡度：200 hPa(第一层)、500 hPa(第二层)、800 hPa(第三层)。相应的切线性模式以及伴随模式为单精度格式。由于其使用方便，此模式已在阻塞可预报性与集合预报等研究领域中得到了广泛的应用(Molteni and Palmer，1993；Houtekamer and Derome，1995；Houtekamer and Mitchell，1998；Ehrendorfer，2000)。

非线性 T21L3 斜压准地转模式方程如下：

$$
\begin{aligned}
\frac{\partial q_1}{\partial t} &= -J(\psi_1, q_1) - D_1(\psi_1, \psi_2) + S_1 \\
\frac{\partial q_2}{\partial t} &= -J(\psi_2, q_2) - D_2(\psi_1, \psi_2, \psi_3) + S_2 \\
\frac{\partial q_3}{\partial t} &= -J(\psi_3, q_3) - D_3(\psi_2, \psi_3) + S_3
\end{aligned}
\tag{5.1}
$$

式中，ψ_1、ψ_2、ψ_3 分别为 200 hPa、500 hPa、800 hPa 的流函数场；q_1、q_2、q_3 为对应的位势涡度，此处，分别定义为

$$
\begin{aligned}
q_1 &= \nabla^2 \psi_1 - R_1^{-2}(\psi_1 - \psi_2) + f \\
q_2 &= \nabla^2 \psi_2 + R_1^{-2}(\psi_1 - \psi_2) - R_2^{-2}(\psi_2 - \psi_3) \\
q_3 &= \nabla^2 \psi_3 + R_2^{-2}(\psi_2 - \psi_3) + f\left(1 + \frac{h}{H_0}\right)
\end{aligned}
\tag{5.2}
$$

式中，$f = 2\Omega \sin\phi$，$R_1(=700\ \text{km})$ 和 $R_2(=450\ \text{km})$ 分别为 200～500 hPa 和 500～800 hPa 的 Rossby 变形半径；h 为真实的地形高度；H_0 为尺度化的高度(9 km)。方程中 D_1、D_2、D_3 为线性算子，代表三层的温度牛顿松弛项、800 hPa 风场的线性拖曳项(拖曳系数依赖于下界面的性质)以及涡度和温度的水平扩散项。具体定义如下：

$$
\begin{aligned}
-D_1 &= \text{TR}_{12} - H_1 \\
-D_2 &= -\text{TR}_{12} + \text{TR}_{23} - H_2 \\
-D_3 &= -\text{TR}_{23} - \text{EK}_3 - H_3
\end{aligned}
\tag{5.3}
$$

其中，TR_{12}、TR_{23} 为温度松弛项，具体形式为

$$
\begin{aligned}
\text{TR}_{12} &= \tau_R^{-1} R_1^{-2}(\psi_1 - \psi_2) \\
\text{TR}_{23} &= \tau_R^{-1} R_2^{-2}(\psi_2 - \psi_3)
\end{aligned}
\tag{5.4}
$$

式中，$\tau_R = 25$ 天。

EK_3 为 Ekman 耗散项，具体形式为

$$EK_3 = (a\cos\phi)^{-1}\left\{\frac{\partial}{\partial\lambda}\left[k(\lambda,\phi,h)v_3\right] - \frac{\partial}{\partial\phi}\left[k(\lambda,\phi,h)u_3\cos\phi\right]\right\} \tag{5.5}$$

式中，$u_3 = -a^{-1}\dfrac{\partial\psi_3}{\partial\phi}$；$v_3 = (a\cos\phi)^{-1}\dfrac{\partial\psi_3}{\partial\lambda}$；拖曳系数 $k(\lambda,\phi,h)$ 依赖于海陆分布和地形高度，$k(\lambda,\phi,h) = \tau_E^{-1}[1 + \alpha_1 LS(\lambda,\phi) + \alpha_2 FH(h)]$，其中 $LS(\lambda,\phi)$ 为陆地的比例，$FH(h) = 1 - \exp[-h/(1000\text{m})]$。$\alpha_1 = 0.5$，$\alpha_2 = 0.5$。如果下界面为海洋，则 $\tau_E = 3$ 天；如果下界面为低高度的陆地，则 $\tau_E = 2$ 天；如果下界面为海拔高于 2 km 的山脉，则 $\tau_E = 1.5$ 天。注意，如果 $\alpha_1 = \alpha_2 = 0$，则 $EK_3 = \tau_E^{-1}\nabla^2\psi_3$。

H_i 为水平扩散项，具体形式为

$$H_i = c_H\nabla^8 q_i' \tag{5.6}$$

式中，$c_H = \tau_H^{-1}a^8(21\cdot22)^{-4}$，这样总波数为 21 的球谐函数的阻尼时间尺度为 $\tau_H = 2$ 天。q_i' 为位势涡度减去行星尺度涡度和地形分量。

S_1、S_2、S_3 分别为三层的涡度强迫项，有空间变化但与时间无关。采用 Roads(1987) 的方法，$\overline{\dfrac{\partial q}{\partial t}} = -J(\overline{\psi},\overline{q}) - \overline{J(\psi',q')} - D(\overline{\psi}) + S = 0$，该式表明，利用大量的观测场，通过模式计算得到的位涡趋势项(时间导数项)的平均值必然为零。也就是说，$S_i(i = 1,2,3)$ 可以通过模式计算不考虑强迫的平均涡度趋势得到。采用的资料为欧洲中期天气预报中心(European Centre for Medium-Range Weather Forecasts，ECMWF)的 1984 年至 1989 年 1 月、2 月每日的三层流场的分析资料，并假定以上计算中采用的样本场为一个统计上稳定的冬季气候态，因此得到的模式参数更适合于冬季的北半球。

尽管此模式的物理动力过程很简单，但其很好地模拟了冬季赤道外大气环流的变率。此外，模式模拟的冬季气候平均态与观测资料得到的冬季气候态非常接近；对北半球行星尺度波经向结构的描述也很真实(Marshall and Molteni，1993)。

对于该模式，还需要注意的是，其输入输出变量为位势涡度的谱系数，且每层为 506 个，但由于其中包括 23 个永远为零的变量，因此每层的有效变量数为 483，即该模式的有效维数为 1 449(Houtekamer and Mitchell，1998；Descamps and Talagrand，2007)。

5.3　针对阻塞和 NAO 事件的非线性优化理论框架的构建

给定 $T > 0$ 和初始条件 $Q|_{t=0} = Q_0$，定义非线性传播算子 M_T；$Q(T) = M_T(Q_0)$ 为非线性模式在 T 时刻的解。初始扰动 q_0 叠加到初始状态，从而导致了一个新的轨迹 $\tilde{Q}(T) = M_T(Q_0 + q_0) = Q(T) + q(T)$。

因此,初始扰动 q_0 的非线性发展 $q(T) = M_T(Q_0 + q_0) - M_T(Q_0)$。如果初始扰动足够小,则 $q(T)$ 可由积分切线性模式得到: $q(T) = \mathbf{M}_T(Q_0)q_0$,其中,$\mathbf{M}_T$ 代表切线性传播算子。

5.3.1　基于阻塞指数的最优初始扰动

Liu(1994)提出的阻塞指数(blocking index,BINX),可以用来估计一个地区的大气环流与该地区的典型阻塞环流的相似程度。阻塞指数定义如下:

$$\text{BINX} = \frac{<\psi_b, \psi_d>}{<\psi_b, \psi_b>} \tag{5.7}$$

式中,ψ_b 为阻塞异常的流函数场;ψ_d 为每日流函数在气候态上的异常场。$\psi_d = \Psi - \Psi_c$,其中 Ψ 为每日流函数场,Ψ_c 为气候平均的流函数场。角括号代表如下内积形式,

$$<x, y> = \iiint xyd\mathrm{V} \tag{5.8}$$

式中,$\iiint$ 表示在整个大气 V 中积分。阻塞指数 BINX $\geqslant 0.5$ 的环流模态定义为阻塞环流。指数 BINX 越大,阻塞环流越显著。

以求取大西洋-欧洲(90 °W～60 °E, 10 °N～85 °N)区域的阻塞异常模态为例。首先,以欧洲中心(ECMWF)分析资料 1983 年 12 月 1 日 00 时的流场资料为初始场,积分 T21L3 准地转模式 1 800 天(20 年),得到气候平均态。然后,计算大西洋-西欧地区 500 hPa 60 °N 的纬向平均异常,挑选出具有最大流函数异常值的前 256 天,由此得到此 256 天在气候态上的异常,即定义为阻塞异常模态。结果发现,此模态的典型特征为在 60 °N 附近存在一个强的正异常中心,在其南侧存在一个弱的负异常中心。转化成位势高度场如图 5.1

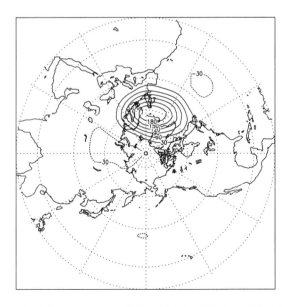

图 5.1　大西洋-欧洲地区 500 hPa 位势高度场上典型的阻塞异常模态(单位：gpm)

(Mu and Jiang, 2008)

所示，其与前人的观测、模拟研究结果均非常相似(Liu，1994；Liu and Opsteegh，1995)。

采用完美模式假定，即假定 T21L3 准地转模式能够准确地描述出大气的演变过程，所有的预报误差都是源自于初始场的不确定性。

此处采用的是流函数平方范数。给定两个三维位势涡度场 q_1 和 q_2，具体内积定义如下：

$$[q_1, q_2] = < E^{-1}q_1, E^{-1}q_2 > \tag{5.9}$$

定义 $q = E\psi$，其中，E 为把流函数转化为位势涡度的线性算子；E^{-1} 为把位势涡度转化为流函数的线性算子；ψ 为流函数扰动，q 为位势涡度扰动。在下面的研究中，该范数作为初始约束条件，$\|q_0\|^2 = [q_0, q_0]$。$[\cdot, \cdot]$ 代表流函数平方范数内积。该切线性模式的伴随算子，记为 $\mathbf{M}^*$，根据 Buizza 等(1993)，不同内积意义下的伴随相互之间可以转化，以上给定的流函数平方范数意义下的伴随算子 $\mathbf{M}^{*S} = EE\mathbf{M}^*E^{-1}E^{-1}$。

下面寻找初始扰动 q_{N0}^*，其满足初始约束条件 $\|q_0\| \leqslant \sigma$，并且使目标函数 $J_N(q_0)$ 获得最大值

$$J_N(q_{N0}^*) = \max_{\|q_0\| \leqslant \sigma} J_N(q_0) \tag{5.10}$$

其中

$$\begin{aligned} J_N(q_0) = \Delta B_N &= B(\Psi_T + \psi_T) - B(\Psi_T) \\ &= \frac{< E^{-1}[M(Q_0 + q_0) - M(Q_0)], \psi_b >}{< \psi_b, \psi_b >} \end{aligned} \tag{5.11}$$

式中，Q_0 和 q_0 分别为初始基本态和初始扰动；σ 为给定的正常数，代表初始不确定性的大小。若参考态为纬向流，则最优初始扰动 q_{N0}^*，被称为激发阻塞爆发的最优前期征兆(optimal precursor，OPR)；若参考态为阻塞流，则最优初始扰动 q_{N0}^*，被称为阻塞形成过程中的最快增长初始误差(optimal growing error，OGE)。q_{N0}^* 转化成流函数场为 ψ_{N0}^*。

为了求得 $J_N(q_0)$ 在初始约束 $\|q_0\| \leqslant \sigma$ 下的最大值，可以计算另一个新的目标函数在同样初始约束下的最小值。新的目标函数定义为

$$J_{N1} = - < E^{-1}[M(Q_0 + q_0) - M(Q_0)], \psi_b > \tag{5.12}$$

则在流函数平方范数意义下，目标函数对初始位势涡度扰动的梯度为

$$\nabla J_{N1} = -EE\mathbf{M}^*(Q_0 + q_0)E^{-1}\psi_b \tag{5.13}$$

为了获得非线性框架下激发阻塞爆发的最优初始扰动，采用了谱投影梯度算法(SPG2)。

如果初始扰动足够小，则线性关系成立，于是目标函数 $J_N(q_0)$ 可简化为

$$J_L = \Delta B_L$$

$$= \frac{< \mathrm{E}^{-1}\mathbf{M}(Q_0)q_0, \psi_b >}{< \psi_b, \psi_b >} = \frac{< \mathrm{E}^{-1}\mathbf{M}(Q_0)\mathrm{E}\psi_0, \psi_b >}{< \psi_b, \psi_b >} = \frac{< \psi_0, \mathrm{E}\mathbf{M}^*(Q_0)\mathrm{E}^{-1}\psi_b >}{< \psi_b, \psi_b >} \quad (5.14)$$

因此，可以直接得到线性框架下激发阻塞爆发的最优初始扰动，而不需要进行优化迭代。

$$\psi_{L0}^* = \lambda \mathrm{E}\mathbf{M}^*(Q_0)\mathrm{E}^{-1}\psi_b \quad (5.15)$$

尺度化因子 λ 的数值可通过初始约束 $\|q_0\| = \sigma$ 得到。把得到的线性最优扰动代入到目标函数 J_L 中，于是得到

$$J_L = \Delta B_L = \frac{\left\| \mathrm{E}\mathbf{M}^*\mathrm{E}^{-1}\psi_b \right\|}{\|\psi_b\|^2} \left\| \psi_{L0}^* \right\| \quad (5.16)$$

定义线性敏感性指数 S_L（Oortwijn and Barkmeijer，1995）

$$S_L = \frac{\left\| \mathrm{E}\mathbf{M}^*\mathrm{E}^{-1}\psi_b \right\|}{\|\psi_b\|^2} \quad (5.17)$$

该指数量化了阻塞爆发对初始态的敏感性。S_L 越大，则初始扰动 ψ_{L0}^* 越容易激发阻塞模态。

5.3.2　基于 NAO 指数的最优初始扰动

类似于阻塞指数，NAO 指数（NAO index，NAOI）的定义如下：

$$\mathrm{NAOI} = \frac{< \psi_{\mathrm{NAO}}, \psi_d >}{< \psi_{\mathrm{NAO}}, \psi_{\mathrm{NAO}} >} \quad (5.18)$$

式中，ψ_{NAO} 表示典型的 NAO 模态；而 ψ_d 表示逐日流函数相对于冬季气候态的异常。典型 NAO 模态的获得方式如下。首先，以欧洲中心分析资料 1983 年 12 月 1 日 00 时的流场资料为初始场，积分 T21L3 准地转模式 1 800 天（20 年），得到的平均值定义为气候平均态，然后求得逐日 200 hPa 上流场异常，并在北大西洋地区（90 °W～60 °E，30 °N～90 °N）进行经验正交函数（empirical orthogonal function，EOF）分解，所得到的第一模态即为典型的 NAO 模态（图 5.2）。

目标函数的构建类似式（5.10）和式（5.11），只是阻塞指数换成 NAO 指数。如同上一小节，若以气候态为背景流，则可获得激发 NAO 事件的最优前期征兆（OPR）。若以 NAO 事件为背景流，则得到 NAO 事件的最快增长初始误差（OGE）。

同样，线性框架下激发 NAO 事件发生的最优初始扰动目标函数的构建，类似式（5.14），只是阻塞指数换成 NAO 指数。使得目标函数 J_L 取得最大（小）值的初始扰动 q_{L-Po}^*（q_{L-Ne}^*）称为 NAO+（NAO−）事件最优前期征兆的线性近似（linear approximation of optimal precursor，LOPR）。

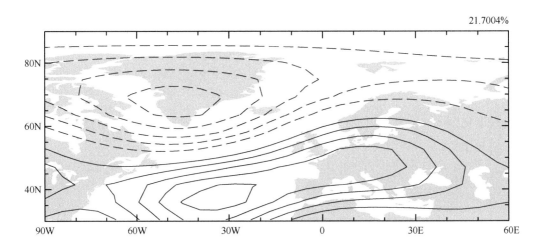

图 5.2　典型 NAO 正位相模态。其中右上角的数字为 EOF1 方差贡献

实线为正值，虚线为负值，零线已省略

（戴国铌，2017）

和获取 OGE 的思路相一致，对于最快增长初始误差的线性近似（linear approximation of optimal growing error，LOGE），其计算原理与线性框架下的最优前期征兆（LOPR）类似，只是将参考态换成一个 NAO 事件。对于 LOGE 的计算，其对应的参考态存在着两种情况：一是在原参考态上叠加 LOPR 的非线性演变，由于新的参考态包含了 LOPR 的非线性演变，此时对应的 LOGE 称为半线性近似下的最快增长初始误差（semi-LOGE）；另一种是在原参考态上叠加 LOPR 的线性演变，由于新的基本态中仅包含 LOPR 的线性演变过程，此时对应的 LOGE 称为全线性近似下的最快增长初始误差（full-LOGE）。

5.4　阻塞爆发的最优前期征兆及其发展机制

5.4.1　激发阻塞爆发的最优扰动

首先，采用欧洲中心的分析资料，计算了 1992/1993 年冬季（1992 年 12 月 1 日至 1993 年 2 月 28 日）优化时间为 3 天的逐日线性敏感度 S_L，从而挑选出具有高低不同敏感度的环流模态。图 5.3 给出线性敏感度 S_L 的分布。从中选择了三个个例：1 个高敏感性个例和 2 个低敏感性个例，采用非线性优化方法来研究初始扰动对阻塞爆发的作用，并与线性框架下的结果作了比较。

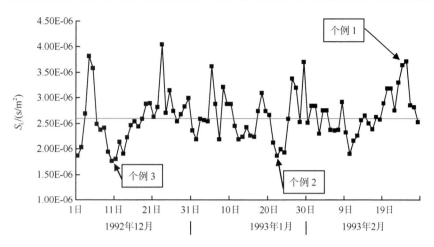

图 5.3　　1992/1993 年冬季优化时间为 3 天的线性敏感度指数 S_L 随时间的变化

图中横实线表示此时间序列的平均敏感度，量值为 2.60×10^{-6} s/m^2

（Mu and Jiang，2008）

对于个例 1，初始时间为 1993 年 2 月 25 日，该日对应的线性敏感度 $S_L = 3.72 \times 10^{-6}$ s/m^2，高于此时间序列的平均敏感度。采用的初始约束条件 $\sigma = 4.0 \times 10^5$ m^2/s，这时得到的 500 hPa 初始最优位势高度扰动的最大值不超过 20 gpm。数值试验结果表明，激发阻塞爆发的条件非线性最优扰动，位于约束圆盘 $\|q_0\| \leqslant \sigma$ 的边界上，因此，此最优扰动 q_{N0}^* 的流函数平方范数等于 σ。对于线性框架，直接采用初始约束 $\|q_0\| = \sigma$ 来产生最优扰动。图 5.4 给出 500 hPa 上这两种最优扰动的位势扰动场，以及它们的非线性发展。结果发现，这两种扰动的差别非常小，都显示出局地性的特征。在北美和北大西洋地区可以发现小尺度的波列结构，随高度西倾。在第 3 天，它们都发展成具有经向偶极子结构的大尺度异常。

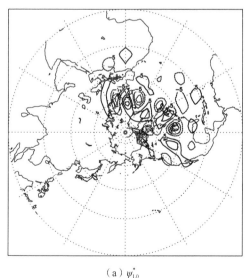

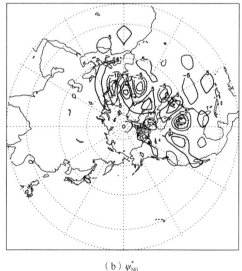

（a）ψ_{L0}^*　　　　　　　　　　　　　　　　　（b）ψ_{N0}^*

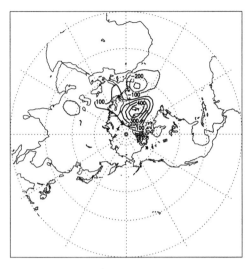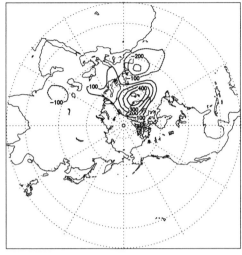

（c）ψ_{L0}^{*}的非线性发展　　　　　　　　　　（d）ψ_{N0}^{*}的非线性发展

图 5.4　个例 1 北半球 500 hPa 的位势高度扰动场（单位：gpm）

参考态初始时间为 1993 年 2 月 25 日 00 时，优化时间为 3 天

（姜智娜，2007）

　　为了探讨扰动是否能激发阻塞爆发，我们计算了阻塞指数。对于参考态，在第 3 天，即 1993 年 2 月 28 日，阻塞指数 $B = -0.123$，这意味着大气环流为弱的纬向流。叠加上非线性最优扰动 ψ_{N0}^{*} 和线性最优扰动 ψ_{L0}^{*} 后，第 3 天的阻塞指数分别为 1.157 和 1.016。两者的差别不大，都激发出强的阻塞流。也就是说，一个高的线性敏感度意味着无论线性最优扰动，还是条件非线性最优扰动叠加到参考态上，大气环流在优化时刻（第 3 天）都会发生转型。

　　对于个例 2，初始时间为 1993 年 1 月 22 日，该日对应的线性敏感度 $S_{L} = 1.87 \times 10^{-6}$ s/m²，相对平均敏感度而言较低。采用的初始约束条件同个例 1。图 5.5 同样给出这两种最优扰动的 500 hPa 位势扰动场，以及它们的非线性发展。结果发现，在这种条件下线性和非线性框架下的结果差别仍然不大。当然，此时可在整个西北半球的中纬度地区发现小尺度波列结构。在第 3 天，它们都发展成大尺度波列结构，其与阻塞异常模态有着很大差别。同样，我们也计算了第 3 天的阻塞指数。对于参考态，阻塞指数 $B = -0.450$，大气环流为纬向流。叠加上扰动 ψ_{N0}^{*} 和 ψ_{L0}^{*} 后第 3 天的阻塞指数分别为 0.29 和 0.236，两者都不能导致阻塞的爆发。

　　这表明，低的线性敏感度意味着无论线性还是非线性最优扰动叠加到参考态上，大气环流在优化时刻（第 3 天）都不会发生转型。也就是说，这种大气环流具有较高的可预报性。为了进一步探讨在中期预报范围初始扰动对阻塞爆发的影响，把优化时间延长至 6 天，相关结果如图 5.6 所示。从空间模态上来看，其扰动振幅明显小于优化时间为 3 天的最优扰动。同时，两种扰动的局地性都减弱，呈现出全球性的特征；其中，ψ_{L0}^{*} 主要部分集中在东太平洋区域。在第 6 天，在纬向方向上同样可以看到波列结构，在北大西洋地区出现经向偶极子结构。在第 6 天（即 1993 年 1 月 28 日），参考态阻塞指数 $B = 0.224$。叠加上扰动 ψ_{N0}^* 后的阻塞指数变为 1.732，即其可激发非常强的阻塞环流；而叠加上扰动 ψ_{L0}^* 后阻塞指数则仅为 0.655，激发了一个弱的阻塞环流。由此可见，如果预报时间延长，即使对于低的敏感性环流，合适的初始扰动也能够激发纬向流向阻塞流的转变，但线性框架下最优扰动导致的阻塞，没有非线性框架下最优扰动导致的阻塞强度大。

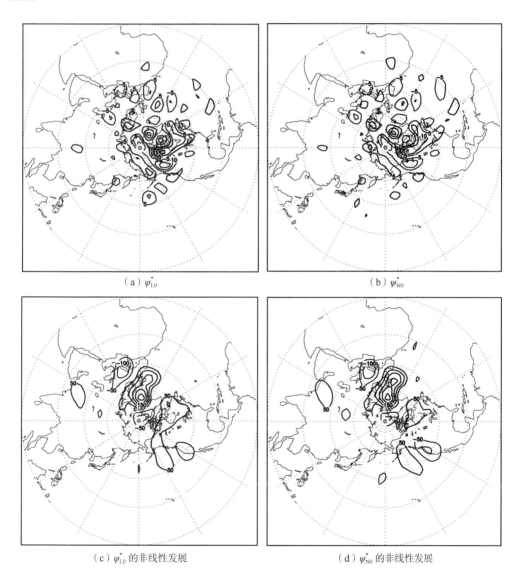

（a）ψ_{L0}^*　　　　　　　　　　　　　　（b）ψ_{N0}^*

（c）ψ_{L0}^* 的非线性发展　　　　　　　　（d）ψ_{N0}^* 的非线性发展

图 5.5　同图 5.4，但对应个例 2，参考态初始时间为 1993 年 1 月 22 日 00 时

（姜智娜，2007）

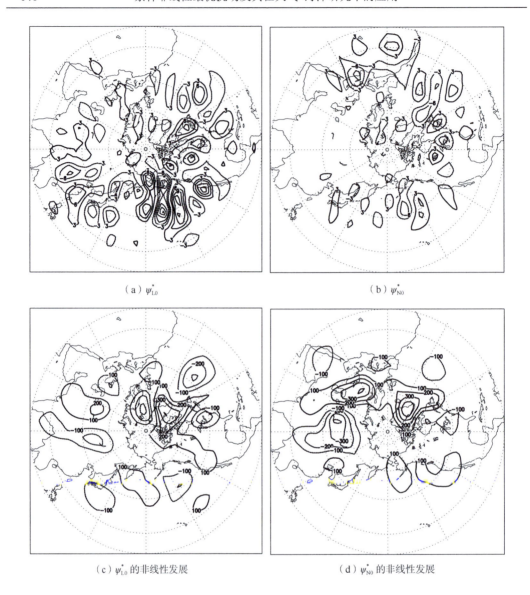

（a）ψ_{L0}^* （b）ψ_{N0}^*

（c）ψ_{L0}^* 的非线性发展   （d）ψ_{N0}^* 的非线性发展

图 5.6　同图 5.4，但对应个例 2，参考态初始时间为 1993 年 1 月 22 日，优化时间为 6 天

(姜智娜，2007)

为进一步研究环流为低敏感度的情况，选择了 1992 年 12 月 10 日作为第三个研究个例。其线性敏感度 $S_L = 1.76 \times 10^{-6}\,\mathrm{s/m^2}$。同样，当优化时间为 3 天时得到两种最优扰动。在优化终止时刻，即 12 月 13 日，两种最优扰动都不能导致阻塞爆发。图 5.7 给出优化时间为 6 天的情况下，这两种扰动的 500 hPa 位势扰动场以及它们的非线性发展。结果发现，这两种扰动都呈现出全球性的特征；当然，ψ_{N0}^* 和 ψ_{L0}^* 主要部分集中在东太平洋和北非地区。在第 6 天，ψ_{L0}^* 的正异常中心位于北非地区，而 ψ_{N0}^* 的正异常中心位于北大西洋和欧洲地区。对于参考态，在第 6 天，即 12 月 16 日，阻塞指数 $B = -0.179$。

叠加上扰动 ψ_{N0}^* 后的阻塞指数为 1.18，即最优扰动可激发非常强的阻塞环流；而叠加上扰动 ψ_{L0}^* 后的阻塞指数仅为 0.449，故其不能够促进阻塞的爆发。此结果与个例 2 类似，即在中期预报范围，非线性在大气环流转型中起着重要作用，线性近似低估了极端天气事件发生的可能性。

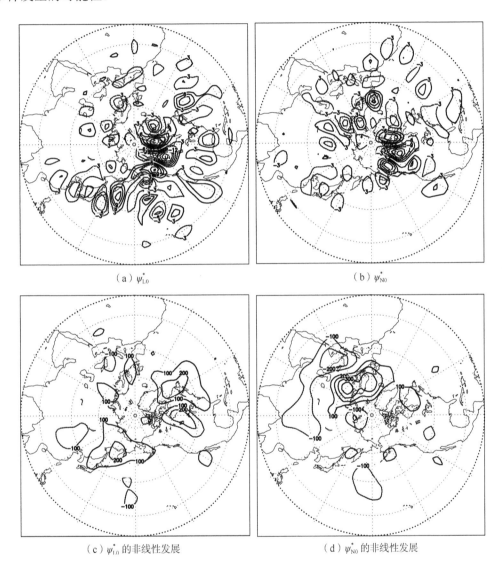

（a）ψ_{L0}^*　　　　　　　　　　　　　　（b）ψ_{N0}^*

（c）ψ_{L0}^* 的非线性发展　　　　　　　　（d）ψ_{N0}^* 的非线性发展

图 5.7　同图 5.4，但对应个例 3，参考态初始时间为 1992 年 12 月 10 日，优化时间为 6 天

（姜智娜，2007）

5.4.2　与流函数平方范数意义下 CNOP 的关系

本小节主要探讨如下几个问题：流函数平方范数意义下发展最快的条件非线性最优

增长扰动(CNOP)是否就是激发阻塞爆发的最优扰动(通过优化阻塞指数得到)？如果不是，两者之间有什么关系？为了使其具有可比性，我们采用投影算子，从而使得 500 hPa 大西洋-欧洲地区(90 °W～60 °E，10°N～85 °N)获得最大误差增长，此投影区域与阻塞异常区域相对应(Buizza and Palmer，1995)。

因 T21L3 为谱模式，因此各状态变量定义在谱空间。用 S_p 代表从谱空间到格点空间的转化，同时定义一个"阶梯"函数

$$\begin{cases} G(p)=1 & \text{当 } p \in \sum \\ G(p)=0 & \text{当 } p \notin \sum \end{cases} \tag{5.19}$$

式中，p 代表一个格点；$\sum$ 是物理空间中一个给定的区域。用 GX_G 表示物理空间中的一个矢量 X_G 与"阶梯"函数 G 的乘积。那么局地投影算子 T 定义为

$$T = S_p^{-1} G S_p \tag{5.20}$$

因为 G 为对角阵，故也是对称阵。此外，很容易发现 S_p 为正交阵，故而 $S_p^{-1} = S_p^*$。因此 T 为自伴随矩阵，则在区域 $\sum$ 上的扰动 ψ 的范数为

$$\|\psi(t)\|_{\sum}^2 = \langle T\psi(t), T\psi(t) \rangle = \langle \psi(t_0), \mathbf{M}^* T^2 \mathbf{M} \psi(t_0) \rangle \tag{5.21}$$

值得注意的是，投影算子仅仅作用在预报时刻的扰动上；初始扰动并不局限于此区域。在此，选择了上一小节中的个例 1 和个例 2 进行讨论。

首先考察个例 1，初始时间 1993 年 2 月 25 日，初始约束条件 $\sigma = 4.0 \times 10^5 \, \text{m}^2/\text{s}$，优化时间为 3 天。对于这个参考态，计算得到了全局 CNOP 和局部 CNOP。全局 CNOP 意味着在预报时刻扰动的非线性发展在目标区域达到最大值；而局部 CNOP 则是在相空间的一个小的区域中的局部极值点。图 5.8 给出这些初始扰动以及它们各自的非线性发展。结果发现，在此条件下，无论是全局 CNOP 还是局部 CNOP，都呈现出局地性的特征。

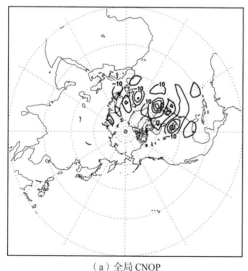
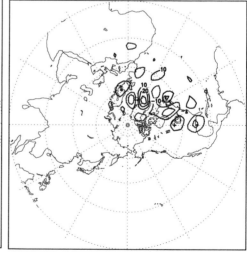

（a）全局 CNOP　　　　　　　　　　　　　　　（b）局部 CNOP

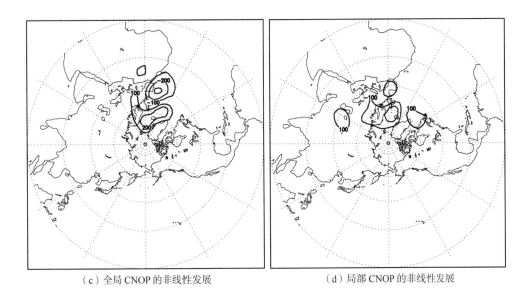

（c）全局 CNOP 的非线性发展　　　　　　　　　（d）局部 CNOP 的非线性发展

图 5.8　个例 1 北半球 500 hPa 的位势高度扰动场（单位：gpm）

参考态初始时间为 1993 年 2 月 25 日，优化时间为 3 天

(a) 全局 CNOP；(b) 局部 CNOP；(c) 全局 CNOP 的非线性发展；(d) 局部 CNOP 的非线性发展

（姜智娜，2007）

全局 CNOP 演变为北正南负的阻塞结构；而局部 CNOP 则演变为北负南正的偶极子结构。也就是说，CNOP 的确与阻塞爆发存在着某种关系。全局 CNOP 与激发阻塞爆发的最优扰动的空间相似系数可达 0.504，也意味着，尽管在某些条件下，CNOP 能够促进阻塞的爆发，但其并非激发阻塞爆发的最优初始扰动。

对于第二个个例(1993 年 1 月 22 日)，我们也得到了全局 CNOP 和局部 CNOP。图 5.9 给出这些初始扰动以及它们各自的非线性发展。在这个个例中，全局 CNOP 和局部 CNOP 与激发阻塞爆发的最优扰动的空间相似系数仅分别为 0.280 和-0.320。也就是说，在同样的初始约束条件下，无论是全局 CNOP 还是局部 CNOP，都不能激发阻塞的爆发。

通过以上比较，可以得到这样一个结论：流函数平方范数意义下的最优扰动，虽然可能激发阻塞的爆发，但其并非激发阻塞爆发的最优扰动。也就是说，目标函数的构造要根据研究的具体物理问题来确定。

5.4.3　阻塞爆发的动力机制

以上分析表明，天气尺度扰动可能对大尺度环流转型有影响。那这种扰动激发阻塞爆发的机理是什么？早在 1949 年，Berggren 等就指出，斜压天气尺度扰动对行星尺度阻塞环流有着重要作用(Berggren et al.，1949)。Luo 等(2001)进一步指出，在阻塞上游由瞬变涡引发的行星尺度涡度输送存在着低/高结构模态，这种结构对下游阻塞的爆发起着重要的作用。那么由 OPR 导致的行星尺度涡度输送是否也具有这种结构特征？

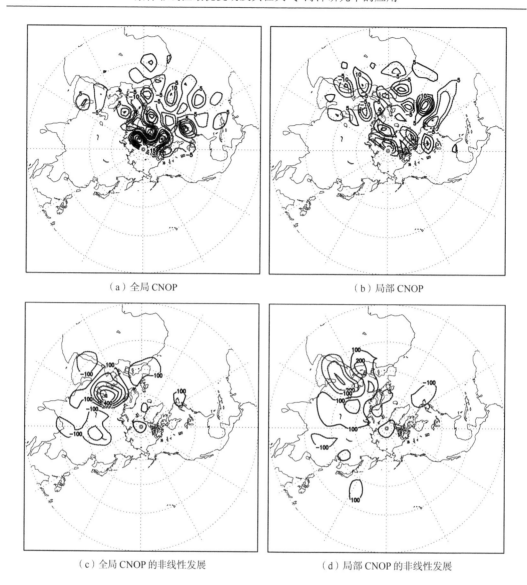

（a）全局 CNOP　　　　　　　　　　　　　（b）局部 CNOP

（c）全局 CNOP 的非线性发展　　　　　　　（d）局部 CNOP 的非线性发展

图 5.9　同图 5.8，但对应个例 2，参考态初始时间为 1993 年 1 月 22 日，优化时间为 6 天

（姜智娜，2007）

由扰动导致的大尺度涡度反馈场定义如下：

$$J_p = -J(\psi_T^*, \nabla^2 \psi_T^*)_p \tag{5.22}$$

式中，p 代表行星尺度部分，取纬向波数 0~4 波。ψ_T^* 代表 ψ_{N0}^* 或者 ψ_{L0}^* 的非线性发展。
图 5.10 给出个例 1 中 ψ_{N0}^* 的 J_p 场演变（ψ_{L0}^* 的 J_p 场与其类似，略）。由图 5.10 可见，在
优化时间内，阻塞的上游存在着北负南正的行星尺度涡度反馈场。负值区代表由涡度引
发的行星尺度反气旋，而正值区代表由涡度引发的行星尺度气旋。在阻塞爆发的初始阶
段，由涡度引发的行星尺度反气旋注入到阻塞的高压区，从而促进阻塞反气旋的发展；

由涡度引发的行星尺度气旋注入到阻塞的低压区，从而促进阻塞低压的发展。也就是说，初始扰动的结构对阻塞的爆发起着重要的作用。

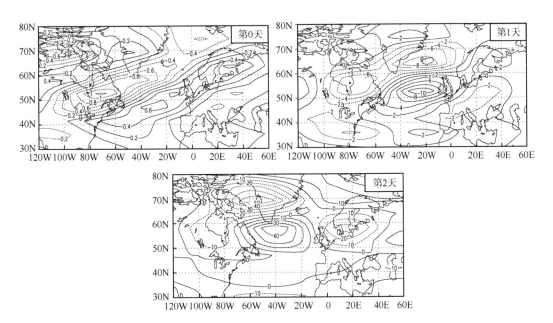

图 5.10　个例 1 中 ψ_{N0}^* 的 J_p 场演变（单位：$10^{11}/s^2$）

(姜智娜，2007)

为了进一步探讨扰动的非线性相互作用对阻塞爆发的影响，我们对个例 3 中的 ψ_{N0}^* 和 ψ_{L0}^* 分别进行了研究。图 5.11 和图 5.12 分别给出 ψ_{N0}^* 和 ψ_{L0}^* 的 J_p 场演变。优化时间皆为 6 天。在此个例中，参考态叠加上 ψ_{N0}^*，在第 6 天发展成大西洋-欧洲阻塞，而叠加上 ψ_{L0}^*，第 6 天在大西洋-欧洲地区并没有发展成阻塞环流（图 5.7）。因此，对比研究两者的行星尺度涡度反馈场可以发现，在图 5.11 中，在阻塞发展的前期阶段，特别是第 2、3 天北负南正的涡度强迫结构很明显；而在图 5.12 中，在阻塞发展的前期阶段，扰动的行星尺度涡度输送很弱，因此其对下游的大尺度阻塞的作用也很小。以上的数值试验结果表明，初始扰动的空间结构对阻塞的爆发非常重要，这个结论与 Luo 等（2001）和 Luo（2005）一致。

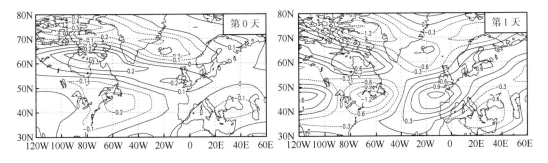

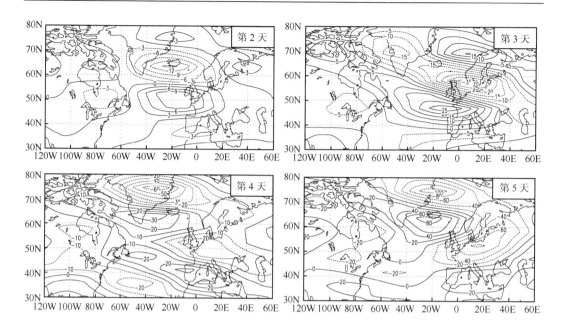

图 5.11　个例 3 中 ψ_{N0}^* 的 J_p 场演变(单位：$10^{11}/s^2$)

（姜智娜，2007）

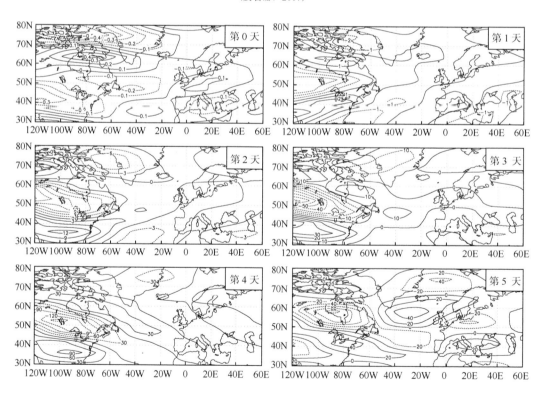

图 5.12　个例 3 中 ψ_{L0}^* 的 J_p 场演变(单位：$10^{11}/s^2$)

（姜智娜，2007）

5.5　NAO 最优前期征兆和最快增长初始误差

5.5.1　NAO 发生的非线性最优前期征兆以及发展机制

将气候态的演变作为参考态来求解最优扰动，即得到 NAO 事件的最优前期征兆。初始约束取为 4.0×10^5 m²/s，对应于 500 hPa 上的位势高度扰动小于 20 gpm。鉴于 NAO 的生命周期为 2～3 周，且目前对于 NAO 事件的预报时效为 3～5 天(Dai et al., 2019)，故优化时间分别取为 3 天、5 天和 7 天。由于篇幅的原因，这里只给出优化时间为 5 天的结果。

当优化时间为 5 天时，触发 NAO+事件发生的 OPR 以及其非线性演变如图 5.13 所示。可以看出，OPR 主要位于西半球的中高纬度：在 200 hPa 上，其扰动模态呈现出负异常中心位于高纬度(45 °N 以北)、正异常中心位于中纬度(30 °N 到 45 °N 之间)的经向偶极子结构；在 500 hPa 上，扰动呈现出从北太平洋中部到北大西洋上的一系列短波系统；800 hPa 上的情形与 500 hPa 相类似。可以看出，OPR 的演变主要经历两个阶段：第一个阶段为 0～1 天，此时扰动呈现出斜压调整的特征；第二个阶段为 1～5 天，此过程中扰动呈现出正压 Rossby 波传播的特征。波动从中太平洋传到北大西洋，最终形成北负南正的经向偶极子结构。该结构三个等压面上呈现出准正压特征，这与观测一致。

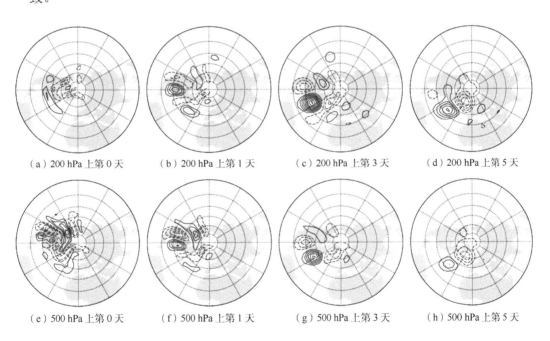

（a）200 hPa 上第 0 天　　（b）200 hPa 上第 1 天　　（c）200 hPa 上第 3 天　　（d）200 hPa 上第 5 天

（e）500 hPa 上第 0 天　　（f）500 hPa 上第 1 天　　（g）500 hPa 上第 3 天　　（h）500 hPa 上第 5 天

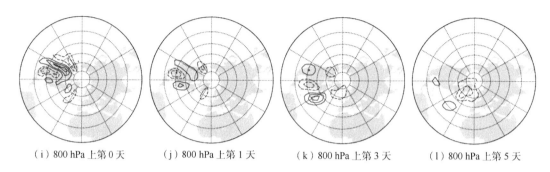

（i）800 hPa 上第 0 天　　　（j）800 hPa 上第 1 天　　　（k）800 hPa 上第 3 天　　　（l）800 hPa 上第 5 天

图 5.13　优化时间为 5 天时，NAO+事件的 OPR 及其非线性演变（单位：gpm）

图中实线表示正值，虚线表示负值，零线已忽略。图（a）、（e）、（i）中等值线间隔为 4 gpm，图（b）、（f）、（j）中等值线

间隔为 8 gpm，图（c）、（g）、（k）中等值线间隔为 20 gpm，图（d）、（h）、（l）中等值线间隔为 50 gpm

（戴国锟，2017）

　　图 5.14 表明，LOPR 与 OPR 具有相似的空间结构，并且其线性演变的结果也呈现出了 Rossby 波向东传播的特征，最终在北大西洋地区形成了北负南正的经向偶极子结构。但与非线性框架下结果不同的是，在目标时刻，线性框架下 800 hPa 上的正距平相对于 200 hPa 上的而言偏北，此结构在垂直方向上显示出较强的斜压性，这与观测相悖。这在某种程度上也反映出，线性近似对于描述 NAO+事件的发生具有一定的局限性，非线性过程在调制 NAO+结构方面具有重要作用。

　　类似地，图 5.15 给出了优化时间为 5 天时，NAO-事件的 OPR 及其非线性演变。NAO-事件的 OPR 主要集中在北美和北大西洋的西部地区。在 200 hPa 上，扰动在中低纬地区（20 °N～45 °N）呈现出两个负距平中心，在中高纬地区（45 °N～60 °N）呈现出一个大的正距平中心。与此同时，在极地附近还存在着多个短波扰动。在 500 hPa 和 800 hPa

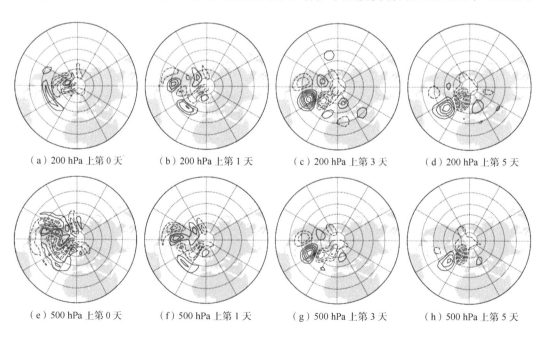

（a）200 hPa 上第 0 天　　　（b）200 hPa 上第 1 天　　　（c）200 hPa 上第 3 天　　　（d）200 hPa 上第 5 天

（e）500 hPa 上第 0 天　　　（f）500 hPa 上第 1 天　　　（g）500 hPa 上第 3 天　　　（h）500 hPa 上第 5 天

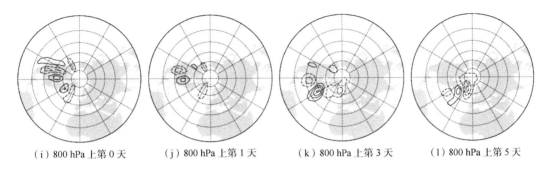

（i）800 hPa 上第 0 天　　（j）800 hPa 上第 1 天　　（k）800 hPa 上第 3 天　　（l）800 hPa 上第 5 天

图 5.14　同图 5.13，但对应于 NAO+事件的 LOPR 及其线性演变

（戴国锟，2017）

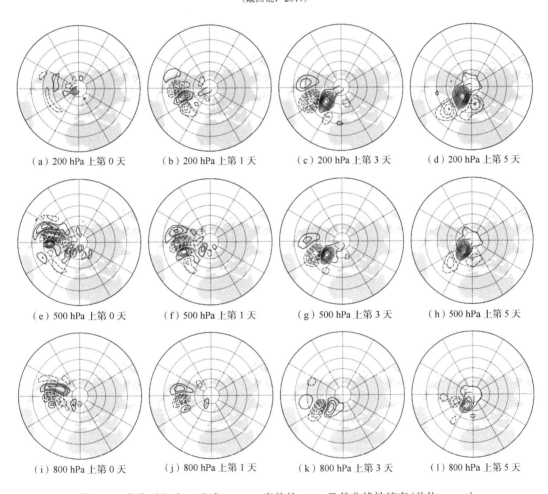

（a）200 hPa 上第 0 天　　（b）200 hPa 上第 1 天　　（c）200 hPa 上第 3 天　　（d）200 hPa 上第 5 天

（e）500 hPa 上第 0 天　　（f）500 hPa 上第 1 天　　（g）500 hPa 上第 3 天　　（h）500 hPa 上第 5 天

（i）800 hPa 上第 0 天　　（j）800 hPa 上第 1 天　　（k）800 hPa 上第 3 天　　（l）800 hPa 上第 5 天

图 5.15　优化时间为 5 天时，NAO-事件的 OPR 及其非线性演变（单位：gpm）

图中实线表示正值，虚线表示负值，零线已忽略。图(a)、(e)、(i)中等值线间隔为 4 gpm；图(b)、(f)、(j)中
等值线间隔为 8 gpm；图(c)、(g)、(k)中等值线间隔为 20 gpm；图(d)、(h)、(l)中等值线间隔为 50 gpm

（戴国锟，2017）

的中高纬度上，OPR 显示出了一系列沿纬向排列的短波扰动。从垂直结构上来看，OPR 表现出随高度西倾的特征。OPR 的演变也表现出了 Rossby 波动向东传播的特点，并且在目标时刻，在北大西洋地区形成了北正南负的经向偶极子结构。同时，三个等压面上的扰动呈现出准正压的特征。与 NAO+事件的结果相比（图 5.13），NAO-的 OPR 更加集中且偏向下游地区，这也导致 NAO-的演变过程具有更强的局地性。

由于线性近似的缘故，NAO-事件的 LOPR 及其线性演变与对应的 NAO+事件中的结果完全相反，故不再赘述。无论是观测中的 NAO 事件（Benedict et al.，2004），还是模式模拟的 NAO 事件（Franzke et al.，2004），NAO+和 NAO-演变的特征都有着显著的差异，但在线性近似下，这些差异无法体现出来，这也进一步说明了线性近似的局限性。

前人研究结果表明，NAO 的发展与维持主要由瞬变波非线性位涡强迫（eddy vorticity forcing，EVF）所控制（Feldstein，2003；Jin et al.，2006a，2006b；Luo et al.，2007a，2007b；Barnes and Hartmann，2010；Tan et al.，2014；Song，2016）。EVF 的表达式为

$$EVF = E(-J_p) \tag{5.23}$$

式中，E 为把流函数转化为位势涡度的线性算子，J_p 见式（5.22）。

从图 5.16 中可以看出，NAO+事件的 OPR，其通过调节瞬变波的结构，使得瞬变波非线性位涡强迫在北大西洋地区呈现出北负南正的异常结构（从第 1 天开始）。这种瞬变波不断地强迫北大西洋地区的流场，使得这里的大气环流呈现出典型的 NAO+模态，从而触发 NAO+事件的发生。对于 NAO-事件的触发机制，如图 5.17 所示，其主要也是通过改变瞬变波对应的非线性位涡强迫，强迫北大西洋地区的流场呈现出 NAO-模态。相对于 NAO+事件的结果，NAO-事件对应的瞬变波位涡强迫更强，引起的 NAO-事件强度也更大。可见，OPR 主要是通过改变北大西洋地区的 EVF 异常结构，使其呈现出类似于 NAO 的经向偶极子结构，然后不断地强迫出大气流场上形成对应的 NAO 模态，进而触发 NAO 事件的发生。

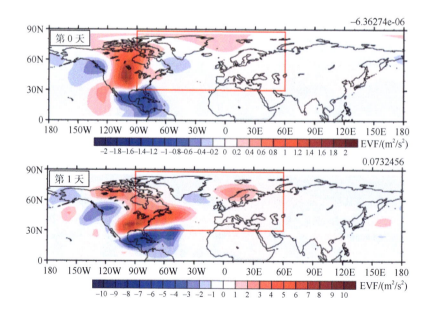

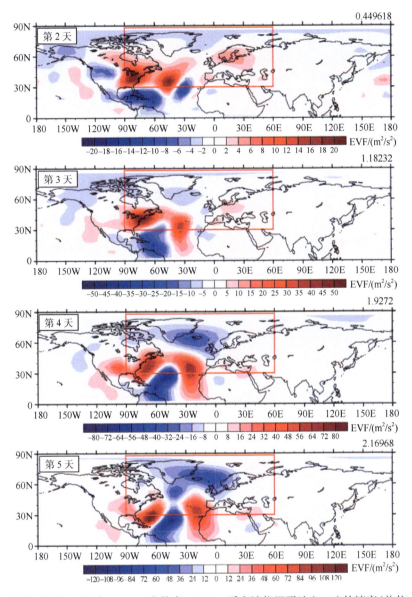

图 5.16　优化时间为 5 天时，NAO+事件中 200 hPa 瞬变波位涡强迫(EVF)的演变(单位：m²/s²)

右上角数字表示位涡平流异常在 NAO 模态上的投影，已扩大 10⁶ 倍，红框表示北大西洋地区

(戴国锟，2017)

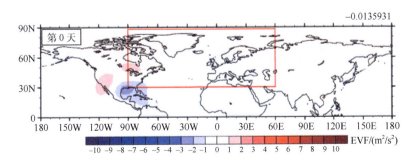

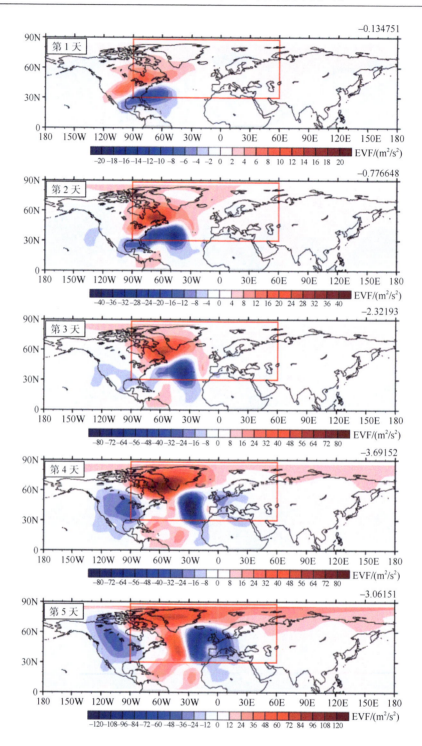

图 5.17 同图 5.16,对应于 NAO-事件时的情形

(戴国锐,2017)

5.5.2　NAO 发展过程中的非线性最快增长初始误差

考虑到 NAO 初始误差的振幅要小于前期征兆，对于最快增长初始误差取约束为 $2.0 \times 10^5\,m^2/s$，这对应于 500 hPa 上的位势高度扰动不超过 10 gpm。将之前得到的 NAO 事件作为新的参考态，通过求解非线性优化问题，可以得到 NAO 事件的两类 OGE：一类是高估了 NAO 强度的 OGE，即导致 NAO+（NAO–）事件有一个更高（低）的 NAOI，记为第一类 OGE（Type-1 OGE）。相应地，另一类是低估 NAO 强度的 OGE，记为第二类 OGE（Type-2 OGE）。

NAO+ 事件的两类 OGE 以及它们的非线性演变如图 5.18 所示。第一类 OGE 显示出了与 NAO+ 事件 OPR 相同的结构：200 hPa 的北美地区存在着北负南正的经向偶极子结构，在 500 hPa 和 800 hPa 上存在着多个纬向排列的 Rossby 波。它的非线性演变与对应 OPR 相同，即 Rossby 波东传的特征，并最终在三个等压面上的北大西洋地区都形成了

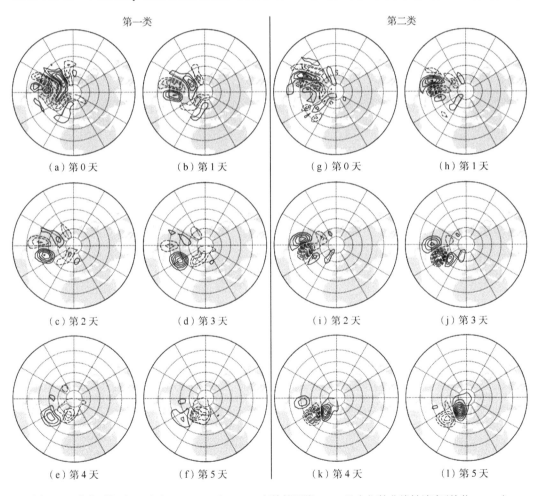

图 5.18　优化时间为 5 天时，500 hPa 上 NAO+ 事件的两类 OGE 及它们的非线性演变（单位：gpm）

等值线间隔：(a) 和 (g) 为 2 gpm，(b) 和 (h) 为 4 gpm，(c) 和 (i) 为 8 gpm，(d) 和 (j) 为 12 gpm，(e) 和 (k) 为 20 gpm，(f) 和 (l) 为 30 gpm

（戴国锟，2017）

北负南正的经向偶极子结构。与第一类 OGE 不同，第二类 OGE 在 200 hPa 上有多个扰动中心，尤其是在极地地区。其非线性演变同样地显示出了 Rossby 波传播的特征，并在北大西洋地区形成北正南负的经向偶极子结构。可以发现，第二类 OGE 所造成的 NAO+事件的预报误差比第一类 OGE 要更大一些。

对于 NAO-事件，第一类 OGE 在 200 hPa 中纬度地区（20 °N～45 °N）存在着两个负中心，在中高纬度地区（45 °N～60 °N）存在一个正距平中心，同时在极地附近存在着多个小尺度波动，而 500 hPa 和 800 hPa 上的扰动都显示出了多个纬向排列的波动。它的非线性演变［图 5.19（a）～（f）］显示出了 Rossby 波动由北太平洋东侧传播到北大西洋地区的特征，并在整个模式层上形成北正南负的经向偶极子结构，与此同时，其在欧洲西部还伴随着一个负距平。

NAO-事件的第二类 OGE 与第一类 OGE 的结构几乎相反，在 200 hPa 中纬度地区（20 °N～45 °N）存在着两个正中心，而在中高纬度地区（45 °N～60 °N）存在着一个负中心，同样地在极地附近存在着多个小尺度波动。其在 500 hPa 和 800 hPa 上也显示出了与第一类 OGE 结构近似相反的多纬向排列的波动。从它的非线性演变中［图 5.19（g）～（l）］

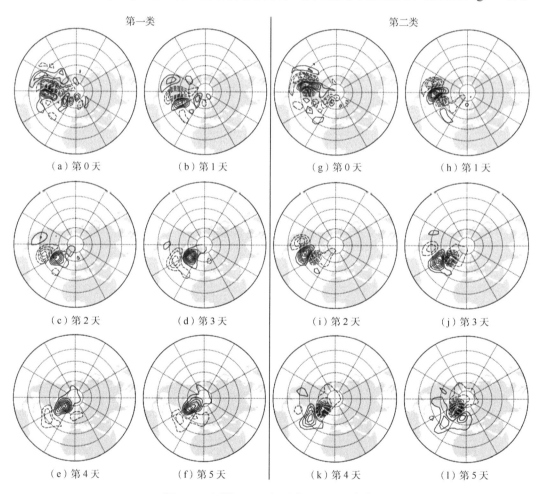

图 5.19　同图 5.18，但对应于 NAO-事件

（戴国锟，2017）

可以看出，其通过 Rossby 波向东传播，在北大西洋地区形成北负南正的经向偶极子的同时，在下游的欧洲西部也形成了一个位势高度的正距平。

图 5.20 给出了 NAO+事件的第一类 OGE 对应的 EVF 异常。除了第 0 天，EVF 异常在北大西洋地区始终呈现出北负南正的结构，这种结构可以在大气中强迫出北负南正的流场，进而使得原本的 NAO+事件变得更强。对于第二类 OGE，其特征恰好与第一类 OGE 相反(图 5.21)。它首先在北大西洋的副热带地区强迫出一个负的 EVF 异常，此异常逐渐地在北大西洋地区呈现出北正南负的经向偶极子结构。这种偶极子结构的 EVF 异常会在大气中强迫出北正南负的环流场，对应于 NAO−模态，从而减弱预报的 NAO+事件的强度。对比发现，第二类 OGE 强迫出的结构在 NAO 模态上具有更大的投影，这也意味着第二类 OGE 对于 NAO+事件的影响更大。

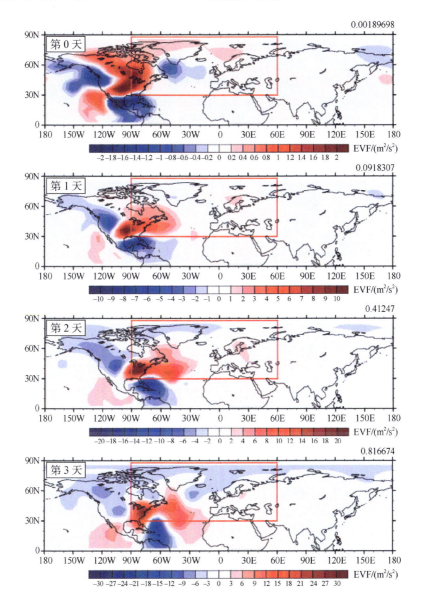

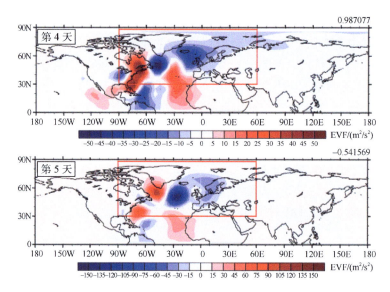

图 5.20 优化时间为 5 天时，NAO+事件的第一类 OGE 对应的 500 hPa 瞬变波位涡强迫（EVF）异常的演变（单位：m²/s²）。右上角数字表示位涡强迫异常在 NAO 模态上的投影，已扩大 10^6 倍

（戴国铠，2017）

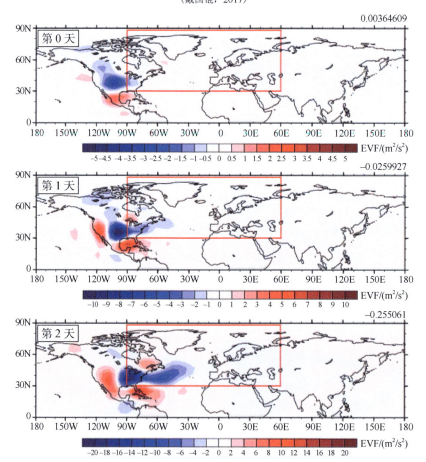

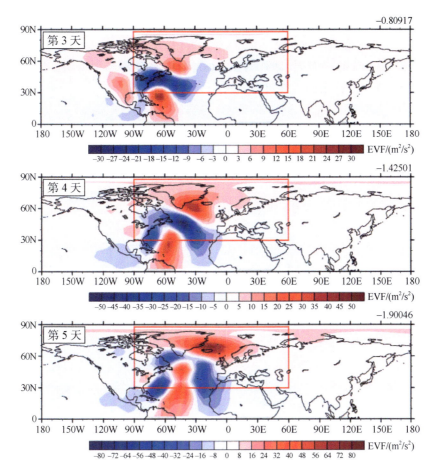

图 5.21　同图 5.20，对应于 NAO+事件的第二类 OGE

(戴国锐，2017)

　　按照本章 5.3.2 节所述的线性近似方案，将 NAO 事件 LOPR 的非线性演变叠加到原来的基本态上作为新的参考态，求解对应的线性优化问题，可以得到 NAO 事件的两类半线性 LOGE（semi-LOGE）。同样地，无论是在半线性近似还是全线性近似下，都存在着两类 LOGE：一类是高估了 NAO 的强度，记为第一类 LOGE；另一类是低估了 NAO 的强度，记为第二类 LOGE。由于使用了线性近似，同一个事件的两类 semi-LOGE 以及它们对应的线性演变呈现出完全相反的模态，故下面只给出第一类 semi-LOGE 的结果。

　　NAO+事件的第一类 semi-LOGE 及其线性演变如图 5.22（a）～（f）所示。对比相应的 OGE 可以发现，semi-LOGE 也表现为多个从北太平洋中部传来的 Rossby 波列，但其在初始场上表现出更多的短波结构及更大的振幅，且扰动集中在中高纬度，在白令海峡附近尤为明显。因此，其线性演变主要表现为同纬度带上的 Rossby 波传播合并的过程。在目标时刻，尽管在北大西洋地区形成了北负南正的位势高度异常，但扰动的发展要弱于 OGE 非线性发展的结果，同时扰动在三个等压面上呈现出斜压的垂直结构，并且经向偶极子的结构不明显。对于 NAO-事件,其对应的 semi-LOGE 相对于 NAO+事件要更加集中一些,并且更偏向下游地区。在目标时刻,其线性演变也显示出了斜压结构,并且扰动发展比对应 OGE 的发展偏弱[图 5.22(g)~(l)]。这些结果说明,利用线性近似,往往会低估 NAO 事件预报的不确定性。

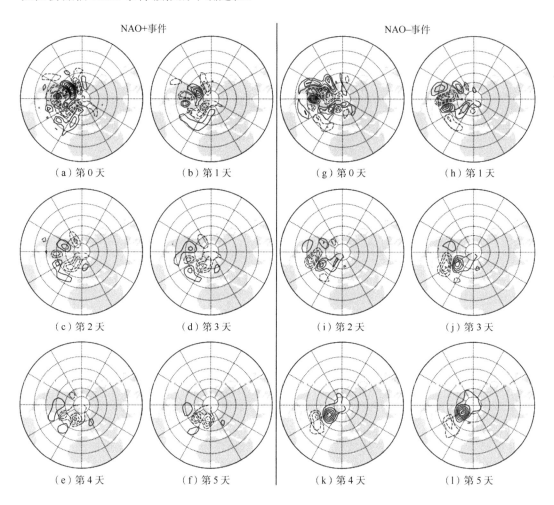

图 5.22　优化时间为 5 天时,500 hPa 上 NAO+事件和 NAO-事件的第一类 semi-LOGE 以及它们的
线性演变(单位:gpm)

等值线间隔:(a)和(g)为 2 gpm,(b)和(h)为 4 gpm,(c)和(i)为 8 gpm,(d)和(j)为 12 gpm,
(e)和(k)为 20 gpm,(f)和(l)为 30 gpm

(戴国锟,2017)

同样地,将 LOPR 的线性演变结果叠加到原来的气候态流场上作为新的参考态,以同样的约束可以计算得到不同优化时间下的 full-LOGE。当优化时间为 5 天时,两类 NAO 事件的第一类 full-LOGE 以及它们的线性演变如图 5.23 所示。同半线性近似一样,在全线性近似下,第二类 full-LOGE 的结构及其线性演变的形式与第一类的完全相反,故这

里不再给出。对于 NAO+事件的第一类 full-LOGE，其相比于对应的 OGE 来说，所包含的短波结构更短，并且振幅更大。其在线性演变的过程中也表现为 Rossby 波动的东传，而最终演变出的经向偶极子结构也具有一定的斜压性。对于 NAO-事件来说，其第一类 full-LOGE 与对应的 OGE 相比也是如此。

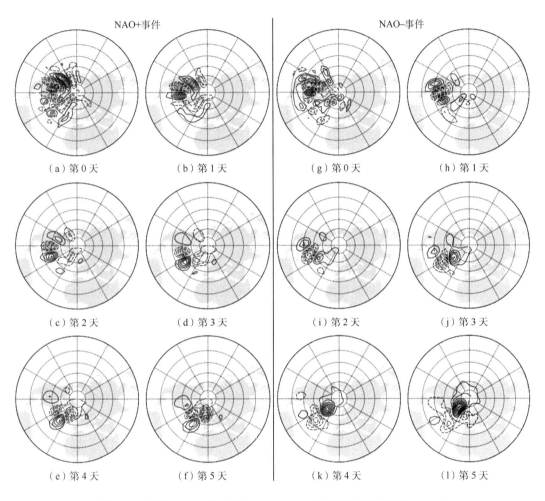

图 5.23　同图 5.22，但对应于 full-LOGE 及其线性演变(单位：gpm)

(戴国铙，2017)

5.5.3　最优前期征兆与最快增长初始误差的关系

从前面的结果可以看出，无论是 OPR 还是 OGE，它们都显示出在 200 hPa 上存在着经向的偶极子结构，在 500 hPa 和 800 hPa 上存在着一系列纬向波列。这里使用相似系数(Buizza，1994；Kim et al.，2004)定量地考察它们的相似程度，其表达式为

$$s = \frac{\langle e_1, e_2 \rangle}{\|e_1\| \cdot \|e_2\|} \tag{5.24}$$

式中，e_i 表示第 i 个流函数扰动场，$\|e_i\|^2 = \langle e_i, e_i \rangle$，$i = 1, 2$。

从表 5.1 中不难看出，在非线性框架下得到的 OPR 和 OGE 具有非常高的相似性，除个别情况（优化时间为 7 天时 NAO+ 事件的第二类 OGE 与对应的 OPR）外，OGE 与 OPR 的相似系数绝对值均超过 0.60。那么，OGE 与对应的 OPR 之间为何会有如此高的相似性呢？下面，以优化时间为 5 天，NAO+ 事件的 OGE 和对应 OPR 之间的相似性为例来进行说明。

表 5.1　OPR 与 OGE 之间的相似系数

类别	NAO+			NAO-		
	3 天	5 天	7 天	3 天	5 天	7 天
第一类 OGE	0.98	0.96	0.87	0.98	0.93	0.82
第二类 OGE	−0.96	−0.60	−0.57	−0.97	−0.83	−0.81

引自：Dai et al., 2016

图 5.13 的结果显示，NAO+ 事件 OPR 的非线性演变呈现出了 Rossby 波动从太平洋向东传播的特征。瞬变波的非线性位势涡度平流是触发 NAO+ 事件发生的主要机制（图 5.16）。对于 NAO+ 事件，其对应的两类 OGE，它们的非线性演变也呈现出了 Rossby 波由西向东传播的特点（图 5.18），这种演变的形式与 OPR 的非线性演变相类似。两类 OGE 的演变机制，都是瞬变波位势涡度平流所引起的（图 5.20 和图 5.21）。由于 OGE 和 OPR 两者的非线性演变遵从同样的物理机制，因此它们的非线性演变呈现出了相似的规律。也正是因为如此，OGE 与 OPR 在结构上具有很高的相似性。

不难发现，每一类 OGE 与其对应 OPR 之间的相似性都随着优化时间的增长而不断降低（表 5.1）。造成此种现象的原因是什么呢？图 5.24 给出了不同优化时间下 NAO+ 事件的 OPR。直观上，随着优化时间的延长，OPR 的位置会不断地向上游移动，其所包含的短波结构不断增多，长波结构不断减少。不仅是 OPR 具有这样的特征，它们所对应的 OGE 也呈现这样的特点。短波系统的不断增多，导致了 OGE 与 OPR 之间相似性的不断降低。

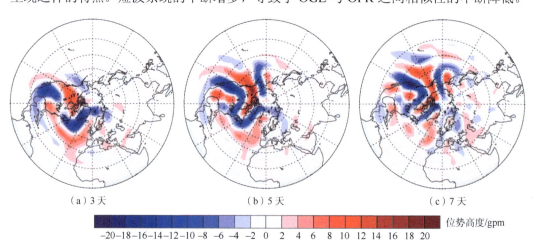

（a）3 天　　　　　　　　（b）5 天　　　　　　　　（c）7 天

位势高度/gpm

−20 −18 −16 −14 −12 −10 −8 −6 −4 −2 0 2 4 6 8 10 12 14 16 18 20

图 5.24　不同优化时间下，NAO+ 事件 500 hPa 上的 OPR（单位：gpm）

（戴国锟，2017）

　　进一步地，纵向比较表 5.1 中的相似系数，可以发现，无论在多长的优化时间下，第一类 OGE 与 OPR 的相似性总是高于第二类 OGE，这种差异在优化时间为 5 天时，NAO+事件的两类 OGE 之间表现得最为突出（第一类 OGE 与 OPR 的相似系数为 0.96，而第二类 OGE 与 OPR 的相似系数仅为−0.60）。此处，我们以此种情况为例，来说明造成这种差异的原因。

　　当优化时间为 5 天时，NAO+事件的 OPR 包含的短波结构较多，同时其非线性演变也呈现出了 Rossby 波从北太平洋中部向东传播到北大西洋的特征（图 5.13）。而对于 NAO−事件，OPR 中所包含的扰动相对集中一些，主要分布在北美大陆附近，并且它的非线性演变过程也表现出相对局地化的特征（图 5.15）。这些特征与观测中的 NAO 事件一致（Feldstein, 2003）。对于 NAO+事件的两类 OGE，如图 5.18 所示，虽然它们都主要集中在北太平洋东侧到北美东海岸一带，演变的特征也都显示出 Rossby 波动东传的特点。然而，两者在结构和演变过程中还是有所不同。在结构上，可以看出第二类 OGE 相对于第一类 OGE 要更加集中一些。在演变上，第一类 OGE 表现为多个 Rossby 波动东传的特点[图 5.18(c)～(d)]，而第二类 OGE 表现为相对局地化的演变[图 5.18(i)～(j)]。对比两个 NAO 事件 OPR 的演变，可以发现，第一类 OGE 的演变特征与 NAO+事件 OPR 的演变特征一致，而第二类 OGE 的演变与 NAO−事件 OPR 的演变过程更相似。换言之，第一类 OGE 与事件本身的演变过程相一致，而第二类 OGE 与相反位相事件的演变过程相一致。这也在某种程度上表明，第一类 OGE 与事件自身的发展具有相同的物理机制，而第二类 OGE 发展的物理机制与反位相事件相一致。相同的物理机制可以使得扰动之间具有更高的相似性，因而第一类 OGE 与对应 OPR 的相似性要比第二类 OGE 的更高。

　　以上分析表明，在非线性框架下，OGE 与 OPR 具有较高的相似性，这主要是由于两者的演变具有相同的机制。那么，在线性近似下，这种“误差”与“前期征兆”之间的相似性是否存在？表 5.2 给出了半线性近似下的 semi-LOGE 与对应的 LOPR 之间的相似系数，表 5.3 则给出了全线性近似下 full-LOGE 与对应 LOPR 之间的结果。可以看出，在线性近似下相似性还部分地保留着非线性框架下的特征。例如，随着优化时间增长，semi-LOGE（full-LOGE）与对应 LOPR 之间的相似性不断降低。这也与之前提到的，随着优化时间的延长，扰动中短波结构增多有关。与非线性框架下的结果所不同的是，在使用了线性近似后，每一个个例中的两类 OGE 呈现出完全相反的结构，以至于两类 OGE 与对应的 OPR 之间的相似系数呈现出相反数的结果。此外，在相同的优化时间下，使用了线性近似后的相似性总是要低于非线性框架下的结果。在优化时间为 3 天时，线性近似下的相似系数也可达到 0.90 以上。然而，当优化时间延长到 5 天或者 7 天时，相似性迅速衰减。这说明，在优化时间较短时线性近似是合理的，但优化时间较长时非线性过程不能忽略，线性近似也就不再适用。

表5.2　LOPR 与 semi-LOGE 之间的相似系数

类别	NAO+			NAO−		
	3 天	5 天	7 天	3 天	5 天	7 天
第一类 semi-LOGE	0.93	0.52	0.48	0.95	0.69	0.52
第二类 semi-LOGE	−0.93	−0.52	−0.48	−0.95	−0.69	−0.52

引自：Dai et al.，2016

表5.3　LOPR 与 full-LOGE 之间的相似系数

类别	NAO+			NAO−		
	3 天	5 天	7 天	3 天	5 天	7 天
第一类 full-LOGE	0.93	0.37	0.34	0.95	0.62	0.24
第二类 full-LOGE	−0.93	−0.37	−0.34	−0.95	−0.62	−0.24

引自：Dai et al.，2016

　　在使用了线性近似后，"误差"与"前期征兆"之间的相似性显著地降低了，这也就意味着非线性过程在两者的相似性维持中扮演着重要的角色。为了考察非线性过程的作用，图 5.25 给出了 NAO+事件 OPR 的线性演变。相比于其非线性演变(图 5.13)，在线性近似下，扰动的演变强度弱于非线性的结果，同时在目标时刻南部的极子位于副热带地区(30 °N 以南)，且在北大西洋以外的地区还存在着许多扰动。但是，其非线性演变的结果却使得扰动集中在北大西洋地区，并且使得南部的极子位于中纬度地区(30 °N以北)。由此可见，非线性项在调节 NAO 极子的位置以及扰动演变局地化过程中发挥着重要作用。忽略了非线性项作用后，线性扰动变得更加离散，进而导致"前期征兆"与"误差"之间的相似性大大降低。

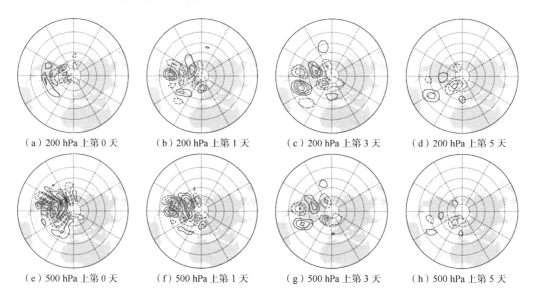

　（a）200 hPa 上第 0 天　　（b）200 hPa 上第 1 天　　（c）200 hPa 上第 3 天　　（d）200 hPa 上第 5 天

　（e）500 hPa 上第 0 天　　（f）500 hPa 上第 1 天　　（g）500 hPa 上第 3 天　　（h）500 hPa 上第 5 天

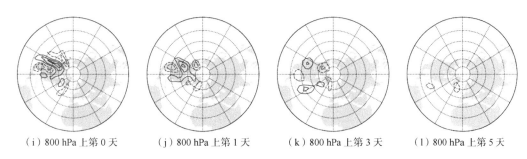

（i）800 hPa 上第 0 天　　　（j）800 hPa 上第 1 天　　　（k）800 hPa 上第 3 天　　　（l）800 hPa 上第 5 天

图 5.25　同图 5.13，但对应于 NAO+事件 OPR 的线性演变

（戴国铭，2017）

5.6　NAO 事件的目标观测研究

对于 NAO 事件，造成事件最大预报不确定性的初始误差与触发事件发生的前期征兆之间存在着相似性，且均呈现出局地分布特征。如果在扰动集中的地区进行额外观测，不仅可以消除初始误差，而且有利于抓住事件发生的前期信号。这里将预报时长设定为 5 天，希望能够提前 5 天进行目标观测，以此提高 NAO 事件的预报技巧。因此，按下述条件选取试验的个例。

（1）所挑选的 NAO 事件在初始场上不具有 NAO 模态。这里考虑的 NAO 事件是从一个近似纬向流逐渐发展成为一个具有 NAO 模态的经向环流过程。因此，在初始时刻，需保证在北大西洋地区是纬向流。为此，以 NAOI 介于±0.2 个标准差之间作为标准。

（2）所挑选的 NAO 事件需要在第 5 天发生。由于所考察的是 NAO 事件发生前 5 天的目标观测敏感区，因此，需要 NAOI 的"真值"在第 5 天超过 1.0 个标准差，而在演变的前 4 天内，NAOI 的"真值"始终不超过 1.0 个标准差。

（3）根据 NAO 事件的定义，NAOI 需要连续 3 天超过 1.0 个标准差时方能被称作 NAO 事件。一个 NAO 事件中，NAO 的模态需要维持一段时间。因此，在挑选 NAO 个例的时候，需要 NAOI 连续 3 天大于 1.0 个标准差（小于-1.0 个标准差）。

根据这些条件，一共挑选出 25 个 NAO+和 48 个 NAO-事件。针对这些事件，采用起报时刻前 12 小时的分析场作为初始场，放入模式中积分 12 小时作为对起报时刻"真值"的估计，得到控制预报的结果。Qin 等（2013）的研究指出，当控制试验的结果与"真值"之间具有一定的差异时，目标观测能更有效地提高预报技巧。有些控制试验对 NAOI 的预报与"真值"结果相当接近，在对其进行目标观测后，很难将 NAO 的预报技巧进一步地提高。为此，以将控制试验结果与"真值"之间 NAOI 相差大于 0.2 为标准，挑选出那些控制预报技巧不高的个例进行目标观测研究。在此标准下，共挑选出 16 个 NAO+事件以及 30 个 NAO-事件。

5.6.1　流依赖下 NAO 事件的目标观测

将初始误差中较大且集中的区域确定为目标观测敏感区，而 CNOP 型误差就是一种造成事件预报具有最大不确定性的初始误差。依据此，针对所研究的 16 个 NAO+事件和 30 个 NAO-事件，分别确定了目标观测敏感区。具体步骤如下。

(1) 以控制预报作为参考态，分别求解两类 OGE。考虑到实际大气中初始误差的量级以及初始误差所造成的预报误差大小，这里与本章 5.5 节中保持一致，将初始误差的约束取为 2.0×10^5 m^2/s，即对应于 500 hPa 位势高度场上的扰动小于 10 gpm。

(2) 对于优化得到的两类 OGE，计算每一个格点上扰动的流函数平方，并将三个等压面上扰动的流函数平方进行等权重求和。为了综合考虑两类 OGE 的作用，这里将两类 OGE 对应的流函数平方进行了平均。然后，将这些流函数平方依据其所在的纬度进行面积加权处理，以此作为每个格点上扰动大小的指标。

(3) 将扰动大小从大到小依次排列，选取前 100 个大值点作为目标观测的敏感区。考虑到模式的水平格点数为 64×32，100 个格点约占全球格点数的 5%，占北半球格点的 10%。

下面，以挑选的 NAO+01 事件为例，来具体说明目标观测敏感区的选取及验证分析。图 5.26 给出了 NAO+01 事件对应的 200 hPa 上位势高度异常的 "真值"。北大西洋中高纬地区存在着位势高度负异常，在北太平洋高纬度附近存在着强大的位势高度正异常。随后，该正异常向南移动，伴随着北大西洋地区的负异常不断向北移动，北大西洋副热

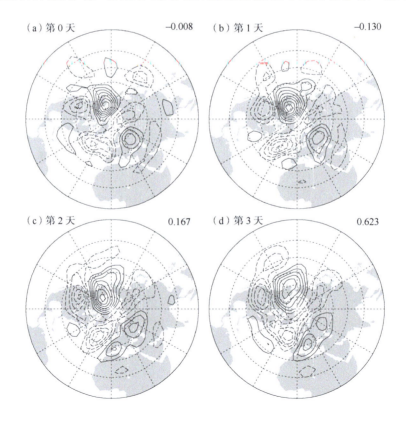

(a) 第 0 天　　　　　　　−0.008　　(b) 第 1 天　　　　　　　−0.130

(c) 第 2 天　　　　　　　0.167　　(d) 第 3 天　　　　　　　0.623

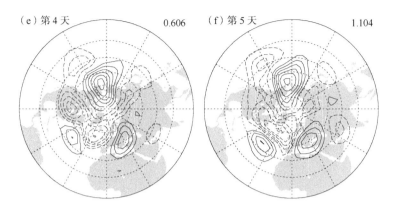

图 5.26　NAO+01 事件中 200 hPa 上位势高度异常的"真值"（单位：gpm）

等值线间隔为 100 gpm，其中右上角的数字为对应的 NAOI

（Dai et al.，2019）

带地区逐渐被正的位势高度异常所代替，形成了北负南正的经向偶极子结构，并且在 NAO 模态上的投影逐渐增大。在第 5 天时，NAOI 首次超过 1.0，之后维持 3 天以上，成为一个 NAO+事件。对于控制试验而言（图 5.27），其演变的特征大致与事件的"真值"相同。但相比于"真值"，在初始时刻，控制试验中位于北大西洋地区的位势高度负异常强度更大。待其向高纬度地区移动后，在 NAO 模态上具有更大的投影，也就造成了 NAOI 的高估。因此，原本应第 5 天发生的 NAO+事件，在控制预报中，第 4 天就已经达到了发生的标准。

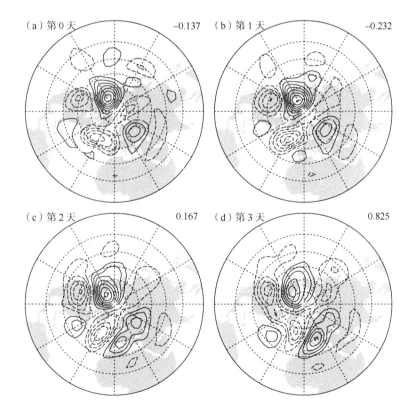

（e）第 4 天　　　　　　　　　1.178　（f）第 5 天　　　　　　　　1.520

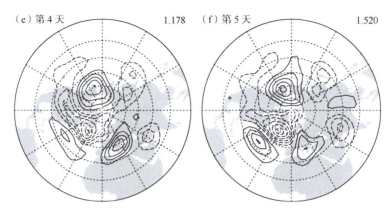

图 5.27　同图 5.26，对应于 NAO+01 事件控制预报的结果

（Dai et al.，2019）

随后，以控制试验作为参考态，优化时间为 5 天，初始扰动约束为 2.0×10^5 m²/s，计算该事件的两类 OGE（图 5.28）。两类 OGE 都主要集中在北半球的中高纬度，并且以天气尺度波动的形式存在于三个模式层上。根据前面所述的方法，计算该 NAO+事件流函数平方扰动的分布情况，如图 5.29 所示。扰动主要集中在两个区域：北大西洋上游的北美大陆与格陵兰岛周围。那么在敏感区进行目标观测，能否提高此次 NAO+事件的预报技巧呢？为了验证其有效性，设计了观测系统模拟试验，将敏感区内的观测同化到控

第一类 OGE　　　　　　　　　　　　　第二类 OGE

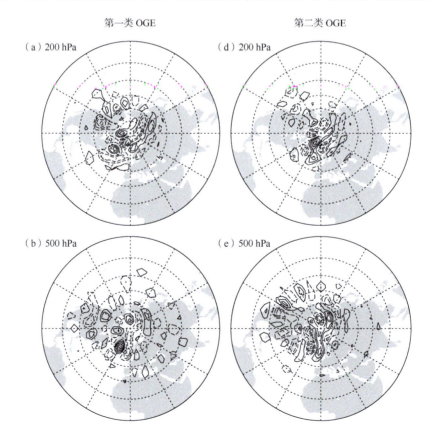

（a）200 hPa　　　　　　　　　　　　（d）200 hPa

（b）500 hPa　　　　　　　　　　　　（e）500 hPa

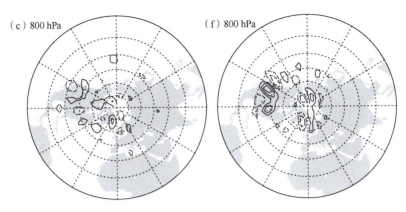

图 5.28　NAO+01 个例的两类 OGE（单位：gpm）

(a)和(d)、(b)和(e)、(c)和(f)分别对应于 200 hPa、500 hPa 和 800 hPa 上的扰动。

实线为正，虚线为负，等值线间隔为 2 gpm

（Dai et al.，2019）

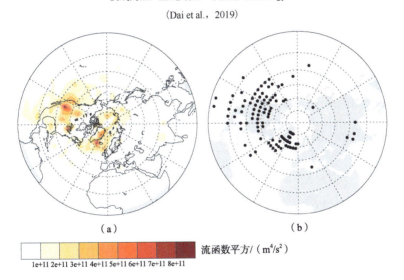

图 5.29　(a)NAO+01 事件对应的流函数平方的分布(单位：m⁴/s²)和(b)目标观测敏感区

（Dai et al.，2019）

制试验的初始场。考虑到同化系统的优劣对结果影响较大，此处直接将控制试验的初始场上敏感区内的误差去替换为"真值"。在进行了目标观测后，所预报的 NAO+事件中北侧极子强度相对于控制预报有所降低(图 5.30)，从而使得目标时刻预报的 NAOI 更接近"真值"，改进了此次 NAO+事件的预测。

　　在进行了目标观测后，为何 NAO 事件的预报技巧可以提高呢？前面的分析表明，瞬变波的非线性位涡强迫变化，是引起 NAO 事件预报不确定性的重要原因。对于"真值"、控制试验与目标观测试验，分别计算它们在演变过程中的瞬变波非线性位涡强迫，并将它们投影到 NAO 模态上。如图 5.31 所示，在这三组试验中，北大西洋地区的 EVF 都呈现出了北负南正的偶极子模态，对应于目标时刻的 NAO+模态。"真值"演变过程中，北大西洋地区的 EVF 较弱，在 NAO 模态上的投影只有 3.113×10^{-6}/s。相比之下，控制

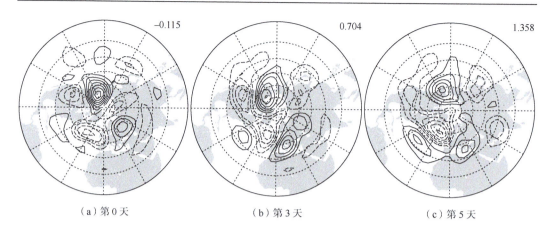

（a）第 0 天　　　　　　　　（b）第 3 天　　　　　　　　（c）第 5 天

图 5.30　NAO+01 事件在目标观测后的 200 hPa 流函数演变（单位：gpm）

等值线间隔为 100 gpm，其中右上角的数字为对应的 NAOI

（Dai et al.，2019）

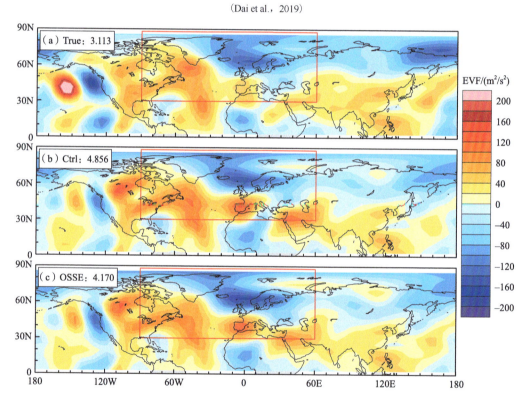

图 5.31　NAO+01 事件演变过程中 200 hPa 上的平均瞬变波非线性位涡强迫 EVF（单位：m²/s²）

（a）～（c）分别对应于"真值"（True）、控制试验（Ctrl）和目标观测试验（OSSE）的结果，红色方框表示北大西洋地区，左上角的数字表示 EVF 在 NAO 模态上的投影（单位：10^{-6}/s）

（Dai et al.，2019）

试验中 EVF 较强，在 NAO 模态上的投影达到了 4.856×10^{-6}/s。在进行了目标观测之后，瞬变波分布发生了改变，原本被高估的平流作用也得以削弱，使之与"真值"更加接近。

EVF 与"真值"更接近使得原本被高估的 NAOI 得以降低，最终提高了该 NAO+事件的预报技巧。

下面引入评价因子 η 来定量衡量目标观测的效果，其定义为目标观测后预报误差的减少量与控制预报误差的比值，具体的计算公式为

$$\eta = 1 - \frac{\left| \text{NAOI}_{\text{OSSE}} - \text{NAOI}_{\text{True}} \right|}{\left| \text{NAOI}_{\text{Ctrl}} - \text{NAOI}_{\text{True}} \right|} \times 100\% \tag{5.25}$$

当 η 大于 0 时，目标观测后 NAO 的预报技巧得以提高，并且 η 越接近 1 时，目标观测效果越好；当 η 小于 0 时，目标观测后的 NAO 预报技巧反而降低。对于 NAO+01 事件，η 的值为 38%。

同样地，对所有的 NAO 事件做了相同的试验。对于大多数个例而言，在 CNOP 确定的敏感区内进行目标观测，可以有效地提高 NAO 的预报效果(图 5.32)。其中，对于 16 个 NAO+事件，在实施目标观测后，有 12 个个例的预报技巧得以提高，技巧平均提高 43.7%。对于 30 个 NAO-事件，目标观测后有 23 个个例的预报技巧得到了提高，技巧平均提高 51.0%(表 5.4)。然而，有些个例在进行目标观测后，如 NAO+02 事件，预报技巧不升反降。

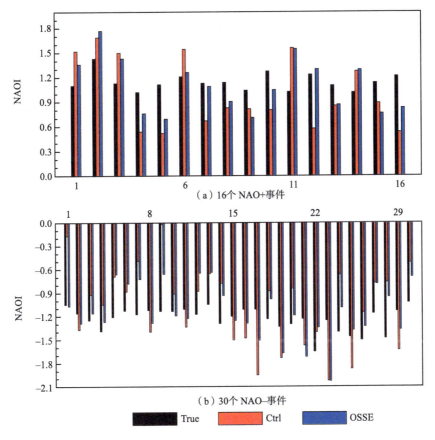

图 5.32 流依赖下(a)16 个 NAO+事件及(b)30 个 NAO-事件的目标观测试验结果

黑色、红色和蓝色柱状图分别表示"真值"(True)、控制试验(Ctrl)和目标观测(OSSE)后的 NAOI

(Dai et al., 2019)

表 5.4　　流依赖下的目标观测试验结果

事件	试验个例数	技巧改善个数	平均技巧改善程度/%
NAO+事件	16	12	43.7
NAO−事件	30	23	51.0

引自：Dai et al., 2019

　　为何目标观测后，NAO+02 事件的预报技巧不升反降呢？为回答这一问题，我们同样地计算了 NAO+02 事件"真值"、控制预报和目标观测试验中 EVF 的分布。从图 5.33 可以看出，在三组试验中，EVF 均在北大西洋地区形成了北负南正的经向偶极子结构，并且相对于"真值"，控制试验中的强迫作用偏强，EVF 在 NAO 模态上的投影达到 3.453×10^{-6}/s，这也导致了控制试验中高估了 NAOI。在进行了目标观测后，其对应的 EVF 却在 NAO 模态上有了更大的投影，也就造成了 NAOI 更高的估计。对比图 5.33 中各试验的位涡平流分布情况，可以发现，在进行了目标观测之后，EVF 的分布情况与"真值"更加接近。其中最大的变化在于，控制试验中位于巴伦支海附近的正位涡平流，在增加了观测后，变成了接近"真值"的负位涡平流。NAO+是一个北负南正的经向偶极子结构，控制试验中巴伦支海附近的正位涡平流会造成 NAOI 的低估，其他地区的误差导致 NAOI 的高估，总体表现出了 NAOI 的高估。换言之，目标观测之后，原本可以相互抵消的两个误差不再平衡，使得 NAOI 更加偏离"真值"。

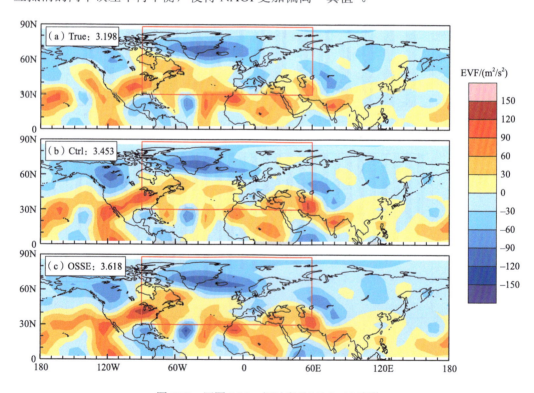

图 5.33　同图 5.31，但对应于 NAO+02 事件

(Dai et al., 2019)

5.6.2　非流依赖下 NAO 事件的目标观测

前面的研究表明,用 CNOP 方法确定 NAO 事件的目标观测敏感区是有效的。但是,所确定的目标观测的敏感区是流依赖的。这样的话,对于每一次 NAO 事件,都需要根据基本流的状况来确定敏感区,再相应地重新布置观测点。那么,能否确定固定的观测点,每次都在这些站点进行观测,进而提高 NAO 事件的预报技巧?为此,以气候态背景下优化时间为 5 天的 OGE 作为依据,按照同样的方法计算了其流函数平方的平均分布,并将前 100 个大值点作为目标观测的敏感区。图 5.34 表明,新的敏感区主要位于北大西洋的上游,即北美大陆附近。

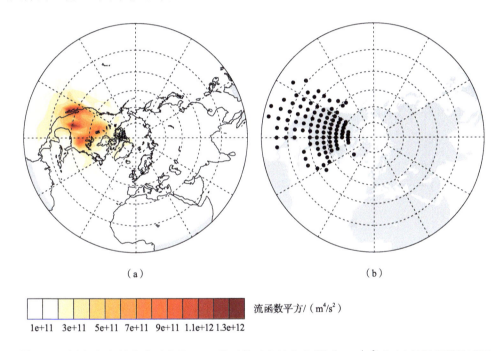

（a）　　　　　　　　　　　　　　　　　（b）

流函数平方/（m⁴/s²）

图 5.34　(a)气候态基本流对应的 OGE 流函数平方的分布(单位: m⁴/s²)和(b)目标观测敏感区
(Dai et al., 2019)

基于新的敏感区,对所有的 NAO 事件做了目标观测试验。对于大部分的 NAO 事件,目标观测仍能够改善预报(图 5.35)。具体来说,对于研究的 16 个 NAO+事件,非流依赖的目标观测,同样可以使得其中的 12 个事件预报技巧得到提高,平均改善程度为 36.7%。对于 30 个 NAO-事件,非流依赖的目标观测使得其中 20 个事件预报技巧提高,平均改善程度为 40.1%(表 5.5)。尽管对 NAO 事件的改善程度不及流依赖目标观测方案(表 5.4),这种目标观测方案总体上仍是可行的。在条件有限的情况下,可以优先在图 5.34(b)所示的区域进行目标观测。

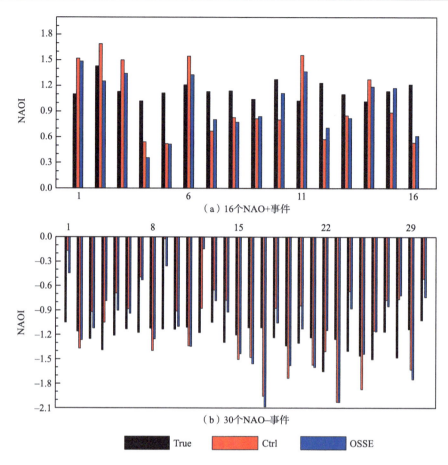

图 5.35　同图 5.32，但对应于非流依赖下的目标观测试验结果

(Dai et al.，2019)

表 5.5　非流依赖下的目标观测试验结果

事件	试验个例数	技巧改善个数	平均技巧改善程度/%
NAO+事件	16	12	36.7
NAO-事件	30	20	40.1

引自：Dai，et al.，2019

5.7　阻塞和 NAO 事件可预报性延伸研究

本章基于简单的 T21L3 斜压准地转模式，探讨了初始不确定性对阻塞和 NAO 事件可预报性的影响。随着数值模式的不断发展，更多中小尺度过程和更详尽的物理参数化方案被包含进来，使得数值模式可以更加接近真实大气的演变状况。然而，数值模式复杂程度越高，其相应的伴随模式开发越困难。目前，许多复杂模式不再开发对应的伴随模式，这给求解非线性最优化问题带来了挑战。

针对这一问题，同济大学软件学院学者提出了一种基于无伴随并行主成分分析的遗传算法和粒子群优化混合算法(PGAPSO)，来解决这种高维数值模型中的 CNOP 求解问题(Mu et al.,2022)。他们结合地球系统模式(CESM)，利用该算法求解得到了触发 NAO 事件发生的最优前期征兆。与其他方法相比，PGAPSO 算法可以避免陷入局部最优，具有更强的稳健性，为无伴随模式的非线性最优化求解问题提供了参考。

除了初始条件的不确定性外，预报不确定性也来源于模式的不确定性，尤其是在复杂的地球系统模式中，模式参数的不确定性对预报结果有着重要影响。Mu 等(2020)利用复杂的地球系统模式 CESM，探究了模式参数不确定性对 NAO 事件预报的影响。结果表明，在 CESM 大气模块的 28 个模式参数中，对 NAO+事件影响最大的参数组合是深层对流参数、低稳定云的最小相对湿度和太阳总辐照度。对于 NAO-事件，降水蒸发常数、特征调整时间尺度和太阳总辐照度这三个参数的组合影响最大。这些结果不仅揭示了与 NAO 事件形成相关的关键物理参数过程，更为优化模型参数提供了科学指导。

此外，边界条件对于阻塞和 NAO 在次季节时间尺度上的预测也有着重要的影响。Ma 等(2022)利用 CAM4 大气环流模式，通过边界条件非线性最优扰动方法(CNOP-B)，研究了北极海冰对于乌拉尔阻塞次季节预测的影响。结果表明，格陵兰海、巴伦支海和鄂霍茨克海的海冰在 4 候时间尺度上对乌拉尔阻塞的预测具有重要影响。进一步地，他们还发现，这些地区的海冰减少有利于乌拉尔阻塞事件的形成(Dai et al.,2023a)。Dai 等(2023b)也利用 CAM4 模式研究了在 4 候时间尺度上对 NAO 事件预测具有重要影响的北极海冰分布，得到了类似的结论。这些结果为乌拉尔阻塞、NAO 事件及极端天气气候的预测提供了新的思路。

5.8　结论和讨论

基于 T21L3 准地转模式，本章利用初值条件非线性最优扰动方法(CNOP-I)，探讨了在天气尺度上阻塞和 NAO 事件的最优初始扰动。CNOP 型初始扰动通过非线性演变触发阻塞和 NAO 事件的发生。同时，通过 CNOP 方法确定了 NAO 事件的大气目标观测敏感区，在敏感区内进行目标观测可以有效地改善 NAO 的预报技巧。近期，又有许多研究从模式参数的不确定性、模式边界条件的不确定性等方面考察了阻塞和 NAO 事件的可预报性问题，这些问题的探讨，为改进阻塞和 NAO 事件的预测能力提供了科学指导。然而，已有研究大多都是从单方面不确定性去探讨阻塞和 NAO 事件的可预报性问题。如果同时考虑大气初始场、模式参数以及边界条件的不确定性，它们可能会对这些事件的预报产生更大的影响。与之相关的机理与目标观测研究值得更进一步去探究。

参　考　文　献

姜智娜. 2007. 条件非线性最优扰动在集合预报中的应用. 中国科学院大气物理研究所博士学位论文.

戴国锟. 2017. NAO 事件发生的可预报性研究: 前期征兆、初始误差与目标观测. 中国科学院大气物理研究所博士学位论文.

Barkmejier J. 1996. Constructing fast-growing perturbations for the nonlinear regime. J Atmos Sci, 53: 2838-2851.

Barnes E A, Hartmann D L. 2010. Dynamical feedbacks and the persistence of the NAO. J Atmos Sci, 67(3): 851-865.

Berggren R, Bolin B, Rossby C G. 1949. An aerological study of zonal motion, its perturbation and break-down. Tellus, 1: 14-37.

Benedict J J, Lee S, Feldstein S B. 2004. Synoptic view of the North Atlantic oscillation. J Atmos Sci, 61(2): 121-144.

Buizza R. 1994. Sensitivity of optimal unstable structures. Quart J Roy Meteor Soc, 120: 429-451.

Buizza R, Houtekamer P L, Toth Z, et al. 2005. A comparison of the ECMWF, MSC, and NCEP global ensemble prediction systems. Mon Wea Rev, 133(5): 1076-1097.

Buizza R, Molteni F. 1996. The role of finite-time barotropic instability during the transition to blocking. J Atmos Sci, 53: 1675-1697.

Buizza R, Palmer T N. 1995. The singular-vector structure of the atmospheric global circulation. J Atmos Sci, 52: 1434-1456.

Dai G K, Ma X Y, Mu M, et al. 2023a. Optimal Arctic sea ice concentration perturbation in triggering Ural blocking formation. Atmospheric Research, 289: 106775.

Dai G K, Mu M, Han Z, et al. 2023b. The influence of Arctic sea ice concentration perturbations on subseasonal predictions of north Atlantic oscillation events. Adv Atmos Sci, 40: 2242-2261.

Dai G K, Mu M, Jiang Z N. 2016. Relationships between optimal precursors triggering NAO onset and optimally growing initial errors during NAO prediction. J Atmos Sci, 73(1): 293-317.

Dai G K, Mu M, Jiang Z N. 2019. Targeted observations for improving prediction of the NAO onset. J Meteorol Res-PRC, 33(6): 1044-1059.

Descamps L, Talagrand O. 2007. On some aspects of the definition of initial conditions for probabilistic prediction. Mon Wea Rev, 135(9): 3260-3272.

Ehrendorfer M. 2000. The total energy norm in a quasigeostrophic model. J Atmos Sci, 57: 3443-3451.

Feldstein S B. 2003. The dynamics of NAO teleconnection pattern growth and decay. Quart J Roy Meteor Soc, 129(589): 901-924.

Franzke C, Lee S, Feldstein S B. 2004. Is the North Atlantic Oscillation a breaking wave? J Atmos Sci, 61(2): 145-160.

Frederiksen J S. 2000. Singular vector, finite-time normal modes, and error growth during blocking. J Atmos Sci, 57: 312-333.

Houtekamer P L, Derome J. 1995. Methods for ensemble prediction. Mon Wea Rev, 123(7): 2181-2196.

Houtekamer P L, Mitchell H L. 1998. Data assimilation using an ensemble kalman filter technique. Mon Wea Rev, 126: 796-811.

Hurrell J W. 1995. Decadal trends in the North Atlantic Oscillation: Regional temperatures and precipitation. Science, 269(5224): 676-679.

Jin F F, Pan L L, Watanabe M. 2006a. Dynamics of synoptic eddy and low-frequency flow interaction. Part I: A linear closure. J Atmos Sci, 63(7): 1677-1694.

Jin F F, Pan L L, Watanabe M. 2006b. Dynamics of synoptic eddy and low-frequency flow interaction. Part II: A theory for low-frequency modes. J Atmos Sci, 63(7): 1695-1705.

Kim H M, Morgan M C, Morss R E. 2004. Evolution of analysis error and adjoint-based sensitivities: Implications for adaptive observations. J Atmos Sci, 61(7): 795-812.

Kimoto M, Mukougawa H, and Yoden S. 1992. Medium-range forecast skill variation and blocking transition: A case study. Mon Wea Rev, 120: 1616-1627.

Liu Q. 1994. On the definition and persistence of blocking. Tellus A, 46: 286-295.

Liu Q, Opsteegh J D. 1995. Interannual and decadal variations of bocking activity in a quasi-geostrophic model. Tellus A, 47: 941-954.

Lorenz E N. 1965. A study of the predictability of a 28-variable model. Tellus A, 17: 321-333.

Luo D H. 2005. A barotropic envelope Rossby soliton model for block-eddy interaction. Part I: Effect of topography. J Atmos Sci, 62: 5-21.

Luo D H, Gong T T, Lupo A R. 2007b. Dynamics of eddy-driven low-frequency dipole modes. Part II: Free mode characteristics of NAO and diagnostic study. J Atmos Sci, 64(1): 29-51.

Luo D H, Huang F, Diao Y N. 2001. Interaction between antecedent planetary-scale envelope soliton blocking anticyclone and synoptic-scale eddies: observations and theory. J Geophys Res: Atmospheres, 106(23): 31795-31815.

Luo D H, Lupo A R, Wan H. 2007a. Dynamics of eddy-driven low-frequency dipole modes. Part I: A simple model of North Atlantic Oscillations. J Atmos Sci, 64(1): 3-25.

Ma X Y, Mu M, Dai G K, et al. 2022. Influence of Arctic sea ice concentration on extended-range prediction of strong and long-lasting Ural blocking events in winter. J Geophys Res: Atmospheres, 127: e2021JD036282.

Marshall J, Molteni F. 1993. Toward a dynamical understanding of planetary-scale flow regimes. J Atmos Sci, 50: 1792-1815.

Molteni F, Palmer T N. 1993. Predictability and finite-time instability of the northern winter circulation. Quart J Roy Meteor Soc, 119: 269-195.

Mu B, Li J, Yuan S J, et al. 2020. CNOP-P-based parameter sensitivity analysis for North Atlantic Oscillation in community earth system model using intelligence algorithms. Advances in Meteorology, 1-16.

Mu B, Li J, Yuan S J, et al. 2022. Optimal precursors identification for North Atlantic oscillation using the parallel intelligence algorithm. Scientific Programming, 1-21.

Mu M, Jiang Z N. 2008. A method to find perturbations that trigger blocking onset: Conditional nonlinear optimal perturbations. J. Atmos. Sci., 65: 3935-3946.

Oortwijn J. 1998. Predictability of the onset of blocking and strong zonal flow regimes. J Atmos Sci, 55: 973-994.

Oortwijn J, Barkmeijer J. 1995. Perturbations that optimally trigger weather regimes. J Atmos Sci, 52: 3932-3944.

Qin X H, Duan W S, Mu M. 2013. Conditions under which CNOP sensitivity is valid for tropical cyclone adaptive observations. Quart J Roy Meteor Soc, 139(675): 1544-1554.

Rex D F. 1950. Blocking action in the middle troposphere and its effects upon regional climate. I: An aerological study of blocking action. Tellus, 2: 196-211.

Roads J O. 1987. Predictability in the extended range. J Atmos Sci, 44: 3495-3527.

Shutts G J. 1983. The propagation of eddies in diffluent jetstreams: Eddy vorticity forcing of blocking flow fields. Quart J Roy Meteor Soc, 109: 737-761.

Song J. 2016. Understanding anomalous eddy vorticity forcing in North Atlantic Oscillation events. J Atmos Sci, 73(8): 2985-3007.

Tan G, Jin F, Ren H, et al. 2014. The role of eddy feedback in the excitation of the NAO. Meteorological Applications, 21(3): 768-776.

Thompson D W J, Wallace J M. 2000. Annular modes in the extratropical circulation. Part I: Month-to-month variability. J Climate, 13(5): 1000-1016.

Thompson D W J, Wallace J M, Hegerl G C. 2000. Annular modes in the extratropical circulation. Part II: Trends. J Climate, 13(5): 1018-1036.

Tibaldi S, Molteni F. 1990. On the operational predictability of blocking. Tellus A, 42: 343-365.

Walker G. 1928. World weather. Quart J Roy Meteor Soc, 54(226): 79-87.

第6章 CNOP 在大西洋经圈翻转环流研究中的应用

6.1 引　言

大西洋经圈翻转环流(Atlantic meridional overturning circulation，AMOC)是大西洋海盆尺度的翻转环流(图 6.1)。AMOC 在上层将低纬度的高温、高盐海水向北输送，到达高纬后，释放大量热量，温度降低导致密度增大，然后通过垂向对流过程转为北大西洋底层水(north Atlantic deep water，NADW)。NADW 缓慢向南输送，通过扩散过程，逐渐回到表层(Kuhlbrodt et al.，2007)。在当前气候条件下，AMOC 的强度(南北的海水体积交换量)约为 18 Sv($1 Sv = 10^6\,m^3/s$)，极向热输送约为 $10^{15}\,W$(Ganachaud and Wunsch，2000)，对北欧乃至全球的气候产生了重要影响(Liu et al.，2012；Petersen et al.，2013)。

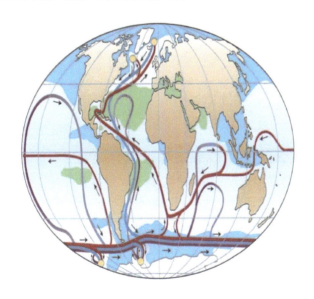

图 6.1　"大洋输送带"示意图

图中红线表示表层洋流，蓝线表示深海洋流；北大西洋高纬的黄色点表示深水形成的区域：Nordic Sea 和拉布拉多海

(Kuhlbrodt et al.，2007)

从古气候代用资料中可以发现，AMOC 的强度存在多个平衡态(Alley et al.，1999；Alley et al.，2003)。如末次冰消期，AMOC 的强度显著弱于当前，北半球出现短暂的低温时段，即所谓的"新仙女木事件"(Ritz et al.，2013)。对于"新仙女木事件"，目前

较为合理的解释是，在全球变暖背景下，冰川消融导致大量淡水注入北大西洋，降低了表层的海水密度，使垂向对流过程中断(Brocker et al.，1990)，同时其上游的极向热输送过程也中断。当前气候变化背景类似于末次冰消期，那么当前背景下冰川融化、降水异常能否导致 AMOC 从当前平衡态跳转到另一个显著不同的平衡态呢？换言之，如果 AMOC 发生平衡态的跳转，至少需要多大的淡水异常呢？我们将在本章 6.3 节讨论这一问题。

前人研究发现，大西洋海表温度(SST)存在约 60 年尺度的多年代际振荡(Atlantic multi-decadal oscillation，AMO)。Dijkstra(2000)指出，AMO 可能是 AMOC 强度变化，即大西洋多年代际变化(Atlantic multi-decadal variability，AMV)在 SST 变化上的反映。关于 AMV 的成因，前人提出了多种物理机制进行解释，涉及混合过程、北大西洋高纬度海表淡水通量和热通量、北冰洋海冰的输入、北大西洋涛动导致的中纬度海表热通量异常、海岸 Kelvin 或 Rossby 波、北大西洋高纬度的对流活动、南半球风应力、海表淡水通量和海洋内部涡的变率(Zanna，2009)等过程。在 AMV 的成因中，有一类研究认为，AMV 由某时刻的瞬时温度、盐度异常引起，通过"激发"海洋系统的内在模态，从而导致 AMOC 强度在多年代际尺度上出现变化。那么，在当前气候背景下，自然界存在的淡水输入异常能在多大程度上影响 AMOC 的强度变化呢？换言之，淡水异常需要具备怎样的空间结构与强度，才能激发出一个周期为 60 年的 AMV 呢？本章将在 6.4 节讨论这一问题。

另外，本章 6.5 节将讨论 CNOP 方法在 AMOC 多年代际变化中的一些其他应用。比如，如果瞬时的温盐异常不是发生在表层，而是发生在海表以下多层，AMOC 的响应特征如何。

6.2　模　　式

盒子模型(box model)是对 AMOC 高度简化的理论模型。盒子模型假设存在赤道和极地两个盒子，每个盒子中温度、盐度混合均匀，温度和盐度决定密度。两个盒子的密度差决定了环流强度，环流通过平流过程影响每个盒子的温度和盐度。通过一定的简化，盒子模型的控制方程可以写成如下形式(Dijkstra，2000)。

$$\frac{dT}{dt} = \eta_1 - T\left(1 + |T - S|\right) \tag{6.1}$$

$$\frac{dS}{dt} = \eta_2 - S\left(\eta_3 + |T - S|\right) \tag{6.2}$$

式中，T 和 S 分别为赤道和极地盒子之间无量纲的温度差和盐度差，$\varphi = T - S$ 是无量纲的流量。参数 η_1 是热强迫的强度；η_2 是淡水强迫的强度；η_3 是温度和盐度恢复时间的比值。方程的平衡态用温度 $\overline{T}$、盐度 $\overline{S}$ 和流量 $\overline{\varphi} = \overline{T} - \overline{S}$ 来表示。$\overline{\varphi} > 0$ 对应极地盒子密度高于赤道，称这种平衡态为热力驱动型；而称 $\overline{\varphi} < 0$ 为盐分驱动型。本章 6.3 节将采用该模型讨论 AMOC 的稳定性问题。

热盐环流模式(thermohaline circulation model，THCM；Dijkstra et al.，2001；De Niet et al.，2007)是一个球坐标系下的多层海洋环流模式，控制方程采用原始方程。该模式曾被用来研究 AMOC 的稳定性和多年代际变化(TeRaa and Dijkstra，2002；Dijkstra and Weijer，2005)。控制方程中的时间微分项采用隐式格式离散，并用 Newton-Raphson 迭代方法来求解离散化的非线性方程组。因此，在积分过程中，可以方便地获得方程右端项的雅可比矩阵。雅可比矩阵通过变换之后，可以获得模式的切线性矩阵，切线性矩阵转置之后可得伴随矩阵。这为求解 CNOP 提供了便利条件。

本章中，THCM 采用了较为理想的设置：采用理想地形，各处海盆深度均为 4 000 m；不考虑海陆边界；积分区域为(74 °W～10 °W，10 °N～74 °N)，水平分辨率为 4°×4°；垂直方向上等距剖分，共 16 层，每层厚度 250 m；不考虑风应力的影响；时间步长取为 7～20 天。本章 6.4 节将采用 THCM 讨论 AMOC 的多年代际变化问题。

6.3　AMOC 稳定性研究

本节介绍 Mu 等(2004)中的工作。令式(6.1)和式(6.2)右端项为 0，求解方程组，即可得系统平衡态随参数 η_1、η_2、η_3 的变化。由于这里仅关心不同的淡水强迫背景下(对应参数 η_2)AMOC 的多平衡态特征，因此限定 η_1=3.0，η_3=0.2，则可得方程组的平衡态随参数 η_2 的变化(图 6.2)。

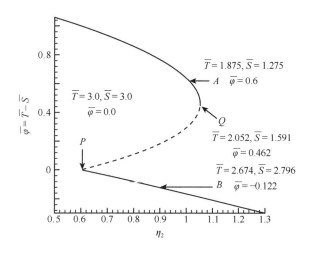

图 6.2　Stommel 盒子模式的分岔图

其中 η_1 =3.0，η_3 =0.2，实线表示线性稳定的平衡态，虚线表示线性不稳定的平衡态。

$\bar{\varphi}$>0 表示热力驱动型 AMOC，$\bar{\varphi}$<0 则表示盐分驱动型 AMOC

(Mu et al.，2004)

在不同的淡水强迫下，AMOC 存在多平衡态特征。当参数 η_2 超过 0.6 时(图中 P 点)，平衡态的个数由 1 个增加到 3 个，其中 2 个为线性稳定的平衡态(实线)，1 个为线性不稳定的平衡态(虚线)。线性稳定的平衡态中，一个对应热力驱动型($\bar{\varphi} > 0$)，即极地盒子的密度高于赤道，经向热力梯度主导环流。另一个对应盐分驱动型($\bar{\varphi} < 0$)。在这种情况下，AMOC 在上层向南流动，深层向北流动，与当前气候条件下的 AMOC 方向相反。当参数 η_2 进一步增大，超过 1.052 时，平衡态的个数变为 1 个，即仅有盐分驱动型的平衡态存在。

如引言中所述，我们要研究的问题是，当前气候背景下，即便 AMOC 是线性稳定的，是否存在一种有限振幅淡水扰动，使 AMOC 跳转到另一个显著不同的平衡态？我们在参数 $\eta_1 = 3.0$，$\eta_2 = 1.02$，$\eta_3 = 0.2$ 下讨论这一问题。

假设当前处于热力驱动的线性稳定的平衡态下($\bar{T} = 1.875$，$\bar{S} = 1.275$，$\bar{\varphi} = 0.6$)，通过叠加 CNOP 型最优初始温盐异常(T_0', S_0')，考察 AMOC 能否从当前平衡态跳转到另一个线性稳定的盐分驱动型平衡态($\bar{\varphi} < 0$)。

为简化分析，将初始温盐异常写为如下形式：$(T_0', S_0') = (\delta\cos\theta', \delta\sin\theta')$，其中 δ 为扰动约束半径，θ' 为扰动的辐角。定义目标函数 J 来衡量扰动的发展情况，结果如图 6.3 所示。在线性框架下，异常的线性发展存在两个相同的极大值，分别对应 $\theta_1' = 1.948$ 和 $\theta_2' = 5.089$。实际上，这两处对应一对反号的线性奇异向量(LSV)。这说明在线性情况下，$\varphi_0' = T_0' - S_0' > 0$ 的扰动和 $\varphi_0' < 0$ 的扰动具有相同的线性增长。

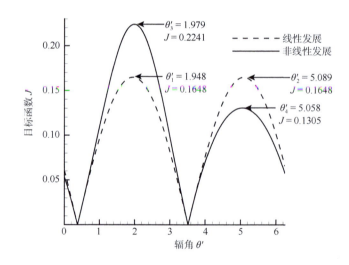

图 6.3　"热力驱动型"平衡态下，扰动约束半径上的全部扰动在优化时刻的目标函数
图中实线为非线性发展，虚线为线性发展
(Mu et al.，2004)

但是在非线性框架下，$\theta_3' = 1.979$ 时存在一个全局最优扰动 $J(\delta, \theta_3') = 0.2241$，即为 CNOP，其非线性发展强于 LSV；在 $\theta_4' = 5.058$ 处还有一个局部 CNOP，其非线性发展弱于 LSV。这说明，在非线性框架下全局 CNOP 和局部 CNOP 的发展是不同的。由于非

线性过程的作用，全局 CNOP 型最优扰动的非线性发展，超过了 LSV 的线性发展。另外，全局 CNOP 型最优扰动对应 $\varphi_0' = T_0' - S_0' < 0$，即扰动导致了经向密度差减弱，相当于在高纬度地区加入淡水。因此将 $\varphi_0' < 0$ 称为淡水型扰动，这类扰动使初始的环流强度降低。这一研究发现，这类扰动具有最快的非线性发展，说明 AMOC 对淡水型扰动最为敏感，这与前人的结论相符（Manabe and Stouffer，1999）。

　　一般而言，初始扰动越大，导致的目标函数和流函数的响应也越强。借鉴 LSV 的研究方法，为了衡量单位初始扰动导致的目标函数的变化，图 6.4 计算了 CNOP 型异常导致的 J/δ 的变化。事实上，在线性框架下，J/δ 理论上不会随 δ 的变化而变化，即 J 随 δ 线性变化。但是图 6.4（a）显示，在非线性框架下，随着 δ 增大，J/δ 也逐渐增强。图 6.4（b）也显示，随着 δ 增大，流函数需要更长的时间恢复到平衡态。如果扰动进一步增大，系统会收敛到另一个线性稳定的平衡态 $\bar{\varphi} < 0$，而不会恢复到原平衡态 $\bar{\varphi} = 0.6$。

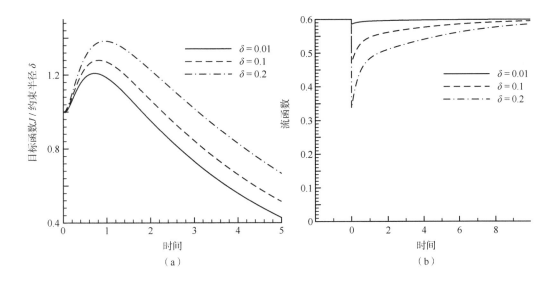

图 6.4　CNOP 型最优初始异常在非线性模式中导致的 AMOC 的变化

(a)目标函数 J 与约束半径 δ 的比值；(b)流函数。图中不同的曲线代表不同的约束半径，横坐标是无量纲化时间

(Mu et al.，2004)

　　根据以上结果，可以定义一个临界扰动振幅 δ_c，超过 δ_c 则会导致 AMOC 从热力驱动型平衡态跳转到对应的盐分驱动型平衡态。这说明线性稳定的平衡态在扰动足够大的情况下，可以变为非线性不稳定，而 δ_c 可以用来确定导致系统非线性失稳所需最小扰动振幅。依次在不同的淡水强迫强度 η_2 下计算 δ_c，获得了 AMOC 非线性失稳所需的最小扰动振幅 δ_c。图 6.5 显示了 $\eta_2 = 0.95$ 到 1.052 之间的曲线。这个曲线将平面一分为二，在曲线下方是非线性稳定的，在曲线上方是非线性不稳定的。当接近分岔点（$\eta_2 = 1.052$）时，δ_c 迅速下降，到分岔点时为零。该结果说明了线性稳定的平衡态至少需要何种强度

的淡水异常才会变成非线性不稳定。

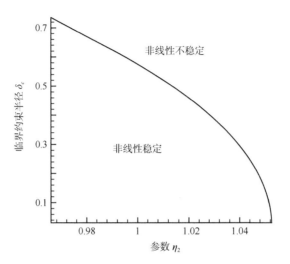

图 6.5   "热力驱动型"平衡态在点 $\eta_2 = 1.05$ 附近的临界扰动半径 δ_c 随 η_2 的变化

(Mu et al.，2004)

6.4   AMOC 多年代际变化研究

本节主要介绍用 CNOP 方法研究 AMOC 多年代际变化的一些成果。基于三维海洋环流模式，以及与当前气候态一致的 AMOC 平衡态，Zu 等(2016)计算了 CNOP 型海表盐度(sea surface salinity，SSS)和海表温度(SST)的最优初始异常，以此研究了 AMOC 多年代际变化特征。最优初始 SSS 异常具有较强的经向梯度[图 6.6(a)]。扰动的信号集中于海盆的西北侧，对应淡水异常，这与前人发现的 AMOC 在高纬度对淡水异常较为

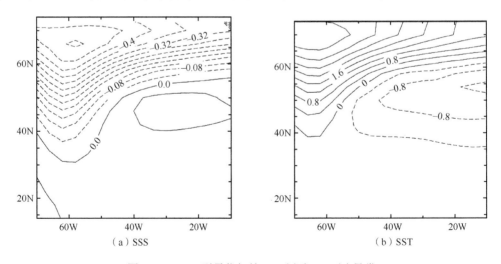

图 6.6   CNOP 型最优初始 SSS(a)和 SST(b)异常

(Zu et al.，2016)

敏感的结论一致(Manabe and Stouffer，1999)。SSS 异常的最小值约为–0.5 psu，对应大盐度异常事件(great salinity anomaly)的典型振幅。CNOP 型最优初始 SST 异常的结构与 SSS 类似，但是符号相反。扰动也集中在海盆西北侧，最大值约为 3 ℃[图 6.6(b)]。最优初始异常的最大/最小值与自然界中 SST 和 SSS 变化的振幅相当，可以用来阐述 SST 和 SSS 的变率对 AMOC 强度影响的程度。CNOP 型最优初始 SSS 和 SST 异常的结构说明，海盆西北侧(如拉布拉多海)的海表温盐变化，对未来 AMOC 的强度变化具有最为显著的影响。从目标观测的角度，如果将有限的观测系统优先布置到该区域，则可以相对有效地提高 AMOC 多年代际变化的预报技巧。

　　LSV 型的 SSS 和 SST 异常显示了与 CNOP 不同的空间结构(图 6.7)。LSV 型 SSS 异常的经向梯度更强，同时正异常的区域更大，强度更强。SST 异常中正异常的区域相对较小，负异常的强度和区域更大。从目标观测的角度，如果采用 LSV 方法确定敏感区，则观测系统不仅需要布置到海盆西北侧，海盆的中部偏东的位置也应该布置观测系统。这种差别是由于 LSV 采用线性近似所导致的。

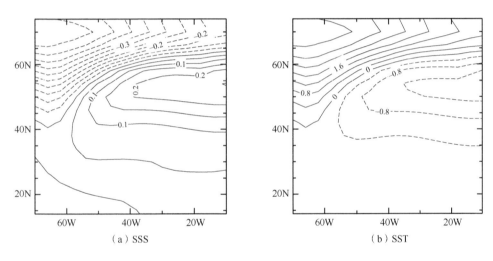

（a）SSS   （b）SST

图 6.7   同图 6.6，但为 LSV 型初始异常

(Zu et al.，2016)

　　CNOP 型最优初始 SSS 异常可以导致一个多年代际的振荡，周期为 52 年[图 6.8(a)]。这与观测中 AMO 的周期十分接近。目标函数反映了上层流量的变化，也可以从中发现周期为 52 年的多年代际变化[图 6.8(b)]。为了厘清 AMOC 多年代际变化中非线性过程的作用，对比了扰动的线性和非线性发展。初始阶段(0～2 年)，扰动的非线性发展显示经向流函数最大值(maximal meridional stream function，MMSF)是增强的，而线性发展显示该最大值迅速减弱，在约 2 年时，两者的差别超过了 1 Sv。之后，非线性模式中流函数最大值迅速衰减，而线性模式中最大值衰减较慢。在约 10 年后，线性和非线性模式中流函数最大值均达到最小值，但两者的差别较为明显，约为 0.8 Sv。目标函数也反映了约 10 年之后，扰动的线性发展和非线性发展在上层流量的变化上存在显著的差别，差别可以达到非线性发展的 1/3。

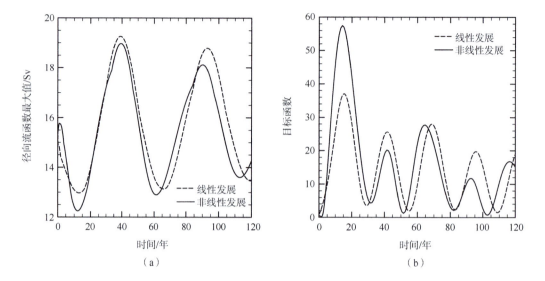

图 6.8　CNOP 型最优初始 SSS 异常导致的 AMOC 经向流函数最大值(a)和目标函数(b)的变化

图中虚线是线性发展，实线是非线性发展

(Zu et al.，2016)

从上节的结果可以看出，CNOP 型和 LSV 型的异常结构和非线性发展都存在显著的差别，那么在当前气候背景下，采用线性近似是否合适？分别计算不同大小的两类初始异常，并计算两者的正交投影系数。正交投影系数定义如下：

$$P\left(\vec{V_1},\vec{V_2}\right)=\left(\vec{V_1}\cdot\vec{V_2}\right)/\sqrt{\left(\vec{V_1}\cdot\vec{V_1}\right)\left(\vec{V_2}\cdot\vec{V_2}\right)} \tag{6.3}$$

式中，$\vec{V_1}$ 和 $\vec{V_2}$ 分别为 CNOP 型和 LSV 型的异常。

从结果(图 6.9)中可以看出，正交投影系数随着约束半径的增大迅速降低。对于约束半径 $\delta_{SSS}=1.0$ 或 2.0 时，CNOP 型和 LSV 型的扰动差别较小，正交投影系数在 0.95

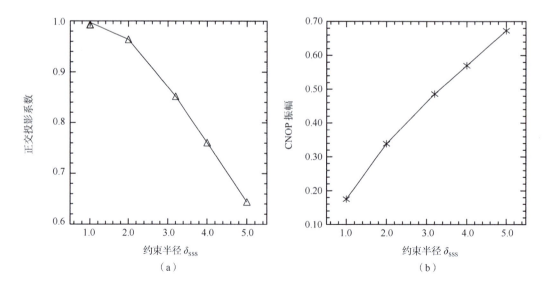

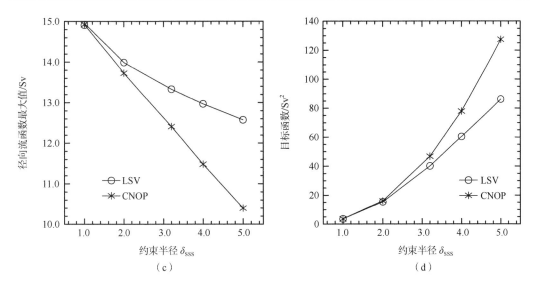

图 6.9　CNOP 型和 LSV 型 SSS 异常的正交投影系数随约束半径的变化(a)；CNOP 型扰动绝对值的最大值随约束半径的变化(b)；不同约束半径下两类异常导致的经向流函数最大值(c)和目标函数(d)变化

(Zu et al.，2016)

以上，两者差别可以忽略。但是当 $\delta_{SSS} \geqslant 3.2$ 时，投影系数小于 0.86，两者差别较大，不可忽略。相应地，两种扰动导致的流场强度(经向流函数最大值和目标函数)的变化差别也随约束半径的增大而愈加明显。对于约束半径 $\delta_{SSS} = 1.2$，两种扰动引起的经向流函数最大值的差异较小，小于 0.3 Sv，但当 $\delta_{SSS} \geqslant 3.2$ 时，两者的差别大于 1 Sv，不可忽略。这一现象也可以从目标函数的差别上得到反映。

在真实的自然界中，SSS 的变化振幅可以达到 0.5 psu，对应本研究中 $\delta_{SSS} = 3.2$ 的情形。通过上述讨论可以发现，在 AMOC 多年代际变化的最优初始异常研究中，采用线性近似方法存在局限性，而 CNOP 方法则可以更为准确地给出最优初始异常的结构，估计 AMOC 强度变化的上界。

6.5　CNOP 方法在 AMOC 研究中的延伸应用

上一节讨论了海表温盐异常导致的 AMOC 多年代际变化。然而观测资料表明，海洋中温度和盐度变化并非只局限在表层，表层的变化可以通过溢流和深对流等过程引起深层温度和盐度的变化。那么这些表层以下的温盐变化对 AMOC 的强度是否存在影响？Zu 等(2013)计算了 CNOP 型最优初始全场盐度异常，其三维结构如图 6.10 所示。该异常存在于模式的各层上，呈现斜压结构，主要为盐度负异常扰动，扰动大值区位于海盆的西北侧。在垂直方向上，扰动集中在海洋中层，即-1 500 m 至-3 000 m，而不是表层。经向方向上则集中分布在 60 °N 附近。这说明，相对于表层，中深层的温盐变化对 AMOC 的强度变化影响更大。通过考察全场盐度异常导致的 AMOC 强度变化，也可以发现，全场盐度异常导致的 AMOC 强度衰减明显强于表层盐度异常。

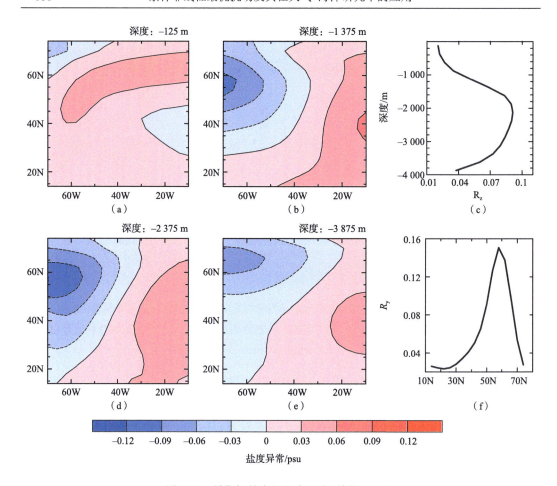

图 6.10　最优初始全场盐度异常(单位：psu)

图中，(a)、(b)、(d)和(e)分别显示了异常在–125 m、–1 375 m、–2 375 m 和–3 875 m 上的分量；
(c)和(f)分别显示了当前深度和纬度的扰动方差占全部扰动方差的比例。

(Zu et al.，2013)

6.6　结论和讨论

　　本章简要介绍了 CNOP 方法在 AMOC 稳定性和多年代际变化中的部分应用。对于稳定性研究，CNOP 方法可以用于分析 AMOC 的非线性稳定性条件。在 AMOC 的多年代际变化研究中，CNOP 方法未使用线性近似，得到的初始异常结构更符合自然规律，可以更为准确地估计 SSS 和 SST 异常导致的 AMOC 强度变化的上界。因此，相比于 LSV 方法，CNOP 方法更适合应用于 AMOC 的相关研究中。

　　随着高分辨率海洋模式的发展，对中尺度涡旋和深海混合等关键物理过程的模拟能力显著提升，这为更精确刻画 AMOC 系统的非线性动力学特征提供了可能。未来需要进一步探索 CNOP 方法在复杂海洋模式中的应用，以更真实地评估初始误差对 AMOC 预报的影响，并为改进其预测能力提供理论支撑。

参 考 文 献

Alley R B, Clark P U, Keigwin L D, et al. 1999. Making sense of millennial scale climate change. In: Clark P U, Webb R S, Keigwin L D(eds). Mechanisms of Global Climate Change at Millennial Time Scales. Geophysical Monograph, American Geophysical Union, Washington, 112: 385-394.

Alley R B, Marotzke J, Nordhaus W D et al. 2003. Abrupt Climate Change. Science. 299: 2005-2010.

Broecker W S, Denton G H. 1990. What drives glacial cycles. Scientific American, 262: 48-56.

De Niet A, Wubs F, Van Scheltinga A T, et al. 2007. A tailored solver for bifurcation analysis of ocean-climate models. J Comput Phys, 227: 654-679.

Dijkstra H A, Weijer W. 2005. Stability of the global ocean circulation: Basic bifurcation diagrams. J Phys Oceanogr, 35: 933-948.

Dijkstra H A, Oksuzoglu H, Wubs F W, et al. 2001. A fully implicit model of the three-dimensional thermohaline ocean circulation. J Comput Phys, 173: 685-715.

Dijkstra H A. 2000. Nonlinear physical oceanography: A dynamical systems approach to the large scale ocean circulation and El Nino. Kluwer Academic Publishers.

Ganachaud A, Wunsch C. 2000. Improved estimates of global ocean circulation, heat transport and mixing from hydrographic data. Nature, 408: 453-457.

Kuhlbrodt T, Griesel A, Montoya M, et al. 2007. On the driving processes of the atlantic meridional overturning circulation. Rev Geophys, 45.

Liu Z, Carlson A E, He F, et al. 2012. Younger dryas cooling and the greenland climate response to CO_2. Proceedings of the National Academy of Sciences, 109: 11101-11104.

Manabe S, Stouffer R J. 1999. Are two modes of thermohaline circulation stable? Tellus A, 51: 400-411.

Mu M, Sun L, Dijkstra H A. 2004. The sensitivity and stability of the ocean's thermohaline circulation to finite amplitude perturbations. J Phys Oceanogr, 34(10), 2305-2315.

Petersen S V, Schrag D P, Clark P U. 2013. A new mechanism for dansgaard-oeschger cycles. Paleoceanography, 28: 24-30.

Ritz S P, Stocker T F, Grimalt J O, et al. 2013. Estimated strength of the Atlantic overturning circulation during the last deglaciation. Nature Geoscience, 6: 208-212.

Te Raa L A, Dijkstra H A. 2002. Instability of the thermohaline ocean circulation on interdecadal timescales. J Phys Oceanogr, 32: 138-160.

Zanna L. 2009. Optimal excitation of atlantic ocean variability and implications for predictability. Dissertation of Harvard University.

Zu Z Q, Mu M, Dijkstra H A. 2013. Three-dimensional structure of optimal nonlinear excitation for decadal variability of the thermohaline circulation. Atmos Oceanic Sci Lett, 6(6): 410-416.

Zu Z Q, Mu M, Dijkstra H A. 2016. Optimal initial excitations of decadal modification of the Atlantic meridional overturning circulation under the prescribed heat and freshwater flux boundary conditions. J Phys Oceanogr, 46: 2029-2047.

第 7 章　CNOP 方法在海洋环流可预报性研究中的应用

——以黑潮大弯曲路径变异与黑潮入侵南海的预报为例

7.1　引　　言

海洋是地球系统的重要组成部分,其预报准确性与人类生活息息相关;同时,海洋预报对于航海安全、开发海洋资源等也有重要意义。海洋作为一个复杂的非线性动力系统,其预测能力受到初值误差、模式误差等因素的影响。因此,亟需利用 CNOP 方法量化海洋预报不确定性的来源,阐明预报误差增长的非线性动力学。目前,已有一些工作将 CNOP 方法应用于海洋环流的可预报性研究。这些研究工作从早期使用简单模式开始,近几年已拓展到变量维数接近 10^8 的业务化模式(Zhang et al.,2016;Wang et al.,2020)。本章将以复杂模式中黑潮变异的可预报性及目标观测研究为例,作简要介绍。

黑潮是北太平洋副热带环流的西边界流,其水色呈深蓝或黑色,具有高温、高盐等特点。黑潮源于菲律宾以东海域,向北依次流经吕宋海峡、台湾岛、中国东海及日本群岛以南,随后向东流入太平洋内区,形成黑潮延伸体。黑潮从热带向中、高纬度的热盐输送对全球气候、中高纬度海气相互作用、海洋生态系统、渔业等有重要影响(Tsukamoto,2006;Kwon et al.,2010;Wu et al.,2012;Zhang et al.,2022)。因此,准确地预报黑潮变化具有十分重要的科学意义与应用价值。

作为西边界流,黑潮所处海域内动力环境复杂。受此影响,黑潮预报存在较大的不确定性。其中,初始误差是导致黑潮预报不确定性的重要原因之一。为此,有必要开展可预报性研究,识别出对黑潮预测不确定性有最大影响的初始误差,进而通过目标观测等措施减小初始条件不准确所引起的预报误差。针对黑潮的诸多变异现象,如源区黑潮流量变化、吕宋海峡处黑潮入侵南海、日本南部黑潮大弯曲路径变异与黑潮延伸体年代际震荡,学者已利用 CNOP 方法系统地开展了可预报性与目标观测研究(Wang et al.,2012,2013;Zhang et al.,2016,2017,2019;Liu et al.,2018a,2018b;Liang et al.,2019;Geng et al.,2020)。本章将重点阐述 CNOP 方法在黑潮大弯曲路径变异与黑潮入侵南海研究中的应用(梁朋,2019;刘霞,2018)。

7.2　CNOP 方法在黑潮大弯曲路径变异研究中的应用

黑潮在日本南部呈现两种路径形态(图 7.1):典型的大弯曲路径(typical large meander,

tLM)与非大弯曲路径(nonlarge meander，NLM)。依据非大弯曲路径通过伊豆海脊的位置，Kawabe(1995)又将其细分为近岸非大弯曲路径(nearshore nonlarge meander，nNLM)与离岸非大弯曲路径(offshore nonlarge meander，oNLM)。黑潮一旦处于某种路径形态，它会持续几年，甚至十几年，但是不同路径之间的转变过程却只需几个月(Kawabe，1986，1995)。研究表明，黑潮大弯曲路径变异对北太平洋气候、渔业、航海安全等有重要影响，而且还间接影响我国长江流域的降水。准确地预报黑潮大弯曲路径变异，对渔场分布、航道设计、气候预测等具有重要的指导意义。为改进黑潮大弯曲路径变异的预测，学者们利用 CNOP 方法开展了其可预报性与目标观测研究。

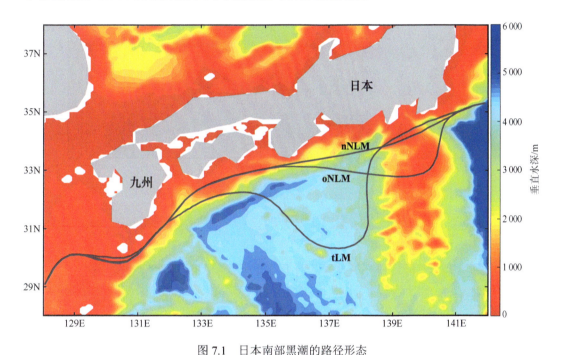

图 7.1　日本南部黑潮的路径形态

注：tLM：典型大弯曲路径；oNLM：离岸非大弯曲路径；nNLM：近岸非大弯曲路径

(Kawabe，1995；有修改)

首先，使用区域海洋模式 ROMS(regional ocean modeling system)模拟了黑潮大弯曲路径变异过程。为兼顾模式分辨率与计算时长，采取了单向嵌套技术，即 Nest 1 的输出结果为 Nest 2 提供开边界条件。如图 7.2 所示，Nest 1 的模拟区域为(100 °E～70 °W，20 °S～60 °N)，水平分辨率为 1/8°；Nest 2 的模拟区域为(122 °E～162 °E，23 °N～46 °N)，水平分辨率是 1/12°。在垂向上，Nest 1 和 Nest 2 均有 32 层。在 Nest 1 中，初始场采用 WOA09(World Ocean Atlas 2009)数据集在 1 月份的温盐场，边界场采用 WOA09 的气候态月平均温盐资料，强迫场为海洋大气综合数据集(comprehensive ocean-atmosphere date set，COADS)的月平均资料。Nest 1 冷启动后积分 50 年，后 20 年的月平均数据插值后作为 Nest 2 的初始场与边界场。Nest 2 的强迫场与 Nest 1 相同，将其积分 20 年；前 5 年作为 spin-up，后 15 年的输出结果用来分析。

对于气候平均态，模式结果能够抓住日本南部黑潮的路径形态，以及黑潮延伸体的两个准静止弯曲(图7.3)。同时，模拟结果较好地再现日本南部黑潮路径变异过程。在

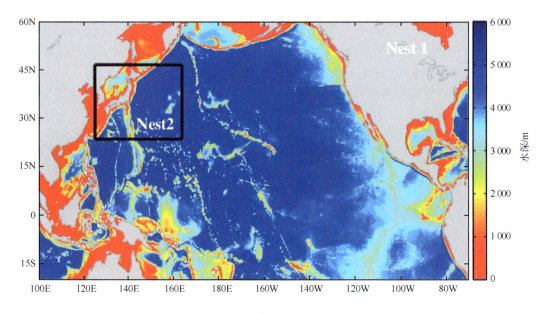

图 7.2　模拟区域与地形

外侧大区域与黑线框分别为 Nest 1 与 Nest 2；填色表示水深

(刘霞，2018)

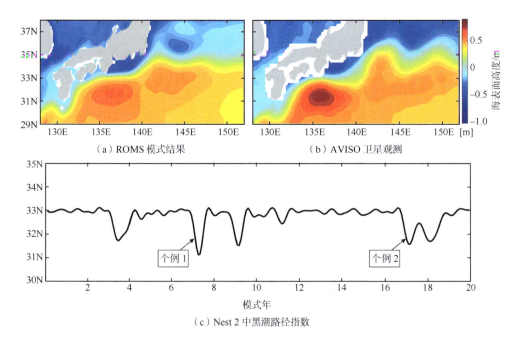

（a）ROMS 模式结果　　　　　　　　（b）AVISO 卫星观测

（c）Nest 2 中黑潮路径指数

图 7.3　海表面高度气候平均态模式结果(a)与卫星观测(b)，以及 Nest 2 中黑潮路径指数(c)

(刘霞，2018；有修改)

Nest 2 中，共发生四次黑潮大弯曲事件，具有明显的年际变化特征。此处，黑潮路径指数定义为 135 °E 与 140 °E 之间黑潮主轴距离日本南岸的最低纬度。其中，32 °N 可以作为判断发生大弯曲路径的阈值(Qiu and Miao，2000)。

在此基础上，使用 CNOP 方法对两次黑潮大弯曲路径变异事件(分别记作个例 1 和个例 2，图 7.4)开展了可预报性研究。两个个例的优化初始时间分别为模式第 7 年 12 月 1 日和模式第 17 年 10 月 1 日，优化时间长度为 70 天。目标函数设为在目标时刻选定区域(135 °E～140 °E，25 °N～35 °N)内的扰动场动能：

$$J = \left\| M_t(X_0 + x_0) - M_t(X_0) \right\|_{\text{KE}}^2 = \frac{\rho_0}{2} \int_{z=-1000\text{m}}^{z=0} \int_{y=25°N}^{y=35°N} \int_{x=135°E}^{x=140°E} \left[(u_t')^2 + (v_t')^2 \right] dxdydz \qquad (7.1)$$

式中，X_0 与 x_0 分别为参考态初始条件与初始扰动；M_t 为非线性传播算子；u_t' 和 v_t' 分别是目标时刻的纬向、经向流速扰动；ρ_0 为海水密度。考虑到涡动能集中在海洋上层，选择 1 000 m 作为垂直积分时的底边界。

初始扰动约束采用了与 Li 等(2014)相类似的形式：

$$\| x_0 \| = \sqrt{\left(\frac{u_0'}{u_{\text{std}}} \right)^2 + \left(\frac{v_0'}{v_{\text{std}}} \right)^2 + \left(\frac{T_0'}{T_{\text{std}}} \right)^2 + \left(\frac{S_0'}{S_{\text{std}}} \right)^2 + \left(\frac{\eta_0'}{\eta_{\text{std}}} \right)^2} \leqslant \delta \qquad (7.2)$$

式中，$u_0'(v_0', T_0', S_0', \eta_0')$ 和 $u_{\text{std}}(v_{\text{std}}, T_{\text{std}}, S_{\text{std}}, \eta_{\text{std}})$ 分别表示 Nest 2 模拟区域内上层 5 000 m 内纬向流速(经向流速、温度、盐度、海表面高度)的初始扰动，以及背景场中相应变量的标准差。考虑到约束半径太大容易引起涡旋从黑潮大弯曲尖端脱落，从而改变路径形态，因此将 δ 的值设为 1.0×10^7。

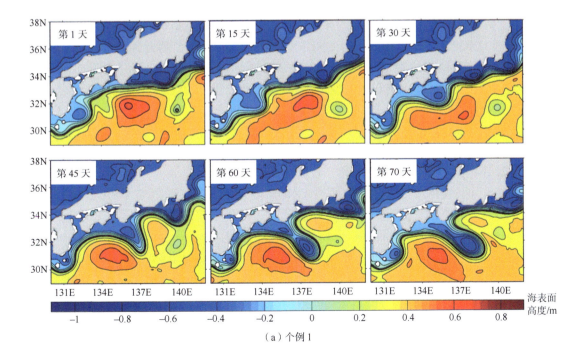

(a) 个例 1

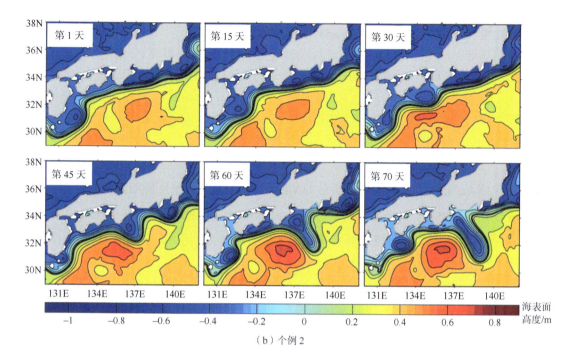

图 7.4　不同个例中黑潮大弯曲路径变异过程

填色为海表面高度（单位：m）；黑色粗线表示黑潮主轴

（刘霞，2018；有修改）

　　对于两次黑潮路径变异事件，均计算得到了两类 CNOP 型最优初始误差，分别记为 CNOP1 和 CNOP2。图 7.5 中，所有 CNOP 型误差大值均位于黑潮大弯曲的上游，即日本九州岛东南部区域（130 °E～134 °E，28 °N～32 °N）。综合考虑两个研究个例的最优初始误差，图 7.6 画出了 CNOP 的三维空间结构，其大致在垂向上位于 500～2 000 m 之间。为考察 CNOP1 与 CNOP2 之间的联系，以个例 1 为例考察了其海表面高度分量的空间分布。CNOP1 和 CNOP2 中海表面高度误差在空间分布上呈现负相关关系，相似系数为 −0.75。其中，CNOP1 中海表面高度大部分呈现正值，而在 CNOP2 中则多为负值。对于个例 2，两类最优初始误差的空间分布也存在负相关。

　　下面，考察具有负相关分布的两类 CNOP 型初始误差，对黑潮大弯曲路径变异预报的影响有何不同。为探究预报误差的发展，在预报起始时刻分别将 CNOP1 和 CNOP2 叠加在背景场上，随后积分模式到预报终止时刻。图 7.7 表明，CNOP1 和 CNOP2 分别从相反的方向影响黑潮大弯曲路径变异。在两个个例中，CNOP1 最终均使得大弯曲路径向西南移动，弯曲幅度变大；CNOP2 则导致大弯曲路径向东北移动，弯曲幅度变小（图 7.7）。

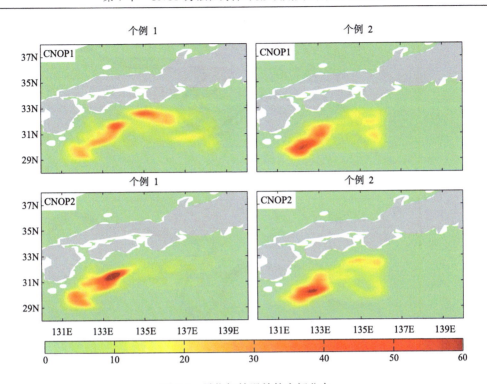

图 7.5　最优初始误差的空间分布

填色为根据式(7.2)计算的 $\|x_0\|$ 全水深垂直积分(无量纲化结果)

(刘霞，2018)

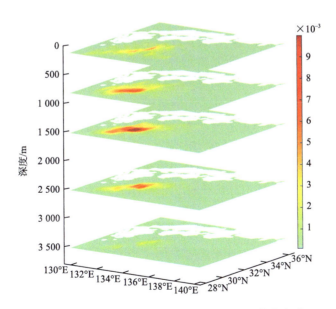

图 7.6　两个例中 CNOP 型初始误差三维结构的合成

填色为根据式(7.2)在不同深度上计算的 $\|x_0\|$ 扰动分布(无量纲化结果)

(刘霞，2018)

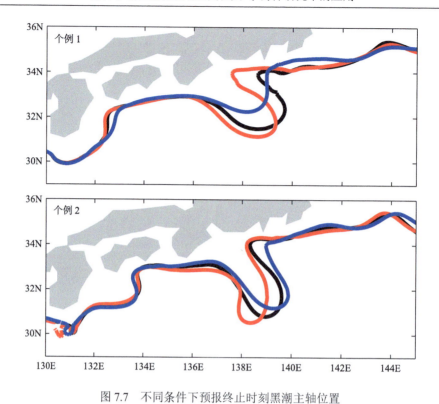

图 7.7　不同条件下预报终止时刻黑潮主轴位置

黑线为参考态中黑潮主轴；红线、蓝线分别为 CNOP1 与 CNOP2 影响下的黑潮主轴

（刘霞，2018）

图 7.8 展示了两类 CNOP 型初始误差分别影响黑潮大弯曲路径变异预报的具体过程。在个例 1 中，叠加 CNOP1 后在第 10 天于 (133.5 °E, 31 °N) 附近出现海表面高度负异常。该异常沿黑潮主轴向下游移动，并持续增强。在第 70 天，负异常信号已被平流到黑潮路径变异区域，其将背景场中的大弯曲路径向西南方向拉伸。在此过程中，位于其东部的正异常信号也得到迅速发展。在正、负海表面高度异常的共同作用下，黑潮大弯曲向下游的移动速度减缓，路径弯曲程度增大。相反，叠加 CNOP2 后，在第 10 天出现正海表面高度异常，位于 (133.5 °E, 31 °N) 附近。该信号沿黑潮主轴向下游移动且幅度不断增强，这减弱了背景场中黑潮大弯曲所对应的负海表面高度的强度。同时，下游存在一个负海表面高度异常，其减弱了背景场的正海表面高度，从而阻碍了大弯曲路径的发展。对于个例 2，两类 CNOP 型初始误差的发展过程类似。

那么 CNOP 型误差为何能够得到快速发展？为回答这一问题，分析了正压不稳定与斜压不稳定在误差发展过程中的作用。以个例 1 中 CNOP1 为例，如图 7.9(a) 所示，正压能量转换率（barotropic energy conversion rate，BT）与斜压能量转换率（baroclinic energy conversion rate，BC）量级相同。正、斜压不稳定性均在误差增长过程中起到重要作用。其中，BT 在弯曲路径附近多为正值，BC 则呈现弯曲两侧为正、中间尖端为负的分布特征。这会导致弯曲两侧的误差增长，尤其是东侧误差增长更为迅速。尽管量级相同，BC 的值还是要比 BT 大一点，说明斜压不稳定贡献较大。对于 CNOP2，如图 7.9(b) 所示，

BT、BC 在弯曲两侧均呈为西正东负。这使得西侧误差得到发展，东侧误差则受到抑制。西侧海表面高度正异常的快速增长，抵消了背景场中大弯曲路径对应的负海表面高度，最终导致大弯曲路径减弱。由此可见，两类 CNOP 型误差的发展过程中，正、斜压过程均起到重要作用。对于个例 2，也得到了类似的结论。

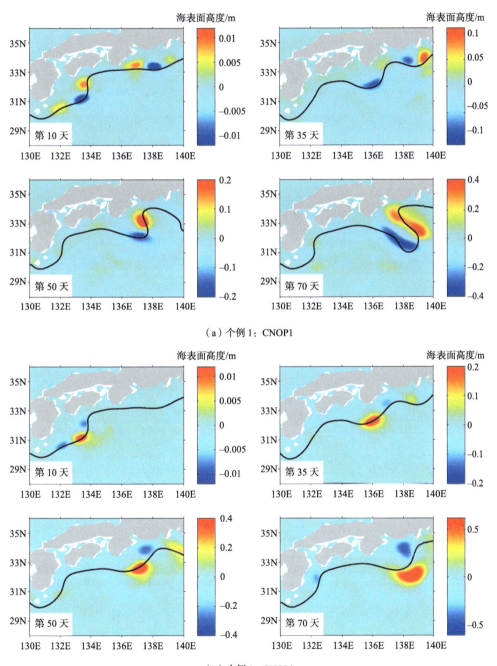

（a）个例 1：CNOP1

（b）个例 1：CNOP2

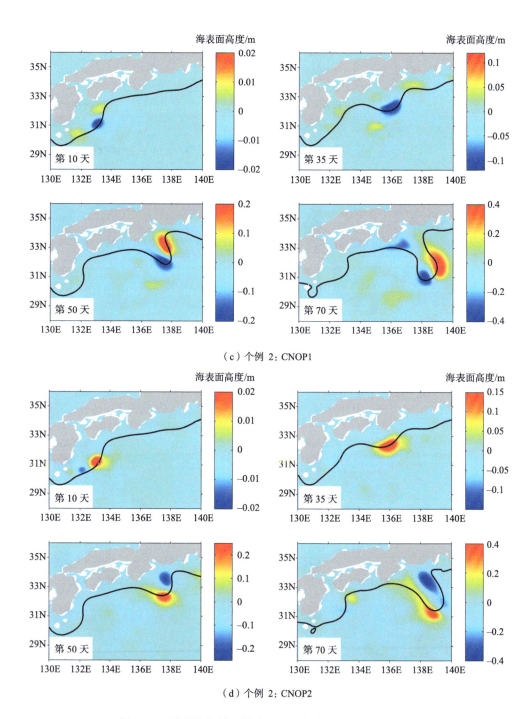

（c）个例 2：CNOP1

（d）个例 2：CNOP2

图 7.8　两类最优初始误差中海表面高度分量的非线性发展

（a）～（b）、（c）～（d）分别为个例 1 与个例 2 的结果；填色单位为 m，黑线为 CNOP 误差影响下的黑潮主轴

（刘霞，2018）

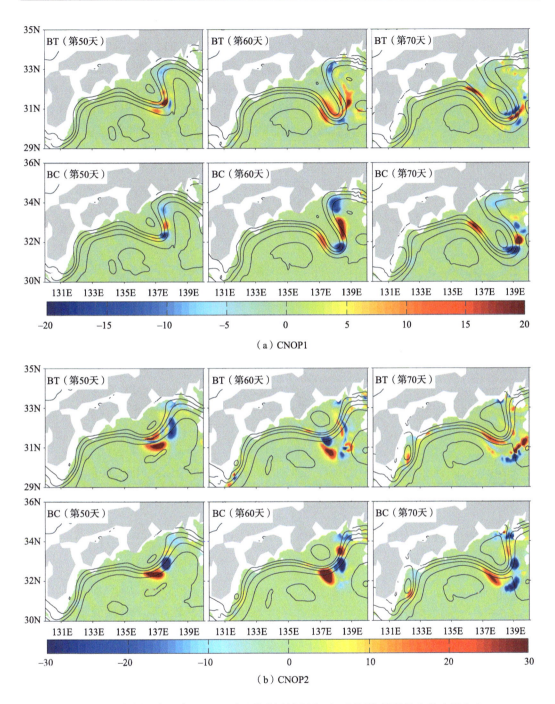

图 7.9　个例 1 中两类 CNOP 型误差发展过程中正、斜压能量转换率的空间分布

BT、BC 分别表示正、斜压能量转换率(填色单位：$10^{-7}\,\mathrm{m^2/s^3}$)；等值线表示海表面高度

(刘霞，2018)

为进一步验证，利用 JCOPE2(Japan coastal ocean predictability experiment 2；Miyazawa et al.，2009)数据探究了 2004 年/2005 年黑潮大弯曲路径变异过程中误差的增

长机制。类似于 Usui 等(2008)，对 JCOPE2 日数据进行处理：当天数据减去五天前的数据作为误差场。如图 7.10 所示，黑潮大弯曲形成过程中，BT、BC 的空间分布类似，且量级相同。在 2004 年 7 月 20 日，BC 和 BT 在弯曲末端均呈现正值。此时，能量从平均场向误差场转换，误差得到发展，并指出弯曲路径的发展方向。受此影响，8 月份的弯曲路径向东南方向延伸，幅度增大。基于 JCOPE2 数据的分析结果与用 CNOP 方法得到的结果基本一致，即在大弯曲路径形成过程中，正、斜压不稳定性均起到重要作用。

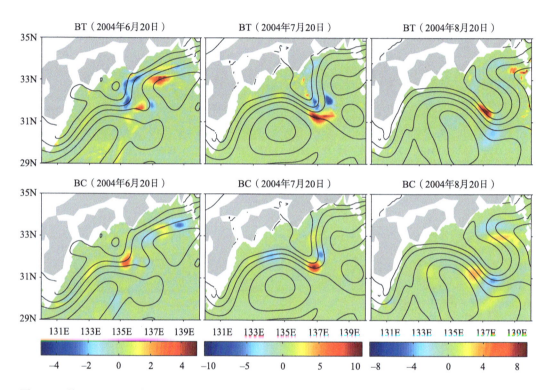

图 7.10　基于 JCOPE2 数据的 2004 年/2005 年黑潮大弯曲形成过程中正、斜压能量转换率的空间分布

BT、BC 分别表示正、斜压能量转换率(填色单位：10^{-7} m²/s³)；等值线表示海表面高度

(刘霞，2018)

下面，继续探讨黑潮大弯曲路径变异预报的目标观测问题。首先，要确定出目标观测敏感区的位置。根据扰动约束公式(7.2)，计算最快增长初始误差在每个水平格点上的全水深积分值。对其从大到小依次排序，选取前 900 个值所对应的格点作为目标观测敏感区(约占模拟区域的 0.5%)。尽管敏感区位置在两个个例中有所差别，但总体上比较相近，均处于黑潮大弯曲的上游(图 7.11)。为验证敏感区的有效性，另外选择了 6 个与敏感区格点数相同的比较区域(R1~R6)。这些比较区域并非是完全随机选取的。研究表明，日本九州岛东南部诱导弯曲的向东传播以及四国再循环流区域内的涡旋相互作用对黑潮大弯曲形成有重要影响(Tsujino et al.，2006；Usui et al.，2008)。R1~R6 几乎覆盖了所有可能会对黑潮大弯曲路径产生较大影响的区域。

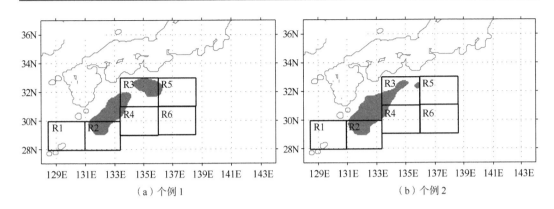

（a）个例 1　　　　　　　　　　　　　　（b）个例 2

图 7.11　目标观测敏感区
目标观测敏感区以阴影表示；R1～R6 是与敏感区格点数相同的比较区域
（刘霞，2018）

分别在敏感区与比较区域内叠加 20 组随机误差，并积分非线性模式到预报终止时刻。之后，分析了这些随机误差所引起的黑潮大弯曲路径预报误差。此处，预报误差是指目标区域（135 °E～140 °E，25 °N～35 °N）内上层 1 000 m 的误差动能积分。敏感区内的随机误差所引起的预报误差最大，其值是比较区域内预报误差的 2～10 倍（表 7.1）。由于 R2 和 R3 区域覆盖了部分敏感区，这两个区域内随机误差所引起的预报误差，是其他几个比较区域的 2～4 倍。可见，初始误差的空间位置在大弯曲路径预报中有重要影响，在目标观测敏感区内的初始误差发展更快。

表 7.1　不同区域内 20 组随机误差导致的预报误差平均值　　　　（单位：10^{12} m^2/s^2）

个例名称	敏感区	R1	R2	R3	R4	R5	R6
个例 1	−14.83	−3.46	−8.31	−5.50	−2.47	−3.02	−2.55
个例 2	−31.07	−7.95	−7.67	−10.37	−3.20	−2.22	−2.08

随后，利用观测系统模拟试验，对敏感区内目标观测的效果进行了评估。具体做法如下：选择了 20 组具有空间结构的初始误差，通过去除敏感区内初始误差来验证目标观测的效果。作为对比，在 R1～R6 区域内也分别消除了初始误差。与其他区域相比，在敏感区内消除初始误差后，黑潮大弯曲路径变异预报技巧的改善程度最大。在两个个例中，预报技巧分别改进了约 27% 和 18%（表 7.2）。同时，在 R2 内消除误差后，预报技巧也得到较大提高。然而，在另外几个区域内消除初始误差后，预报改善程度较小，几乎不足 5%。因此，在 CNOP 所识别的敏感区内进行加强观测能有效减小预报误差，这能够为黑潮大弯曲路径变异预报的目标观测外场试验提供理论指导。

表 7.2　在不同区域内进行目标观测后预报技巧的平均改进程度　　　　（单位：%）

加密观测区域	个例名称	敏感区	R1	R2	R3	R4	R5	R6
预报改善	个例 1	26.92	4.88	21.71	6.28	3.14	5.51	3.77
	个例 2	17.61	4.83	11.85	3.97	1.17	0.61	2.05

7.3　CNOP 方法在黑潮入侵南海研究中的应用

黑潮流经吕宋海峡时，由于失去陆坡支撑，部分黑潮水会向西入侵南海(Nitani，1972)。黑潮入侵对南海东北部的剪切不稳定(Yang et al.，2014)、海水层结(Qu et al.，2000)、内波、内潮(Buijsman et al.，2010)及中尺度涡(Jia and Liu，2004)等有显著的调制作用。鉴于此，黑潮入侵南海一直是物理海洋学研究的热点问题之一。

黑潮入侵南海存在分支入侵(Yuan et al.，2006)、流套入侵(Nitani，1972)与反气旋式流涡入侵(Li et al.，1998)等多种形式(图 7.12)。为明确研究对象，此处将黑潮入侵南海定义为被观测(Jia and Liu，2004；Yuan et al.，2006)与数值模拟(Shaw，1991；Sheremet，2011)广泛证实过的流套入侵路径。黑潮入侵南海的动力机制非常复杂，可能受到 β 效应(Stommel and Arons，1966)、黑潮强度(Sheremet，2011)、风场(Wu and Hsin，2012)及中尺度涡(Yuan and Wang，2011)等多种机制的共同控制。此外，黑潮入侵南海具有明显的季节与年际变率(Nan et al.，2013)。受这些因素影响，目前仍无法准确地预报黑潮入侵南海的发生。已有研究利用 CNOP 方法，从最优前期征兆、最快增长初始误差以及目标观测三个方面探讨了黑潮入侵南海的可预报性问题，以期为改善其预测提供指导(梁朋，2019)。

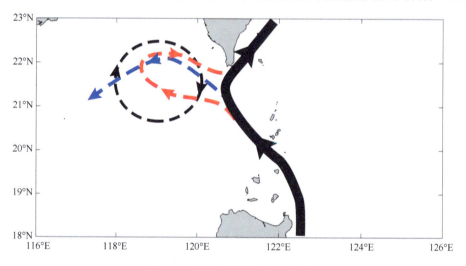

图 7.12　黑潮入侵南海的可能路径

蓝线、红线与黑色虚线分别表示以分支、流套、反气旋式涡形式入侵南海
(梁朋，2019)

为开展黑潮入侵南海的可预报性研究，首先使用 ROMS 模式模拟了吕宋海峡处黑潮的路径变异。模拟区域设为(110 °E～155 °E，0 °N～8 °N)，水平分辨率设为 1/8°，在垂向上分 40 层。侧边界条件由 SODA 2.2.4(Simple Ocean Data Assimilation version 2.2.4；Carton and Giese，2008)再分析数据的气候态月平均资料插值获得；初始条件是 1 月份的月平均数据；强迫场由气候态月平均的 COADS 资料插值获得。模式共积分了 40 年，前 20 年作为动力稳定过程，后 20 年的输出结果用于分析研究。如图 7.13 所示，ROMS 模拟再现了源区黑潮区域的上层环流系统，包括西向流动的北赤道流，以及北赤道流在

西边界分叉形成的黑潮和棉兰老流。

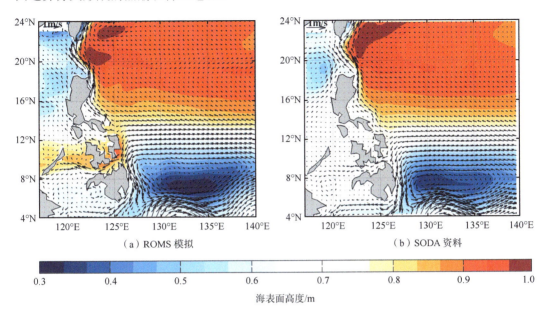

（a）ROMS 模拟　　　　　　　　　　（b）SODA 资料

海表面高度/m

图 7.13　气候平均态对比：(a) ROMS 模拟结果；(b) SODA 数据结果

填色为海表面高度（单位：m）；矢量图为上层 50 m 的速度平均（单位：m/s）

（梁朋，2019）

　　进一步地，分析了吕宋海峡处黑潮路径变化的模拟情况。黑潮路径指数定义如下：首先，基于海洋上层 50 m 内的平均流计算源于（122 °E～124 °E，18.5 °N）断面的流线；从这些流线中挑选出可以通过台湾岛以东海域[图 7.14(a) 中蓝框]的流线；最后，将挑选出的流线所能到达最西边的经度定义为黑潮路径指数。图 7.14(b) 表明，黑潮路径具

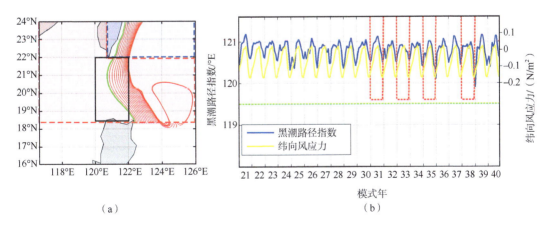

（a）　　　　　　　　　　　　　　　　（b）

图 7.14　黑潮路径指数的模拟：(a) 黑潮路径指数定义示意图；(b) 黑潮路径指数及吕宋海峡
局地纬向风应力的变化

图 (a) 中，红线为源于（122 °E～124 °E，18.5 °N）断面并流经台湾岛以东海域的流线，其所到达的最西边的经度即黑潮路径
指数（绿线）；图 (b) 中，红色虚线框内为所选取的 4 个研究个例

（梁朋，2019）

有明显的季节变率，夏季更靠东，冬季更靠西。尽管模式再现了吕宋海峡处黑潮路径的季节性摆动，所模拟的黑潮却始终无法跨越 119.5 °E 进入南海内部。换言之，模式没有模拟出典型的黑潮入侵南海路径。基于这种没有发生黑潮入侵南海的参考态，可以探究什么样的初始信号最容易导致黑潮入侵南海的发生(即最优前期征兆问题)。在最优前期征兆所触发的黑潮入侵事件中，可进一步探究最优初始误差所能引起最大的预报不确定性及误差增长机制。

考虑到黑潮入侵南海需几周的时间，将优化时长定为 30 天。当黑潮入侵发生时，吕宋海峡北部的纬向动能会明显增大。为表征黑潮入侵南海的路径变化，将目标函数定义为

$$J(x'_{0,\delta}) = \int_{z=-400\mathrm{m}}^{z=\mathrm{ssh}} \int_{y=19.5°\mathrm{N}}^{y=22.5°\mathrm{N}} \int_{x=118°\mathrm{E}}^{x=122°\mathrm{E}} \left[U_t(X_0 + x'_0) - U_t(X_0) \right]^2 dxdydz \tag{7.3}$$

式中，X_0 和 x'_0 分别为状态向量的初始条件和初始扰动；$U_t(X_0 + x'_0) - U_t(X_0)$ 是在预报时刻 t 由初始扰动造成的纬向速度变化。

初始扰动约束与式(7.2)类似：

$$\|x'_0\| = \frac{1}{N} \sum \sqrt{\left(\frac{u'_0}{u_{\mathrm{std}}}\right)^2 + \left(\frac{v'_0}{v_{\mathrm{std}}}\right)^2 + \left(\frac{T'_0}{T_{\mathrm{std}}}\right)^2 + \left(\frac{S'_0}{S_{\mathrm{std}}}\right)^2 + \left(\frac{\eta'_0}{\eta_{\mathrm{std}}}\right)^2} \leqslant \delta \tag{7.4}$$

式中，N 是模式总网格数；δ 是扰动约束大小。计算最优前期征兆时，初始扰动所触发的黑潮入侵南海的幅度既要合理，也不能因约束太大使得模式崩溃。通过一系列的试验，最终将 δ 取为 6.0×10^{-5}。在计算最优初始误差时，约束大小要使得所计算的初始误差在合理观测误差范围，最终将 δ 的值选为 2.0×10^{-5}。

共选取了四个个例来研究黑潮入侵南海的可预报性，具体信息参见图 7.14(b)与表7.3。为保证研究结果具有统计意义，所选取的个例既包含了黑潮路径适中(个例 1)的普通年份，又包含了路径靠东(个例 2)和靠西(个例 3、个例 4)的极端年份。

表 7.3　研究个例信息

个例名称	优化时间	黑潮路径指数
个例 1	第 31 年 12 月	120.46 °E
个例 2	第 33 年 12 月	120.72 °E
个例 3	第 35 年 12 月	120.27 °E
个例 4	第 38 年 12 月	120.18 °E

对于不同个例，最优前期征兆均集中于吕宋海峡南部(图 7.15)，即(119 °E～122 °E，19 °N～20.3 °N)区域。其中，海表面高度扰动为正，上层速度扰动顺时针旋转。在垂向上，正海表面高度扰动下存在着正温度扰动，集中于上层 400 m。这些扰动的空间结构呈现反气旋式中尺度涡的特征。这些扰动会使得原本平直的黑潮路径向西弯曲，并跨越119.5 °E 进入南海内部(图 7.16)。在预报终止时刻，四个个例中均呈现了典型的黑潮入侵南海路径。这表明，使用 CNOP 方法得到的最优前期征兆的确能够触发黑潮入侵南海事件的发生。

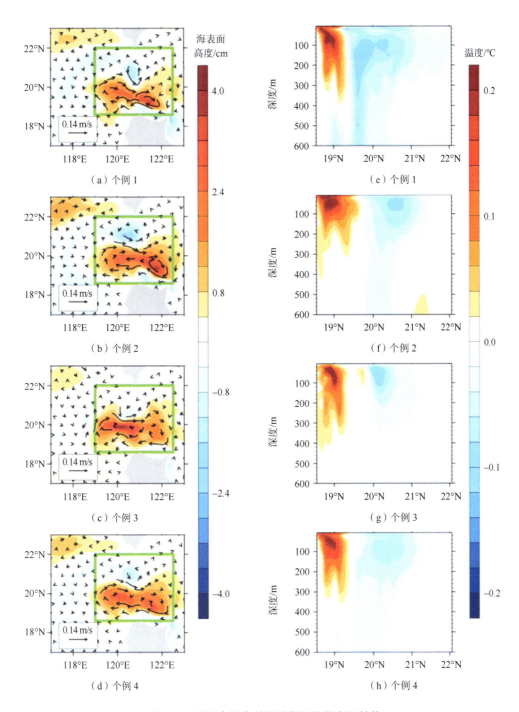

图 7.15　不同个例中最优前期征兆的空间结构

左列为海表面高度扰动(填色单位:cm)与上层流速扰动(矢量单位:m/s);右列为温度扰动在绿色框内的纬向平均(单位:℃)

(梁朋, 2019)

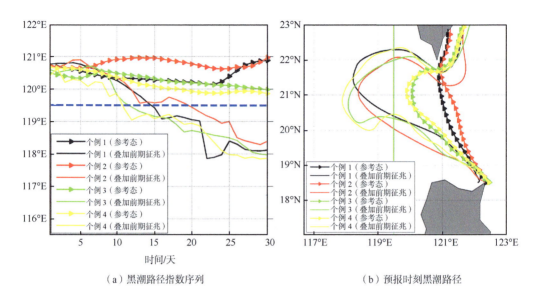

（a）黑潮路径指数序列　　　　　　　　　（b）预报时刻黑潮路径

图 7.16　最优前期征兆对黑潮路径的影响

(a)叠加最优前期征兆前、后路径指数的变化；(b)预报终止时刻的黑潮路径
实线、三角标记线分别表示参考态与叠加最优前期征兆后的黑潮路径
（梁朋，2019）

下面，通过在个例 1 中叠加最优前期征兆，考察其导致黑潮入侵南海发生的具体过程。如图 7.17 所示，初始时刻位于 (121.8 °E，19.3 °N) 处的反气旋涡式扰动会沿着黑潮路径向西北移动，并不断发展。在第 9 天，其中心移动到 (121 °E，19.4 °N) 附近。与此同时，顺时针速度扰动会穿过黑潮，将南海内部低海表面高度、低温的海水输送到反气旋式涡的北部，形成气旋式扰动。此后，这两个中尺度涡扰动继续发展，但反气旋式扰动发展较快。反气旋式扰动范围内的黑潮路径向西弯曲，气旋式扰动范围内的黑潮路径向东弯曲。由于黑潮本身路径的弯曲，反气旋扰动会继续向西北移动，气旋扰动则沿着黑潮路径向东北移动。在第 30 天，反气旋式扰动整体进入目标区域，此时中心的海表面高度扰动已接近 0.4 m，最大速度扰动超过 1 m/s。受到它的强迫，黑潮路径向西弯曲到达 118 °E 附近，形成了典型的黑潮入侵南海路径。

最优前期征兆的发展过程表明，黑潮入侵南海的触发与反气旋扰动的迅速增长密切相关。为了理解这种扰动的发展，使用涡能量分析方法分析了扰动的发展机制。图 7.18 表明，正、斜压能量转换率和海表风应力做功项的大值区会随着反气旋扰动沿黑潮路径运动。在量值上，正压能量转换率明显大于斜压能量转换率与海表面风应力做功项。为量化三者对于扰动发展的贡献，将其在反气旋式扰动范围内（图 7.18 粗虚线）进行了积分。在扰动发展过程中，三者空间积分均为正。与斜压能量转换率和风应力做功项相比，正压能量转换率的量值要大得多，正压不稳定过程对于扰动增长更为重要。对于另外 3 个个例，最优前期征兆触发黑潮入侵南海的过程及其发展机制是类似的，不再赘述。

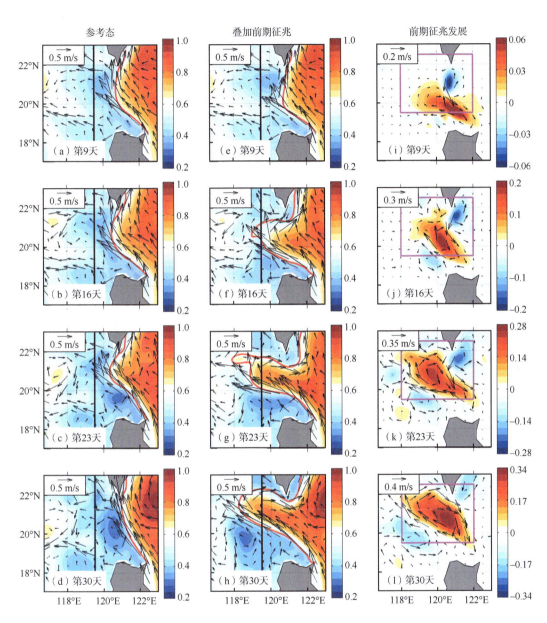

图 7.17　个例 1 中最优前期征兆的发展

左列(a)~(d)为参考态发展，中间列(e)~(h)为参考态叠加最优前期征兆的发展，右列(i)~(l)为最优前期征兆本身的发展。

填色与矢量分别为海表面高度(单位：m)、海洋上层流速(单位：m/s)；黑线为 119.5 °E 线(黑潮入侵发生的判据)；

红线为用于确定黑潮路径指数的流线；紫色框为目标区域

(梁朋，2019)

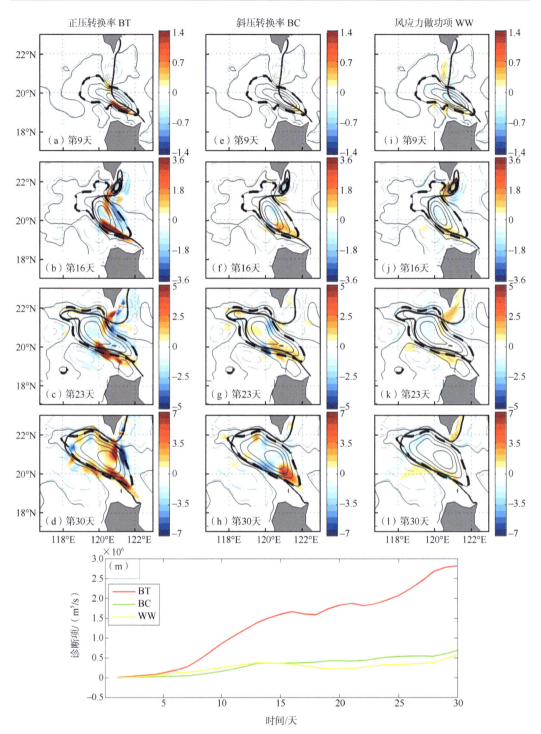

图 7.18　最优前期征兆发展过程的涡能量分析(个例 1)

(a)～(l)分别为正压能量转换率 BT、斜压能量转换率 BC 与风应力做功项 WW 在上层 400 m 的积分(填色单位:10^{-5} m³/s²);
图中等值线为最优前期征兆发展的海表面高度,黑实线表示黑潮路径,虚线框标注反气旋涡旋的位置。
(m)为诊断项在粗虚线范围内的积分,红、绿、黄线分别表示正压能量转换率、斜压能量转换率与风应力做功项
(梁朋,2019)

　　在最优前期扰动触发黑潮入侵南海的基础上，进一步计算了对其预报有最大影响的最快增长初始误差。在最优前期征兆所触发的 4 个入侵事件中，均计算得到了两类最快增长初始误差：第一类最快增长初始误差为气旋式中尺度涡结构；第二类最快增长初始误差则为反气旋式中尺度涡结构(图 7.19 与图 7.20)。两类最快增长初始误差中，海表面高度误差振幅约为 0.01 m，海洋内部温度误差振幅则约为 0.15 ℃。在空间上，两类最快增长初始误差均集中于吕宋海峡南部海洋上层 400 m 内。

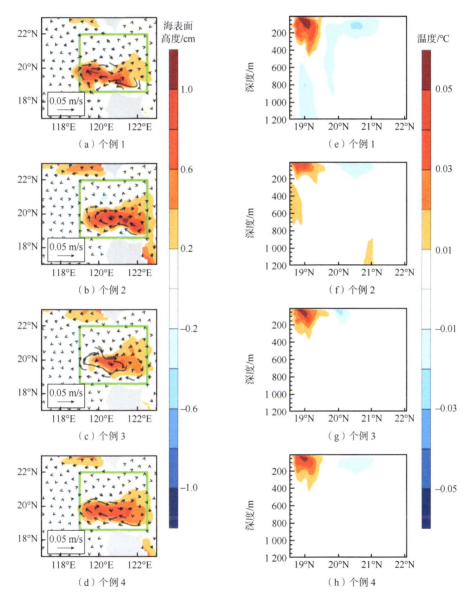

图 7.19　不同研究个例中 CNOP+的空间分布

左列为海表面高度误差(填色单位：cm)与上层流速误差(矢量单位：m/s)；
右列为绿色框内温度误差的纬向平均(单位：℃)

(梁朋，2019)

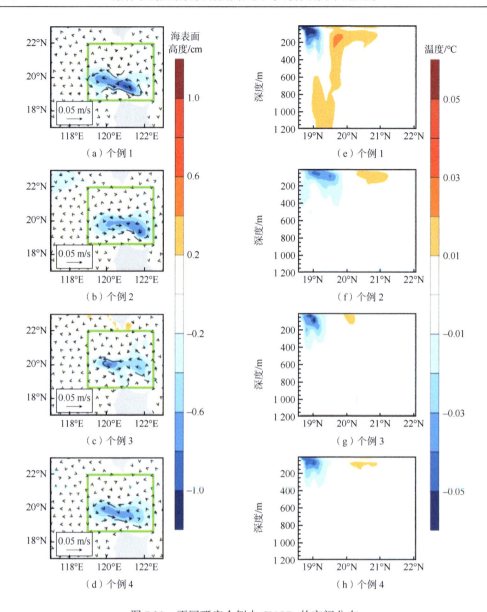

图 7.20　不同研究个例中 CNOP-的空间分布

左列为海表面高度误差(填色单位：cm)与上层流速误差(矢量单位：m/s)；
右列为绿色框内温度误差的纬向平均(单位：℃)
(梁朋，2019)

　　涡旋式初始误差主要位于(119 °E～122 °E，18.5 °N～20.3 °N)，这与黑潮通过吕宋海峡向西发生入流的位置基本一致。两类 CNOP 型初始误差的空间分布大致相同，但是符号相反。为便于区分，依据海表面高度误差的正负将两者分别记作 CNOP+和 CNOP-。可以看出，两类最快增长初始误差的空间结构与最优前期征兆存在一定相似性。在所有个例中，CNOP+(CNOP-)与最优前期征兆的相似系数均大于 0.7(<-0.7)。这种高相似性表明，吕宋海峡南部中尺度涡的观测对黑潮入侵南海的预报非常重要。

为探究两类初始误差对于黑潮入侵南海预报的影响，将其分别叠加到了参考态的初始场中，并积分非线性模式。尽管所叠加的初始误差振幅小，其引起的黑潮路径指数的预报误差却高达 0.7°。叠加 CNOP+后，黑潮在吕宋海峡的入流角度增加，其纬向流速增大，更多的黑潮水进入到南海内部。此时，预报的黑潮入侵南海的幅度偏大。相反，叠加 CNOP-之后，黑潮在吕宋海峡的入流角度减小，预报的黑潮入侵南海的幅度偏小（图 7.21）。

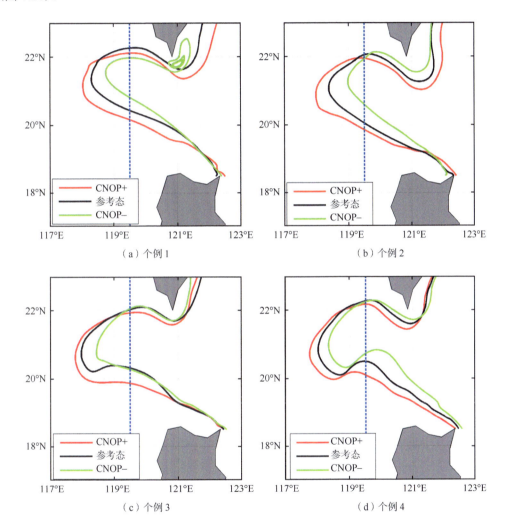

（a）个例 1　　　　　　　　　　　　　（b）个例 2

（c）个例 3　　　　　　　　　　　　　（d）个例 4

图 7.21　不同研究个例中两类 CNOP 型初始误差对黑潮入侵南海路径预报的影响

黑、红、绿线分别表示预报终止时刻参考态、叠加 CNOP+、CNOP-后的黑潮路径

（梁朋，2019）

以个例 1 为例（图 7.22），叠加 CNOP-之后，气旋式误差沿着黑潮路径向西北运动。在第 9 天，误差中心移动到（120.8 °E，19.6 °N）附近。在误差中心的南、北两侧分别激发出两个反气旋式误差，从南到北呈现正-负-正的三极子结构。这种三极子式误差

会沿着黑潮路径继续运动，同时迅速发展。在发展过程中，气旋式误差发展最快，并在第 23 天进入目标区域。由于台湾岛的阻挡，气旋式误差无法继续向北移动，进而转为局地发展。这种负海表面高度和逆时针旋转的速度误差，很大程度上抑制了黑潮在吕宋海峡反气旋式流套的发展，使得预报时刻黑潮入侵南海的幅度减弱。CNOP+的发展过程与 CNOP-相反，主要表现为反气旋式误差的快速发展，最终使得黑潮入侵南海的幅度增强。

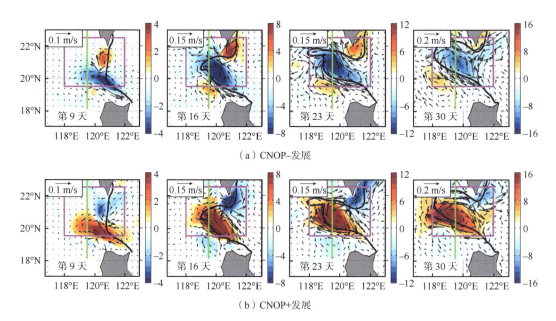

图 7.22　个例 1 中两类 CNOP 型初始误差的非线性发展
(a) CNOP-发展；(b) CNOP+发展

填色表示海表面高度误差(单位：cm)，矢量为上层 50 m 内平均速度误差(单位：m/s)；
黑实线表示黑潮路径，绿色实线表示 119.5 °E，紫色框为目标区域
(梁朋，2019)

上述分析表明，初始误差的迅速发展，可以归结于中尺度涡式误差与背景流之间的相互作用。为了探究这种相互作用机制，使用涡能量分析方法诊断了个例 1 中 CNOP-发展的能量来源。如图 7.23 所示，三个诊断项大值均局限于气旋式误差范围之内，且正值显著大于负值的绝对值。这表明，误差通过正、斜压不稳定过程及风应力做功吸收能量。其中，正压能量转换率项的量值要远远大于另外两项。最快增长初始误差发展主要是由正压不稳定过程控制，这与最优前期征兆的发展机制类似。这种动力机制的相似性可能决定了两者之间空间结构的相似性。相较于两个激发出来的反气旋式误差，气旋式误差范围内这三项的量值更大，这就解释了为何气旋式误差发展更快。此外，针对个例 1 的 CNOP+以及其他三个个例的两类初始误差进行了相应分析，均发现了正压不稳定在误差发展中的重要性。

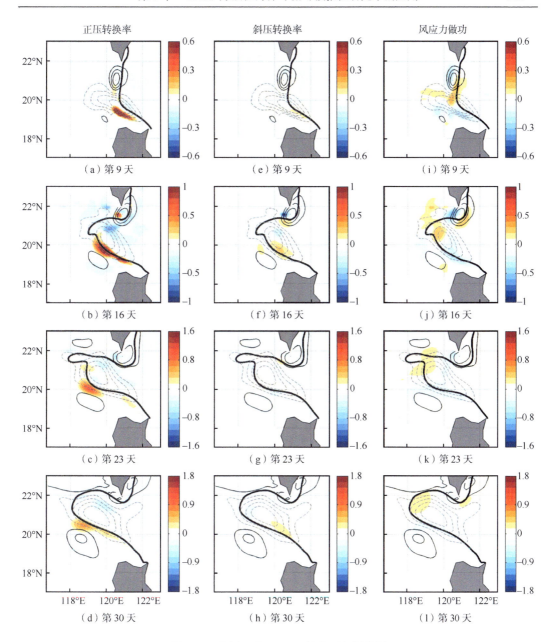

图 7.23　个例 1 中 CNOP−的发展机制分析

(a) ～ (l) 分别为正压能量转换率、斜压能量转换率和海表面风场做功项(填色单位: 10^{-4} m³/s³)

图中等值线为海表面高度，黑实线表示黑潮路径

(梁朋，2019)

　　前文表明，初始误差对于预报黑潮入侵南海影响显著。在某些特定区域内（目标观测敏感区），即使很小的初始误差，也可能导致显著的预报误差。因此，识别目标观测敏感区，并提高该区域内初始场准确性，具有十分重要的意义。为确定敏感区位置，利用以下公式计算了两类初始误差的总能量：

$$E = \int_{-H}^{0} \left[\frac{1}{2} \rho \left(u'^2 + v'^2 \right) \right] dz + \int_{-H}^{0} \left(\frac{g \rho'}{N_0} \right)^2 dz + g \rho |\eta'|^2 \tag{7.5}$$

式中，ρ 和 ρ' 分别为初始时刻的海水密度及其误差；u' 和 v' 为海洋中纬向和经向速度误差；g 为重力加速度；N_0 为参考态中浮性频率；η' 为海表面高度误差。分别将每个个例中两类初始误差的能量做了合成，并按照格点能量从大到小进行排列，取前 121 个格点(约占模拟区域面积的 0.12%)作为敏感区。如图 7.24 所示，四个个例敏感区的空间分布相似，主要集中于吕宋海峡南部海区。

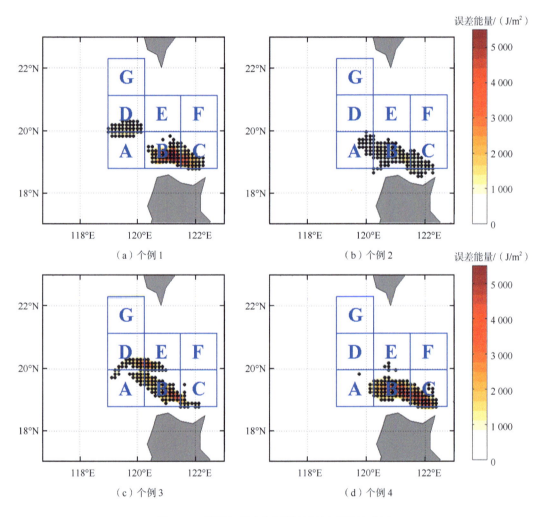

图 7.24　黑潮入侵南海预报的目标观测敏感区

填色为误差能量(单位：J/m²)。目标观测敏感区以黑点表示，A~G 是所选的比较区域
(梁朋，2019)

接下来，利用观测系统模拟试验评估在敏感区进行目标观测对预报效果的改善情况。在试验中，将参考态在预报时刻的状态量作为预报的"真值"。然后，使用

相同的预报系统进行两组数值试验：第一组数值试验是在模式全场叠加随机初始误差，记作"控制试验"；第二组试验是在第一组试验的基础上，在特定区域（敏感区及 7 个对比区域，见图 7.24）内消除初始误差，之后使用改进过的初始场进行预报，记作"目标观测试验"。此处，在控制试验中，共叠加了 20 组相同约束大小的初始误差，目标观测则体现为将观测区域内初始场由"真值"代替。图 7.25 表明，在这8 个区域进行目标观测后，黑潮入侵南海的预报技巧均有所提高。相比于其他 7 个对比区域，在敏感区内进行目标观测后预报技巧的改善程度最大，在四个个例中均达到 40% 以上。目标观测策略利用较少的观测资源有效地提高了预报精度，大幅节约了观测成本。

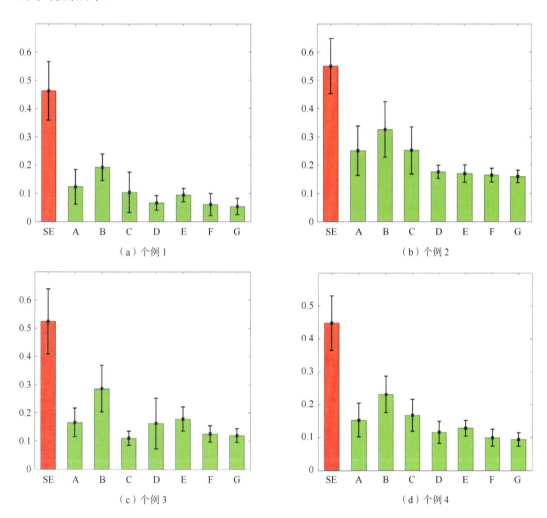

图 7.25　不同区域内进行目标观测后黑潮入侵南海路径预报的改善程度（×100%）

SE 表示观测敏感区；A～G 为比较区域；

颜色柱为 20 组初始误差进行目标观测后预报技巧的平均改善，误差条表示±标准差

（梁朋，2019）

7.4　CNOP 方法在海洋环流可预报性研究领域的延伸应用

除黑潮之外，CNOP 方法还被成功应用于其他海洋极端事件的可预报性研究(Mu et al.，2022)。例如，南极绕极流流量存在季节内尺度的急速变化，其对局地海洋动力过程、天气系统及生态均产生重要影响。针对该流量跃变事件，Zhou 等(2021，2022)开展了可预报性研究，分别识别了相应的最优前期征兆与最快增长初始误差。两者均呈现局地分布特征且具有较高的空间相似性，即扰动大值均位于德雷克海峡扇区中部的中深层(1000～3000 m)。诊断分析表明，斜压不稳定是此类误差发展的主要原因，非线性平流对于维持误差局地发展具有重要作用。在观测系统模拟试验中，在 CNOP 型误差所识别的敏感区内去除初始误差，能显著地改善南极绕极流流量跃变事件的预报技巧。

此外，中国科学院南海海洋研究所彭世球研究员及其团队利用 CNOP 方法探讨了南海西边界流的短期可预报性问题(预报时间为 30 天)，指出初始误差的非线性传播对海洋环流场预测有十分重要的影响。相关观测系统模拟试验表明，在 CNOP 所识别的敏感区内强化观测可显著提高预报技巧(Li et al.，2014)。近期，笪良龙教授团队研究了中国黄海海温三维结构的预报问题，开展了基于 CNOP 方法的外海目标观测试验(Hu et al.，2021；Liu et al.，2021)。通过精心设计的观测系统试验，证实了在 CNOP 型初始误差决定的敏感区内进行加密观测，能有效地提高研究区域温度垂向结构的预报技巧。

7.5　结论和讨论

海洋是高度复杂的非线性动力系统，CNOP 方法是开展海洋环流可预报性研究的有力工具。黑潮作为太平洋副热带环流的西边界流，其变化对气候、渔业等有重要影响。准确预报黑潮变化，具有重要的科学意义与应用价值。本章分别以日本南部黑潮大弯曲路径变异及黑潮入侵南海为例，介绍了 CNOP 方法在海洋环流可预报性与目标观测研究中的应用。此外，CNOP 方法还成功应用于其他黑潮变异现象(如源区黑潮流量季节性下降、黑潮延伸体模态转变)的可预报性研究等。

通过计算这些高影响海洋变异事件的 CNOP 型扰动，明确了导致这些变异现象预报不确定的主要原因，揭示了初始误差快速增长的动力机制。与此同时，基于 CNOP 型扰动的局地分布特征，识别了针对不同现象预报的观测敏感区(图 7.26)，给出了减少黑潮变异预报不确定性的有效途径。观测系统模拟试验结果表明，在敏感区内加强观测，可以将所关注现象的预报技巧提高 20% 至 50%(Zhang et al.，2020)。这些研究不仅为提高黑潮变化的预测能力奠定了理论基础，而且可以为黑潮的观测优化设计提供科学指导。

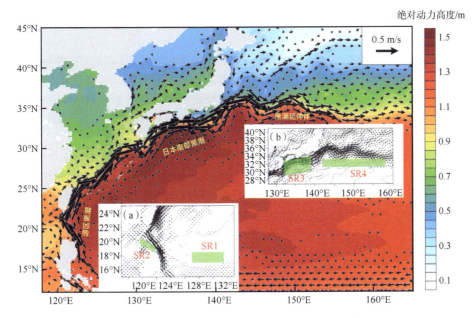

图 7.26　基于 CNOP 方法所识别的黑潮目标观测敏感区

SR1~SR4 分别为源区黑潮流量季节性下降、黑潮入侵南海、日本南部黑潮大弯曲路径变异与黑潮延伸体模态转变的观测敏感区；填色与矢量箭头分别表示由 AVISO 数据计算得到的气候态绝对动力高度（单位：m）及地转流（单位：m/s）
（Zhang et al.，2020）

参 考 文 献

梁朋. 2019. 黑潮入侵南海的可预报性问题研究. 中国科学院大学博士学位论文.

刘霞. 2018. 日本南部黑潮大弯曲路径的可预报性和目标观测研究. 中国科学院大学博士学位论文.

Buijsman M C, Kanarska Y, Mcwilliams J C. 2010. On the generation and evolution of nonlinear internal waves in the South China Sea. J Geophys Res: Oceans, 115: C02012.

Carton J A, Giese B S. 2008. A reanalysis of ocean climate using Simple Ocean Data Assimilation（SODA）. Mon Wea Rev, 136: 2999-3017.

Geng Y, Wang Q, Mu M, et al. 2020. Predictability and error growth dynamics of the Kuroshio Extension state transition process in an eddy-resolving regional ocean model. Ocean Modelling, 153.

Hu H Q, Liu J Y, Da L L, et al. 2021. Identification of the sensitive area for targeted observation to improve vertical thermal structure prediction in summer in the Yellow Sea. Acta Oceanol Sin, 40: 77-87.

Jia Y L, Liu Q Y. 2004. Eddy shedding from the Kuroshio bend at Luzon Strait. J Oceanogr, 60（6）: 1063-1069.

Kawabe M. 1986. Transition processes between the three typical paths of the Kuroshio. J Oceanogr Soc Japan, 42（3）: 174-191.

Kawabe M. 1995. Variations of current path, velocity, and volume transport of the Kuroshio in relation with the large meander. J Phys Oceanogr, 25（12）: 3103-3117.

Kwon Y-O, Alexander MA, Bond NA, et al. 2010. Role of the Gulf Stream and Kuroshio-Oyashio systems in large-scale atmosphere-ocean interaction: A review. J Climate, 23: 3249-3281.

Li L, Nowlin W D, Su J L. 1998. Anticyclonic rings from the Kuroshio in the South China Sea. Deep-Sea Research, 45(9): 1469-1482.

Li Y N, Peng S Q, Liu D L. 2014. Adaptive observation in the South China Sea using CNOP approach based on a 3-D ocean circulation model and its adjoint model. J Geophys Res: Oceans, 119(12): 8973-8986.

Liang P, Mu M, Wang Q, et al. 2019. Optimal precursors triggering the Kuroshio intrusion into the South China Sea obtained by the conditional nonlinear optimal perturbation approach. J Geophys Res: Oceans, 124: 3941-3962.

Liu K, Guo W H, Da L L, et al. 2021. Improving the thermal structure predictions in the Yellow Sea by conducting targeted observations in the CNOP-identified sensitive areas. Scientific Report, 11: 1-14.

Liu X, Wang Q, Mu M. 2018a. Optimal initial error growth in the prediction of the Kuroshio large meander based on a high-resolution regional ocean model. Adv Atmos Sci, 35: 1362-1371.

Liu X, Mu M, Wang Q. 2018b. The nonlinear optimal triggering perturbation of the Kuroshio larger meander and its evolution in a regional ocean model. J Phys Oceanogr, 48: 1771-1786.

Miyazawa Y, Zhang R, Guo X, et al. 2009. Water mass variability in the western North Pacific detected in a 15-year eddy resolving ocean reanalysis. J Oceanogr, 65: 737-756.

Mu M, Zhang K, Wang Q. 2022. Recent progress in applications of the conditional nonlinear optimal perturbation approach to atmosphere-ocean sciences. Chinese Ann Math-Ser B, 43(6): 1033-1048.

Nan F, Xue H J, Chai F, et al. 2013. Weakening of the Kuroshio intrusion into the South China Sea over the Past Two Decades. J Climate, 26(20): 8097-8110.

Nitani H. Beginning of the Kuroshio. 1972. In: Stommel H, Yashida K(eds). Kuroshio: Physical Aspects of the Japan Current. University of Washington Press, 129-163.

Qiu B, Miao W. 2000. Kuroshio path variations south of Japan: Bimodality as a self-sustained internal oscillation. J Phys Oceanogr, 30: 2124-2137.

Qu T D, Mitsudera H, Yamagata T. 2000. Intrusion of the north pacific waters into the South China Sea. J Geophys Res: Oceans, 105(C3): 6415-6424.

Shaw P T. 1991. The seasonal variation of the intrusion of the Philippine sea water into the South China Sea. J Geophys Res: Oceans, 96(C1): 821-827.

Sheremet V A. 2011. Hysteresis of a western boundary current leaping across a gap. J Phys Oceanogr, 31: 1247-1259.

Stommel H, Arons A B. 1960. On the abyssal circulation of the world ocean-II. An idealized model of the circulation pattern and amplitude in oceanic basins. Deep-Sea Research, 6: 217-218.

Tsukamoto K. 2006. Oceanic biology: Spawning of eels near a seamount. Nature, 439: 929.

Tsujino H, Usui N, Nakano H. 2006. Dynamics of Kuroshio path variations in a high-resolution general circulation model. J Geophys Res: Oceans, 111: C11001.

Usui N, Tsujino H, Nakano H, et al. 2008. Formation process of the Kuroshio large meander in 2004. J Geophys Res: Oceans, 113(C8): C08047.

Wang Q, Mu M, Dijkstra H A. 2012. Application of the conditional nonlinear optimal perturbation method to the predictability study of the Kuroshio large meander. Adv Atmos Sci, 29(1): 118-134.

Wang Q, Mu M, Dijkstra H A. 2013. The similarity between optimal precursor and optimally growing initial error in prediction of Kuroshio large meander and its application to targeted observation. J Geophys Res: Oceans, 118(12): 869-884.

Wang Q, Mu M, Sun G D. 2020. A useful approach to sensitivity and predictability studies in geophysical fluid dynamics: Conditional non-linear optimal perturbation. National Science Review, 7: 214-223.

Wu C R, Hsin Y C. 2012. The forcing mechanism leading to the Kuroshio intrusion into the South China Sea. J Geophys Res: Oceans, 117 (C7): C07015.

Wu L, Cai W, Zhang L, et al. 2012. Enhanced warming over the global subtropical western boundary currents. Nature Climate Change, 2: 161-166.

Yang Q X, Zhou L, Tian J W, et al. 2014. The roles of Kuroshio intrusion and mesoscale eddy in upper mixing in the northern South China Sea. J Coastal Res, 30 (1): 192-198.

Yuan D L, Han W Q, Hu D X. 2006. Surface Kuroshio path in the Luzon Strait area derived from satellite remote sensing data. J Geophys Res: Oceans, 111 (C11): C11007.

Yuan D L, Wang Z. 2011. Hysteresis and dynamics of a western boundary current flowing by a gap forced by impingement of mesoscale eddies. J Phys Oceanogr, 41 (41): 878-888.

Zhang K, Mu M, Wang Q. 2017. Identifying the sensitive area in adaptive observation for predicting the upstream Kuroshio transport variation in a 3-D ocean model. Sci China Ser D-Earth Sci, 60 (5): 866-875.

Zhang K, Mu M, Wang Q, et al. 2019. CNOP-based adaptive observation network designed for improving upstream Kuroshio transport prediction. J Geophys Res: Oceans, 124 (6): 4350-4364.

Zhang K, Mu M, Wang Q. 2020. Increasingly important role of numerical modeling in oceanic observation design strategy: A review. Sci China Ser D-Earth Sci, 63 (11): 1678-1690.

Zhang K, Wang Q, Mu M, et al. 2016. Effects of optimal initial errors on predicting the seasonal reduction of the upstream Kuroshio transport. Deep Sea Research Part I: Oceanographic Research Papers, 116: 220-235.

Zhang K, Wang Q, Yin B S. 2022. Decadal sea surface height modes in the low-latitude northwestern Pacific and their contribution to the North Equatorial Current transport variation. J Oceanogr, 78 (5): 381-395.

Zhou L, Wang Q, Mu M, et al. 2021. Optimal precursors triggering sudden shifts in the Antarctic circumpolar current transport through Drake Passage. J Geophys Res: Oceans, 126: e2021JC017899.

Zhou L, Zhang K, Wang Q, et al. 2022. Optimally growing initial error for predicting the sudden shift in the Antarctic Circumpolar Current transport and its application to targeted observation. Ocean Dyn, 72: 785-800.

第8章　CNOP-P 方法在陆地生态系统模拟不确定性研究中的应用

8.1　引　　言

陆地生态系统是地球系统的重要组成部分。陆地生态系统通过能量、水和碳循环与大气相互作用，从而影响区域和全球的环境和气候变化(Friedlingstein et al.，2006；Heimann and Reichstein，2008；Penuelas et al.，2011；Ito and Inatomi，2012；Keenan et al.，2013)。因此，研究陆地生态系统的时空变化特征，对于理解区域和全球气候变化以及"双碳目标"等国家重大需求问题具有重要意义(Poulter et al.，2014；Walsh et al.，2017)。

目前关于陆地生态系统的模拟和预估，仍然存在较大的不确定性(Lin et al.，2011；Mouquet et al.，2015；Bastos et al.，2020)。模式误差是导致陆地生态系统模拟和预估不确定性的重要因素之一(Arora and Matthews，2009；Hewitt et al.，2016；Braghiere et al.，2019)。一方面，气候变化的不确定性作为一类模式误差，是陆地生态系统模拟和预估不确定性的来源之一(Gang et al.，2015)。为了讨论陆地生态系统对气候变化的响应，一些学者利用全球气候模型模拟和预估气候变化，然后探索陆地生态系统模拟和预估的不确定性。例如，Berthelot 等(2005)利用 14 个海洋和大气环流模型(ocean and atmosphere general circulation models，OAGCMs)模拟气候变化，探讨了全球陆地碳库和通量的变化。结果表明，尽管净生态系统生产力(net ecosystem productivity，NEP)的变化趋势一致，但仍存在较大的不确定性(标准差为 2.7 Gt C/a)。上述研究发现了不同气候变化情景下陆地生态系统估算的不确定性。然而，陆地生态系统对气候变化(温度和降水)的响应是非线性的，很少有研究探讨陆地生态系统对气候变化的非线性响应，这表明我们对气候变化如何影响陆地生态系统的理解还处于初级阶段。

另一方面，陆地生态系统模式中物理过程和物理参数存在不确定性，也是导致陆地生态系统模拟和预估不确定性的因素之一(Gao and Liu，2008)。Tian 等(2015)利用 10 个陆地生物圈模型(terrestrial ecosystem model，TEM)估算了全球土壤碳的变化，数值结果表明，土壤碳的结果范围为 425 Pg C 至 2 111 Pg C。这表明不同 TEM 模拟土壤碳的结果存在很大的差异。尽管众多学者开展了模式误差对陆地生态系统模拟和预估不确定性的研究，但模式误差影响陆地生态系统模拟和预估不确定性的最大程度，以及导致其模拟和预估最大不确定性的关键物理过程和物理参数的研究较少。

条件非线性最优参数扰动(CNOP-P)方法是 Mu 等(2010)提出的一种非线性最优化方法，能够用来探究模式误差对数值模拟和预报的最大可能影响。本章将介绍 CNOP-P 方法在陆地生态系统模拟不确定性研究中的应用。特别是从气候变化和模式物理参数误差两个角度出发,利用 Lund-Potsdam-Jena(LPJ)模式和 CNOP-P 方法,探讨模式误差对陆地生态系统模拟不确定性的影响。首先,探究由温度、降水所表征的气候变化不确定性对陆地生态系统的影响;其次,在模式物理参数方面,基于模式物理参数能够引起陆地生态系统模拟较大的不确定性程度,识别出在中国地区对陆地生态系统模拟具有最重要影响的物理参数组合,从而为通过观测、校准或者同化方法提高陆地生态系统的模拟提供指导。

8.2　模式、数据和方法介绍

1. LPJ 模式介绍

动态植被模型已经逐渐成为陆地生态系统研究的一个重要工具(Cramer et al.,2001;Bonan et al.,2002)。LPJ 模式(Sitch et al.,2003)是基于过程、能够描述大尺度陆地生态动力和陆地大气间水分、碳交换的生物化学模型。考虑到 LPJ 动态全球植被模型(dynamic global vegetation model,DGVM)在全球和区域陆地生态系统应用的广泛性(Bondeau et al.,2007),我们将利用此模型展开研究。

LPJ 模型采用了 Biome 系列模型中的一些特性,包括了光合作用和植物水分之间的连接和反馈、快过程和慢过程之间的耦合,以及土壤和凋落物之间碳的周转和火灾等模块。此模型能够研究光合作用以及十种植被功能类型(plant functional types,PFT)之间的竞争。这十种植被功能类型分别是:热带常绿阔叶林带、热带雨林阔叶林带、温带常绿针叶林带、温带常绿阔叶林带、温带夏绿阔叶林带、北方常绿针叶林带、北方夏绿针叶林带、北方夏绿阔叶林带、温带草本和赤道草本。LPJ 模型中的植被是根据生理、物候、形态和生物物候属性来区分。植被每年根据扰动、死亡和建立来更新。碳量贮存在叶、边材、心材、根、地面凋落物池、两个土壤碳池和地下凋落物池等地。

LPJ 模型是由月温度、月降水、月云量、土壤质地和 CO_2 浓度资料驱动的。本节采用的月气候要素场资料来自东安格利亚大学气候研究中心(Climatic Research Unit,CRU;Mitchell and Jones,2005)。这套资料利用若干数据库建立,不仅空间分辨率高(空间分辨率为 0.5°×0.5°),而且具有较长的时间跨度(时间从 1901 年到 2002 年)。大气 CO_2 浓度来自碳循坏模型(Kicklighter et al.,1999)。土壤数据为联合国粮食及农业组织(Food and Agriculture Organization of the United Nations,FAO;Zobler,1986;FAO,1991)提供的土壤数据集。在利用 LPJ 模型研究陆地生态系统前,假设没有植被(即全为裸土)和生物量,因此需要积分 LPJ 模型 1 000 年直到植被覆盖和土壤碳池达到平衡态。在此阶段中,LPJ 模型需要具有年际变化的气候资料场,这里我们循环使用 1901 年到 1930 年 CRU 资料驱动 LPJ 模型达到平衡态。

2. 条件非线性最优参数扰动(CNOP-P)方法

本章利用 CNOP-P 方法进行陆面过程模拟不确定性研究。在求解 CNOP-P 时,采用不需要梯度信息的差分进化(DE)算法(Storn and Price,1997)。本书第 1 章和第 2 章已经详细介绍了 CNOP-P 方法以及如何利用 DE 算法计算 CNOP 或者 CNOP-P,这里不再赘述。

3. 基于 CNOP-P 识别敏感参数组合的方法

为了识别出对陆地生态系统模拟和预测不确定性具有最重要影响的敏感物理参数组合，Sun 和 Mu(2017)提出了基于 CNOP-P 的物理参数敏感性分析方法。此方法包括以下三个步骤。

步骤 1　选取模式中的物理参数

模式物理参数选取的准则是参数本身可通过直接或者间接观测获取。

步骤 2　单参数敏感性分析

进行单参数敏感性分析主要有以下两个原因。首先，直接从已选取的物理参数(假设有 n 个参数)中筛选出最重要和敏感的物理参数组合，虽然是可行的，但需要耗费大量的计算资源。例如，在 LPJ 模式中，如果选取 24 个物理参数，利用 CNOP-P 方法从这些参数中寻找由 5 个参数构成的最重要和敏感的物理参数组合，需要进行 C_{24}^5 组优化试验。这一过程需要相当大的计算资源。其次，通过单参数敏感性试验，发现并非所有的物理参数都能导致较大的陆地生态系统数值模拟和预测的不确定性。考虑以上两点，有必要先剔除一些不重要和不敏感的物理参数。

在分析单参数的敏感性时，CNOP-P 方法中参数扰动 p 的维数是 1。在考察某一参数的敏感性时，仅改变该参数的取值，其他参数保持不变。利用 CNOP-P 方法，可以获得在合理的参数取值范围内，与各个物理参数对应的 CNOP-P 参数误差及其目标函数值。根据这些目标函数值，将从 n 个参数中筛选出单参数敏感性排名前 m 个较为重要和敏感的物理参数，即剔除 $n-m$ 个较不重要的物理参数。

步骤 3　多参数敏感性分析

在步骤 2 的单参数敏感性分析，我们从 n 个参数中选取了 m 个较为重要和敏感的物理参数。在步骤 3 中，将利用组合思想，通过同时优化多个参数确定最敏感和最重要的物理参数组合。例如，如果从 m 个参数中寻找由 k 个参数组成的最重要和敏感的物理参数组合($k<m<n$)，CNOP-P 方法中参数扰动的维数是 k。在分析参数组合的敏感性时，仅改变该参数组合中参数的取值，其他参数保持不变。随后进行 C_m^k 组优化试验，求解 C_m^k 个 CNOP-Ps 及其对应的目标函数值。最后根据目标函数值的大小，判断出最敏感和最重要的物理参数组合。

4. 试验设计

已有研究探讨了陆地生态系统对气候变化的响应(Gao et al., 2000；Gerber et al., 2004；Matthews et al., 2005)。其试验设计为

$$\frac{\sum_{i=1}^{nt}(X_i+\delta)}{nt}=\frac{\sum_{i=1}^{nt}X_i}{nt}+\delta$$

式中，$\{X_i\}_{i=1,\cdots,nt}$ 代表时间长度为 nt 的气候要素场，如降水或温度。上述方法是在温度或者降水序列上叠加一个常数，探讨温度和降水的变化对陆地生态系统的影响。这种试

验设计只考虑了温度或者降水气候态的变化，并没有考虑温度或者降水变率的变化。

温度和降水是影响陆地生态系统变化碳循环的两个重要因素。净初级生产力(net primary productivity，NPP) 直接反映了植物在自然环境条件下的生产能力，是判断生态系统碳源\汇和调节生态过程的重要因子，是生态系统碳收支中非常重要的要素，在全球或者区域碳循环中具有特殊的地位(Field et al.，1998)。本章将探讨温度和降水的变化对 NPP 影响的最大程度。根据 NPP 在中国区域的分布情况，研究区域选取为(103 °E～120 °E，20 °N～45 °N) 和(120 °E～135 °E，40 °N～54 °N)。所选区域包含了中国区域大部分植被功能类型(PFT)，而且 NPP 的大值区主要分布在该区域。试验设计为

$$\frac{\sum_{i=1}^{nt}(X_i+x_i)}{nt}=\frac{\sum_{i=1}^{nt}X_i}{nt}+\delta$$

$$0\leqslant x_i\leqslant\sigma.$$

式中，$\{X_i\}_{i=1,\cdots,nt}$ 为温度或者降水的时间序列，x_i 代表温度或者降水的扰动值。显然，此试验设计不仅考虑了温度或者降水气候态的变化，也考虑了温度变率和降水变率的变化。nt=10，代表 10 年。δ 是约束条件参数，在本研究中约束条件参数的大小代表温度或者降水平均态变化的程度。δ 越大，表示气候变化幅度越大。σ 是温度序列或者降水序列扰动的上界，表示在优化时间范围内，温度和降水的变化范围。显然，与传统试验设计相比，此试验设计考虑了温度变率和降水变率的变化。

综合大气环流模式关于中国区域 CO_2 加倍试验的结果和已有研究(Gao et al.，2000)，我们设计了以下两组试验：

(E1)扰动序列$\{x_i\}_{i=1,\cdots,nt}$使得温度平均值增加 2 ℃，即 $\delta=2$ ℃，$\sigma=3$ ℃；

(E2)扰动序列$\{x_i\}_{i=1,\cdots,nt}$使得降水平均值 P_{ave} 增加 20%，即 $\delta=P_{ave}\times20\%$，P_{ave} 代表优化时间范围内年降水量的平均值。$\sigma=P_{max}\times20\%$，P_{max} 代表优化时间范围内年降水量变化的最大值。

为了研究导致陆地生态系统模拟不确定性的关键物理参数，选取了 LPJ 模式中的 24 个物理参数。24 个物理参数及其物理含义和取值范围见表 8.1。由于不同参数的量级有非常大的差异，因此需要将物理参数进行归一化。本研究利用分段线性变换把各参数的取值均归一化至[−1, 1]。采用的线性变换如下：

$$\begin{cases} y=\dfrac{x-\text{Defvalue}}{\text{Maxvalue}-\text{Defvalue}}, & \text{当 } x\geqslant\text{Defvalue} \\ y=\dfrac{x-\text{Defvalue}}{\text{Defvalue}-\text{Minvalue}}, & \text{当 } x<\text{Defvalue} \end{cases}$$

式中，x 和 y 分别表示线性变换前和变换后的参数取值；Defvalue、Maxvalue 和 Minvalue 分别表示参数的默认值、最大值和最小值。当 x=Minvalue 时，$y=-1$；当 x=Maxvalue 时，$y=1$；当 x=Defvalue 时，$y=0$。在 CNOP-P 方法中，参数误差 p 的约束条件即为：$|p|\leqslant\delta$，$\delta=1$。

在本部分介绍中，选取 n=24，m=10，k=5，代表将从 10 个较为重要和敏感的物理参数中，挑选出 5 个最重要和敏感的物理参数组合。首先，利用 CNOP-P 方法进行单参

数敏感性分析，得到单参数敏感性排序，从中筛选出敏感性排名前 10 的较为重要和敏感的物理参数。然后，对这 10 个物理参数进行组合，可以得到 C_{10}^{5} 种参数组合。对所有的 C_{10}^{5} 种参数组合，分别计算 CNOP-P 及其对应的目标函数值。目标函数值越大，代表了此参数组合能够导致的陆地生态系统模拟的不确定性程度越大，因而其敏感性也越高。在这 C_{10}^{5} 种参数组合中，具有最大目标函数值的一组参数组合即为最重要和敏感的物理参数组合。此外，还利用传统的 One-At-a-Time（OAT；Pitman，1994）方法考察了单参数的敏感性，并与基于 CNOP-P 的敏感参数分析方法所识别的物理参数进行对比。

表 8.1　LPJ 模型中选择的物理参数

编号	物理参数	默认值	最小值	最大值	物理解释
P1	θ^{*}	0.7	0.2	0.996	Co-limitation shape parameter
P2	α_{a}^{*}	0.5	0.3	0.7	fraction of PAR assimilated at ecosystem level relative to leaf level
P3	$\lambda_{\max,C3}$	0.7	0.6	0.8	Optimal $c_i=c_a$ for C3 plants（all PFTs except TrH）
P4	α_{C3}^{*}	0.08	0.02	0.125	Intrinsic quantum efficiency of CO_2 uptake in C3 plants
P5	a_{C3}^{*}	0.015	0.01	0.021	Leaf respiration as a fraction of Rubisco capacity in C3 plants
P6	$Q_{10,ko}$	1.2	1.1	1.3	Q_{10} for temperature-sensitive parameter ko
P7	$Q_{10,kc}$	2.1	1.9	2.3	Q_{10} for temperature-sensitive parameter kc
P8	$Q_{10,\tau}$	0.57	0.47	0.67	Q_{10} for temperature-sensitive parameter τ
P9	r_{growth}^{*}	0.25	0.15	0.4	Growth respiration per unit NPP
P10	g_{m}^{*}	3.26	2.5	18.5	Maximum canopy conductance analogue [mm/d]
P11	α_{m}	1.391	1.1	1.5	Evapotranspiration parameter
P12	k_{allom1}	100	75	125	Crown area=k_{allom1}*height**k_{rp}
P13	k_{allom2}	40	30	50	height=k_{allom2}*diameter**k_{allom3}
P14	k_{allom3}	0.67	0.5	0.8	height=k_{allom2}*diameter**k_{allom3}
P15	$k_{la:sa}^{*}$	6 000	2 000	8 000	leaf-to-sapwood area ratio
P16	k_{rp}	1.5	1.37	1.6	Crown area=k_{allom1}*height**k_{rp}
P17	k_{mort1}^{*}	0.01	0.005	0.1	Asymptotic maximum mortality rate [/a]
P18	k_{mort2}	0.4	0.2	0.5	growth efficiency mortality scalar
P19	est_{max}^{*}	0.24	0.05	0.48	Maximum sapling establishment rate [/(m²·a)]
P20	n_0	7.15	6.85	7.45	leaf N concentration（mg/g）not involved in photosynthesis
P21	$dens_{wood}$	200	180	220	specific wood density [kg C/m³]
P22	τ_{litter}^{*}	0.35	0.19	0.81	litter turnover time at 10 °C [a]
P23	p_t	1.32	1.12	1.52	Priestley-Taylor coefficient
P24	β	0.17	0.15	0.19	global average short-wave albedo

引自：Sun and Mu，2017；有修改

本研究我们利用差分进化(DE)算法(Storn and Price，1997)来求解 CNOP-P。此算法的特点是，不需要目标函数关于优化变量的梯度，就可以求得最优值，从而避免了目标函数关于优化变量梯度可能不存在的问题(Duan et al.，1992；Kruger，1993)。

8.3　气候变化不确定性对陆地生态系统模拟不确定性影响的研究

8.3.1　温度变化不确定性对净初级生产力模拟不确定性的影响

1. 温度的非线性变化

首先考察把 CNOP-P 型温度扰动叠加到原始温度序列后温度本身的非线性演化。数值试验结果发现，此种情景下研究区域的温度平均值增加了 2 ℃，尽管温度平均态的空间分布没有发生变化，但温度变率(即标准差)的空间分布发生了显著变化。对于未叠加扰动的原始温度序列，在研究时间范围内，其变率在空间上从东北到西南呈现明显的梯度分布，表现为"低-高-低"的特征[图 8.1(a)]。当 CNOP-P 叠加在原始温度序列后，温度变率的梯度空间分布和"低-高-低"特征表现并不明显[图 8.1(b)]。就研究区域而言，在东北大部分区域温度变率较大，东北部分区域和南方区域温度变率较小。但在大部分区域，叠加 CNOP-P 型扰动后的温度变率较原始温度变率有所增加，尤其东北区域和华北部分区域的温度变率增加最为明显。以上分析表明，把原始温度序列直接增加 2 ℃后，只改变了温度的平均值，而没有改变温度变率；当 CNOP-P 型温度扰动叠加在原始温度序列后，不仅温度平均值发生了变化，而且温度变率明显地增加。这体现了温度变化的非线性特征(Sun and Mu，2013)。

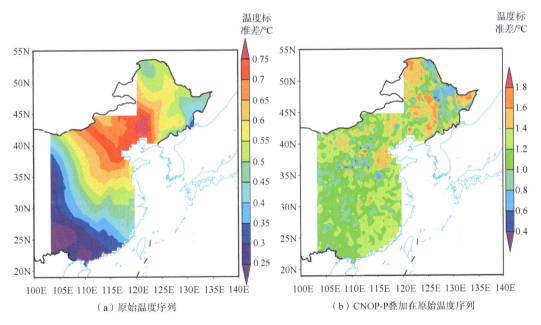

图 8.1　温度序列的标准差(单位：℃)

(Sun and Mu，2013；有修改)

2. CNOP-P 类型温度变化对 NPP 的影响

为了研究中国区域陆地生态系统 NPP 对非线性温度变化的响应，我们将 CNOP-P 型温度扰动叠加在原始的温度序列上。数值试验结果发现，在优化结束时刻，研究区域内植被功能类型及其分布基本保持不变(图略)，这可能由于优化时间较短造成，暗示了较短时间的温度非线性变化难以导致植被功能类型的变化。然而优化结束时刻净初级生产力(NPP)却发生很大的变化[图 8.2(a)]。与不叠加温度变化的参考态相比，CNOP-P 类型的温度变化导致研究区域内 NPP 的变化，呈现明显的空间分布特征，在华北区域 NPP 减少，在东北区域和中国南方大部分区域 NPP 增加。考察 NPP 相对变化的空间分布情况[图 8.3(a)]，在华北区域、南方和东北部分区域 NPP 的相对变化最大，其他区域 NPP 的相对变化较小。这说明了 CNOP-P 类型的温度变化不仅对北方部分区域的 NPP 影响较大，而且南方区域对其响应的敏感性也较强(Sun and Mu，2013)。

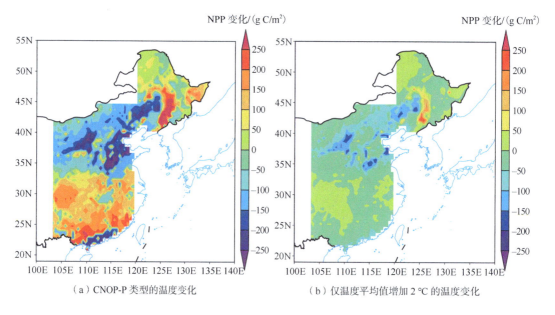

（a）CNOP-P 类型的温度变化　　　　　　　（b）仅温度平均值增加 2 ℃ 的温度变化

图 8.2　不同温度变化情景下 NPP 的变化(单位：g C/m²)

(Sun and Mu，2013；有修改)

3. 不同类型温度变化对 NPP 影响的比较

下面探讨不同温度变化情景下 NPP 的变化情况。我们首先分析了温度气候态变化(仅温度平均值增加 2 ℃，温度变率保持不变)的情形。数值试验结果发现，此种情景下，在研究区域内植被功能类型及其分布基本保持不变(图略)。此时，NPP 的变化情况与 CNOP-P 型温度变化情景有一定程度的相似(图 8.2)，在华北区域，NPP 减少，在东北区域 NPP 增加。尽管两种温度变化情景下 NPP 在这些区域的变化趋势类似，但变化的幅度有明显差异。由 CNOP-P 型温度扰动导致的 NPP 的变化幅度，明显大于仅温度平均值增加 2 ℃所导致的变化幅度。两种类型温度变化对中国区域 NPP 影响差异最大的地区是南方区域和东北部分区域。仅温度平均值增加 2 ℃的温度变化，使得 NPP 在中国南方大部分区域减少；而 CNOP-P 类型的温度变化，使得 NPP 在中国南方大部分地区显著增加。从 NPP 的相对变化来看，两种类型的温度变化对 NPP 的影响也有很大区别(图 8.3)。在华北区域，两者对 NPP 相对变化的影响都很大，但 CNOP-P 型温度扰动影响的幅度更大。华北区域 NPP 对于两种类型的温度变化都比较敏感，这一结果与 Gao 等(2000)的研究结果一致。而在南方区域，两者对 NPP 相对变化的影响有很大差别，CNOP-P 型温度变化导致 NPP 的相对变化非常明显，而仅温度平均值增加 2 ℃时 NPP 的相对变化很小。这说明，CNOP-P 方法能够揭示出南方区域 NPP 对于温度的非线性变化较为敏感这一现象(Sun and Mu，2013)。

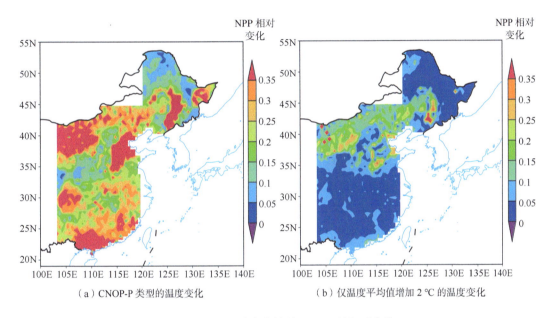

（a）CNOP-P 类型的温度变化　　　　　　　　　　（b）仅温度平均值增加 2 ℃ 的温度变化

图 8.3　不同温度变化情景下 NPP 的相对变化

(Sun and Mu，2013；有修改)

8.3.2　降水变化不确定性对净初级生产力模拟不确定性的影响

1. 降水的非线性变化

类似地，我们把 CNOP-P 型降水扰动叠加在原始降水序列上，考察在优化时间范围内降水的非线性变化情况。数值试验结果表明，尽管降水在优化时间范围内的平均值发生了变化，但用标准差描述的降水变率与原始降水序列变率的空间特征基本类似(图 8.4)，从西北到东南降水变率逐渐增加，呈现明显的梯度特征。尽管 CNOP-P 类型的降水扰动对降水变率的空间分布特征影响不大，仍能清楚地看到，变化最大的区域发生在中国南方区域，在其他区域降水变率的变化则较小。上述结果表明，CNOP-P 类型的降水扰动对降水变率的空间分布特征影响较小，其中影响较大的区域在中国南方区域(Sun and Mu，2013)。

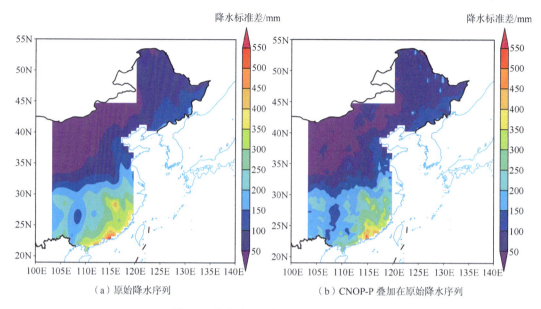

（a）原始降水序列　　　　　　　（b）CNOP-P 叠加在原始降水序列

图 8.4　降水序列的标准差（单位：mm）

（Sun and Mu, 2013；有修改）

2. CNOP-P 类型降水变化对 NPP 的影响

考察 CNOP-P 类型降水变化对 NPP 的影响。由于优化时间较短，在 CNOP-P 类型降水变化的影响下，研究时间范围内植被功能类型基本保持不变（图略），研究区域总 NPP增加[图 8.5（a）]。其中在中国内蒙古区域和华北部分区域 NPP 的增幅非常明显，在东北部分区域和南方大部分区域，NPP 略有减少，但是减少幅度较小。从图 8.6（a）可以看到，

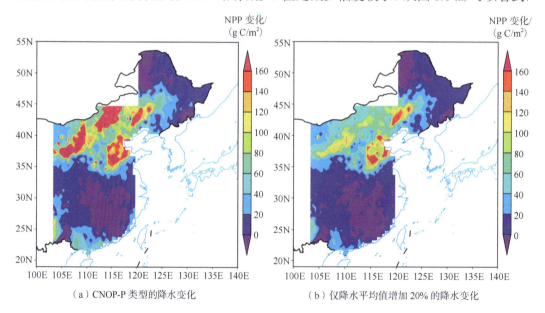

（a）CNOP-P 类型的降水变化　　　　　　　（b）仅降水平均值增加 20% 的降水变化

图 8.5　不同降水变化情景下 NPP 的变化（单位：g C/m²）

（Sun and Mu, 2013；有修改）

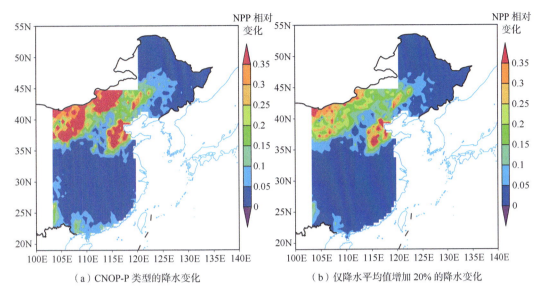

（a）CNOP-P 类型的降水变化　　　　　（b）仅降水平均值增加 20% 的降水变化

图 8.6　不同降水变化情景下 NPP 的相对变化

（Sun and Mu，2013；有修改）

NPP 的相对变化在南方和东北区域较小，在华北区域中部较大。上述数值结果说明，华北干旱和半干旱区域 NPP 对于降水的非线性变化的响应较强，而在其他区域较弱（Sun and Mu，2013）。

3. 不同类型降水变化对 NPP 影响的比较

为了探讨 NPP 对于不同降水情景响应的差异，我们还考察了仅降水平均值增加 20% 的降水变化对 NPP 的影响。数值试验结果表明，此种降水情景下 NPP 变化的空间分布特征，与 CNOP-P 型非线性降水变化对 NPP 影响的结果是类似的（图 8.5）。对 NPP 影响最明显的区域，主要分布在内蒙古区域以及华北部分区域，而在东北部分区域和南方区域 NPP 都略有减少。但仅降水平均值增加 20% 时，NPP 变化的幅度比 CNOP-P 的小，这种差异在内蒙古区域以及华北部分区域尤为明显。NPP 相对变化较大的区域，也分布在内蒙古区域及华北部分区域，但是相对变化的数值比 CNOP-P 的小（图 8.6）。上述数值结果表明，从空间分布看，尽管仅降水平均值增加 20% 的降水变化和 CNOP-P 类型的降水变化对中国区域陆地生态系统影响的区域基本一致，但是 CNOP-P 对 NPP 影响的程度更大（Sun and Mu，2013）。在华北干旱和半干旱区域，由于降水的增加，可能促进植被的增长，陆地生态系统 NPP 对于非线性降水变化的敏感性更大，这与已有的研究结果是一致的（Gao et al.，2000）。

8.4　陆地生态系统模拟不确定性关键物理过程和物理参数的识别

1. 中国区域 NPP 模拟不确定性的单参数敏感性识别

根据每个物理参数误差导致的 NPP 模拟不确定性的大小，在中国 24 个站点（站点经纬度信息见章后附录)，对单参数敏感性进行了排序(如图 8.7 所示)。数值试验结果表明，在中国南方区域和北方部分具有充足降水量的非水分限制区域的 15 个站点(Site 1～Site 15)，光合作用的参数(例如 P4 植被吸收 CO_2 的效率参数 α_{C3}^*)是最重要的物理参数。在这些区域，降水量是充足的，冠层的水分传导率等参数(如 P2 和 P10)也是具有高敏感性的参数。在水分限制的中国干旱和半干旱区的 9 个站点(Site 16～Site 24)，对于大部分个例，P11 蒸散发参数 α_m 是导致 NPP 变化最敏感的物理参数。数值结果进一步表明，与蒸发相关的参数在水分限制的区域(Site 16～Site 18、Site 20～Site 21)是最为敏感的和重要的。然而，对于不同的水分限制区域，最敏感和最重要的物理参数也是不同的，描述土壤水文学中光合作用和冠层电导的参数(如 P4 和 P10，即 α_{C3}^* 和 g_m^*)也可能是重要的物理参数。上述数值结果表明，不同地区最敏感和最重要的物理参数可能是不同的，特别是在水分限制区域和非水分限制区域(Sun and Mu，2017)。

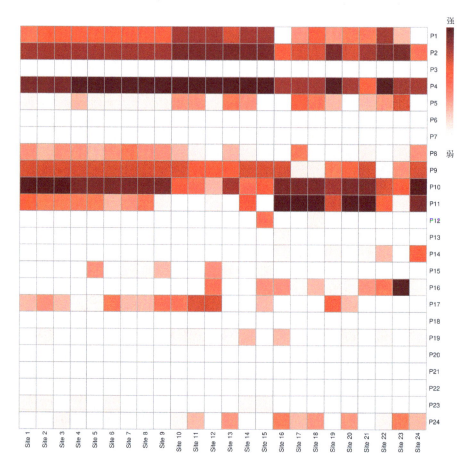

图 8.7　利用 CNOP-P 方法，LPJ 模型的单参数敏感性排序

横坐标是 24 个站点，纵坐标是 24 个模式参数。填色代表 NPP 对单参数的敏感性

(Sun and Mu，2017；有修改)

为了将 CNOP-P 方法识别的单参数敏感性分析结果与传统方法进行比较，我们进一

步用 OAT 方法考察了单参数的敏感性。在 OAT 方法中，叠加的参数扰动 p 为 ±1。该扰动对 NPP 模拟的影响越大，那么对应的参数越敏感。图 8.8 分别给出了每个个例敏感性排名前十的物理参数。通过对比 CNOP-P 方法和 OAT 方法对单参数敏感性的排序结果，发现在不考虑具体排名的情况下，两种方法得到的排名前十较为重要和敏感的物理参数是类似的(Sun and Mu，2017)。

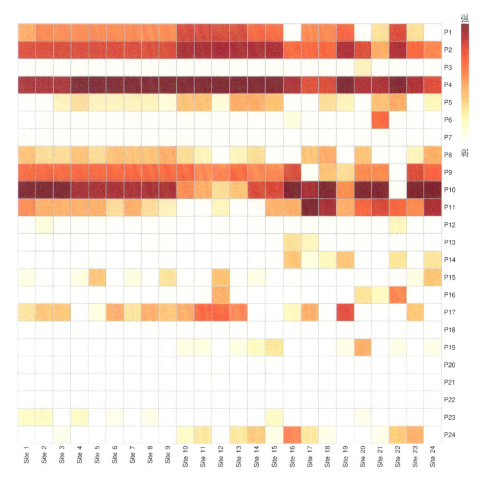

图 8.8　利用 OAT 方法，LPJ 模型的单参数敏感性排序

横坐标是 24 个站点，纵坐标是 24 个模式参数。填色代表 NPP 对单参数的敏感性

(Sun and Mu，2017；有修改)

2. 中国区域 NPP 模拟不确定性的参数组合敏感性识别

本部分我们将介绍导致中国区域 NPP 模拟不确定性的关键参数组合识别。数值试验结果表明，在北方湿润区、东北和南方区域(Site 1～Site 15)，相对敏感和重要的五个物理参数是类似的，分别是 P1、P2、P4、P9 和 P10(分别对应参数 θ^*、α_a^*、α_{C3}^*、r_{growth}^* 和 g_m^*)；而在干旱和半干旱区(Site 16～Site 24)，相对敏感和重要的五个物理参数则与

上述敏感参数组合不同，分别是 P11、P2、P4、P9 和 P16（分别对应参数 α_{m}、α_{a}^{*}、α_{C3}^{*}、r_{growth}^{*} 和 k_{rp}^{*}）（图 8.9；Sun and Mu，2017）。

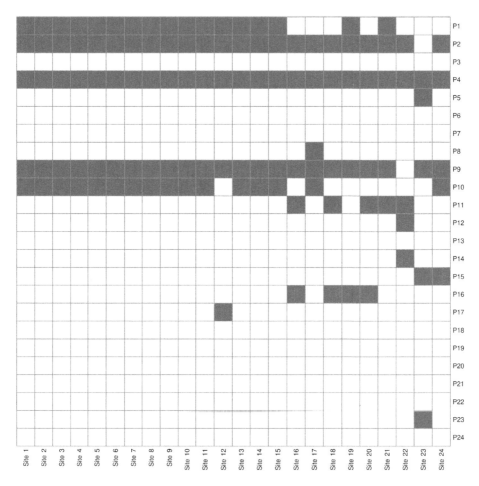

图 8.9　利用基于 CNOP-P 的参数组合敏感性分析方法识别的多参数敏感性

横坐标是 24 个站点，纵坐标是 24 个模式参数。填色代表最敏感的多参数组合

（Sun and Mu，2017；有修改）

　　另外，通过对比最重要和敏感的物理参数组合与单参数敏感性排名前 5 的物理参数的组合，发现对于大部分个例来说，这两种类型的组合并不完全相同。这是因为利用 CNOP-P 方法进行单参数敏感性分析时，没有考虑物理参数之间的相互作用，而利用多参数敏感性分析方法识别最重要和敏感的物理参数组合时，考虑了参数之间的非线性相互作用（Sun and Mu，2017）。

3. 减少敏感物理参数误差在中国区域 NPP 模拟不确定性研究中的应用

　　识别数值模式中相对敏感和重要的物理参数组合，其目的是提高中国区域 NPP 的模拟能力。为了评估用不同方法识别的敏感参数对提高中国区域 NPP 模拟能力的有效性，参照 Mu 等（2009），定义了收益 τ：

$$\frac{\left\|M_T(U_0, P+p)-M_T(U_0,P)\right\|-\left\|M_T(U_0, P+\alpha p)-M_T(U_0,P)\right\|}{\left\|M_T(U_0, P+p)-M_T(U_0,P)\right\|}$$

式中，α 是小于 1 的常数，与参数误差的减小程度有关。收益 τ 描述了参数误差的减小对模式模拟能力改善的程度。τ 越大，说明模式模拟能力的改善程度越大。本小节中，收益 τ 表征了 NPP 模拟的改进程度（Sun and Mu，2017）。

这里一共选取了三种类型的参数误差。第一种类型的参数误差是具有最大目标函数值的 CNOP-P 参数误差，记为 CNOP 类型参数误差，即为与最重要和敏感的物理参数组合对应的 CNOP-P 参数误差。除此之外，还选取了分别利用 CNOP-P 方法和 OAT 方法进行单参数敏感性分析得到的敏感性排名前 5 的参数所构成的参数组合。这两种参数误差简记为 CNOP_single 类型参数误差和 OAT 类型参数误差（Sun and Mu，2017）。

α 分别选取为 0.2、0.4 和 0.6，代表参数误差的减少程度。收益 τ 如图 8.10 所示，可以看到，与其他两种类型的参数误差相比，CNOP 类型参数误差的减小往往能够最大程度地减小 NPP 模拟的不确定性程度，从而提高 NPP 的模拟能力。从所有个例的平均收益结果来看，在综合考虑 α 所有取值的情况下，CNOP、CNOP_single 和 OAT 类型参数误差的减小均能有效改善干旱和半干旱地区 NPP 的模拟能力，改善程度分别为 41.4%、29.6% 和 27.6%（Sun and Mu，2017）。

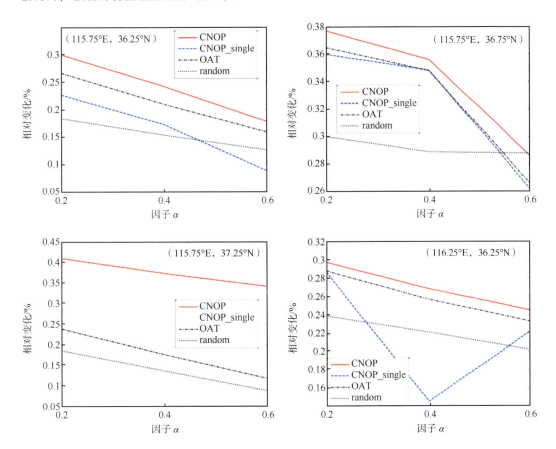

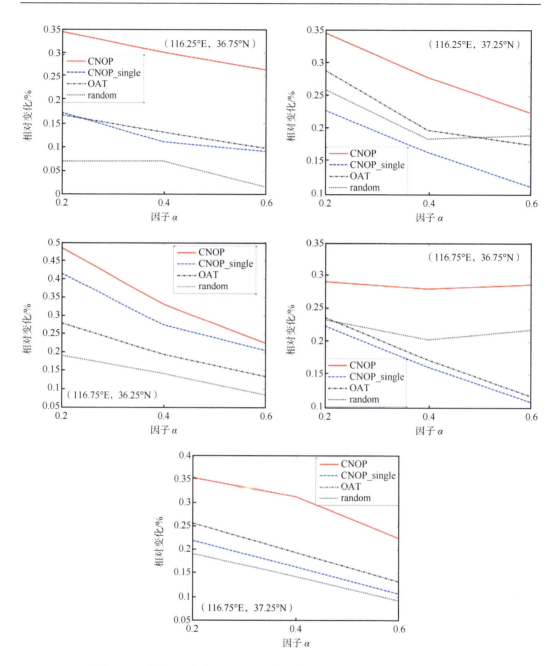

图 8.10　减少不同方法识别出的敏感参数的误差对 NPP 模拟能力的影响

横坐标是因子 α ，代表参数误差的减小程度；纵坐标是 NPP 模拟的收益 τ

（Sun and Mu，2017；有修改）

8.5　CNOP-P 方法在陆面过程模拟不确定性的延伸研究

除了陆地生态系统外,陆面过程也包含了能量和水文过程。已经有学者利用 CNOP-P

方法探讨了能量和水文过程数值模拟的不确定性程度。例如，Peng 等(2017)采用 CNOP-P 方法和通用陆面模式(the common land model，CoLM)，分析了在两种不同排放情景下(典型浓度排放路径 RCP4.5 和 RCP8.5)气候变化的不确定性对黄淮海地区 (Huang-Huai-Hai，3H)浅层土壤湿度(surface soil moisture，SSM)的最大可能影响。根据 22 个 CMIP5 模式对未来温度、降水变化预估的不确定性，利用 CNOP-P 方法计算得到 CNOP-P 类型的气候变化情景。一共讨论了两个 CNOP-P 类型气候变化情景，分别与 CMIP5 RCP 4.5 和 RCP 8.5 相对应。其特点是：均在合理的气候变化范围内，并且同时兼顾气候态和气候变率的变化。此外，为了比较不同类型气候变化情景对 SSM 的影响，还使用了假定类型气候变化情景。假定类型气候变化情景仅考虑了气候态的变化，不能用于探讨气候变率变化对 SSM 的影响。综上可知，CNOP-P 类型和假定类型气候变化情景之间的差异主要体现在是否考虑了气候变率的变化。数值结果表明，在不同的气候变化情景下，SSM 在整个"3H"地区都是增加的；但是，CNOP-P 类型气候变化情景引起的 SSM 变化幅度大于假定类型气候变化情景。另外，CNOP-P 类型和假定类型气候变化情景下，SSM 变化的差异主要集中在 35 °N 以北的研究区域，该区域主要分布着半干旱地区。这表明气候变率对半干旱地区 SSM 的变化具有重要影响。

　　模式物理参数误差，是导致能量和水文过程数值模拟不确定性的重要来源之一。Sun 等(2017，2020)发现，模式物理参数误差引起的土壤湿度模拟的最大不确定性在各个季节是不同的，大体上在 $0.04\sim0.56\ \mathrm{m^3/m^3}$ 之间波动。在秋季，土壤湿度模拟的最大不确定性通常在 $0.48\ \mathrm{m^3/m^3}$ 以上，明显高于其他三个季节。在春季和夏季，土壤湿度模拟的不确定性通常小于 $0.32\ \mathrm{m^3/m^3}$。而在冬季，土壤湿度模拟的不确定性最小，通常低于 $0.12\ \mathrm{m^3/m^3}$。所以，对半干旱地区陆面过程进行模拟时，应当注重模式物理参数误差对秋季土壤湿度模拟的影响。对于感热通量，模式物理参数误差引起的感热通量模拟的最大不确定性也随季节而变，大体上在 $20\sim70\ \mathrm{W/m^2}$ 之间波动。在春季，模拟不确定性通常在 $50\sim70\ \mathrm{W/m^2}$ 之间变化，往往大于其他三个季节。因而，对半干旱地区陆面过程进行模拟时，应当注重模式物理参数误差对春季感热通量模拟的影响。潜热通量模拟的最大不确定性也随季节而变，大体上在 $30\sim90\ \mathrm{W/m^2}$ 之间波动。而且，这种不确定性在春季和冬季通常较大，而在夏季和秋季往往较小。在春季和冬季，潜热通量模拟的最大不确定性大体上在 $60\sim90\ \mathrm{W/m^2}$ 之间。而在夏季和秋季，这种不确定性通常小于 $40\ \mathrm{W/m^2}$。所以，对半干旱地区陆面过程进行模拟时，应该注重模式物理参数误差对春、冬两季潜热通量模拟的影响。

　　为了寻找对陆面过程能量和水文过程模拟具有最重要影响的敏感参数组合，Peng 等(2020)利用 CNOP-P 方法建立了关于 CoLM 模式物理参数的敏感性分析框架。根据各个研究区域内模式物理参数能够引起陆面过程模拟较大不确定性的季节，以及建立的 CoLM 模式物理参数敏感性分析框架，对 CoLM 模式中 28 个模式物理参数进行了敏感性分析。分别以土壤湿度、感热通量和潜热通量为研究对象，寻找对各个陆面变量模拟具有最重要影响的敏感物理参数组合。数值结果表明，在半干旱地区(共计 22 个个例)，对大部分个例来说，最重要和敏感的物理参数组合并不等同于单参数敏感性排名前 4 的参数所构成的参数组合。并且，不同个例最重要和敏感的物理参数组合存在差异，但通常由 3 个土壤参数和 1 个植被参数构成。在验证获得的最重要和敏感的物理参数组合的重要性时，对比了三种不同类型参数误差模态的减小（即 CNOP-P 类型参数误差、CNOP_single 类型参数误差和 OAT 类型参数误差）对土壤湿度模拟的影响。结果表明，CNOP-P 类型参数误差的减小，往往能够最大程度地改进能量和水文过程的模拟能力。

8.6　结论和讨论

本章总结了近年来 CNOP-P 方法在陆地生态系统模拟不确定性研究中的应用。从气候条件的不确定性和模式物理参数误差两个角度出发，利用 CNOP-P 方法和 LPJ 模式，探讨了模式误差对陆地生态系统模拟不确定性的影响。首先，研究了温度和降水的变化对 NPP 的影响；其次，根据模式物理参数能够引起 NPP 模拟较大不确定性的程度，识别出在中国不同地区对 NPP 模拟具有最重要影响的敏感物理参数组合。这些识别出的敏感物理参数组合，可以为通过观测、校准或者同化方法尽可能最大程度地提高陆面过程模拟提供指导。

本章利用理想的数值试验说明了识别敏感物理参数组合的重要性，并且通过数值试验证实了减小这些敏感物理参数组合误差在提高陆地生态系统模拟能力方面的作用，但还需要开展类似于物理空间的 OSSEs 试验，进行参数空间（相空间）目标观测研究。另一方面，本章识别出的参数组合由 5 个参数构成，在实际应用中，敏感参数的个数可根据研究问题来确定。而且，基于 CNOP-P 的参数组合敏感性分析方法，可以识别任意个数的参数组合的敏感性。在计算资源充足的情况下，可利用本章提出的陆面模式物理参数敏感性分析框架，识别出具有更多成员个数的最重要和敏感的物理参数组合。

参 考 文 献

Arora V K, Matthews H D. 2009. Characterizing uncertainty in modeling primary terrestrial ecosystem processes. Global Biogeochem Cy, 23: GB2016.

Bastos A, O'Sullivan M, Ciais P, et al. 2020. Sources of uncertainty in regional and global terrestrial CO_2 exchange estimates. Global Biogeochem Cy, 34: e2019GB006393.

Berthelot M, Friedlingstein P, Ciais P, et al. 2005. How uncertainties in future climate change predictions translate into future terrestrial carbon fluxes. Global Change Biol, 11: 959-970.

Bonan G B, Levis S, Kergoat L, et al. 2002. Landscapes as patches of plant functional types: An integrated concept for climate and ecosystem models. Global Biogeochem Cy, 16(2): 1021.

Bondeau A, Smith P, Zaehle S, et al. 2007. Modelling the role of agriculture for the 20th century global terrestrial carbon balance. Global Change Biol, 13: 679-706.

Braghiere R K, Quaife T, Black E, et al. 2019. Underestimation of global photosynthesis in Earth System Models due to representation of vegetation structure. Global Biogeochem Cy, 33: 1358-1369.

Cramer W, Bondeau A, Woodward F I, et al. 2001. Global responses of terrestrial ecosystem structure and function to CO_2 and climate change: results from six dynamic global vegetation models. Global Chang Biol, 7: 357-373.

Duan Q, Gupta V K, Sorooshian S. 1992. Effective and efficient global optimization for conceptual rainfall–runoff models. Water Resour Res, 28: 1015-1031.

Gang C, Wang Z, Zhou W, et al. 2015. Projecting the dynamics of terrestrial net primary productivity in response to future climate change under the RCP2.6 scenario. Environ Earth Sci, 74: 5949.

Gao Z Q, Liu J Y. 2008. Simulation study of China's net primary production. Chin Sci Bull, 53(3): 434-443.

Gao Q, Yu M, Yang Y S. 2000. An analysis of sensitivity of terrestrial ecosystems of China to climatic change using spatial simulation. Climate Change, 47: 373-400.

FAO. 1991. The digitized soil map of the world (Release 1.0). Food and Agriculture Organization of the United Nations, 67/1.

Field C B, Behrenfeld M J, Randerson J T, et al. 1998. Primary production of the biosphere: integrating terrestrialand oceanic components. Science, 281: 237-240.

Friedlingstein P, Cox P, Betts R, et al. 2006. Climate-carbon cycle feedback analysis: results from the (CMIP)-M-4 model intercomparison. J Climate, 19: 3337-3353.

Heimann M, Reichstein, M. 2008. Terrestrial ecosystem carbon dynamics and climate feedbacks. Nature, 451: 289-292.

Hewitt A J, Booth B B B, Jones C D, et al. 2016. Sources of uncertainty in future projections of the carbon cycle. J Climate, 29: 7203-7213.

Ito A, Inatomi M. 2012. Water-use efficiency of the terrestrial biosphere: a model analysis focusing on interactions between the global carbon and water cycles. J Hydrometeorol, 13: 681-694.

Keenan T F, Hollinger D Y, Bohrer G, et al. 2013. Increase in forest water-use efficiency as atmospheric carbon dioxide concentrations rise. Nature, 499: 324-327.

Kicklighter D W, Foley J A, Delire C, et al. 1999. A first-order analysis of the potential role of CO_2 fertilization to affect the global carbon budget: a comparison of four terrestrial biosphere models . Tellus B, 51: 343-366.

Kruger J. 1993. Simulated annealing: a tool for data assimilation into an almost steady model state. J Phys Oceanogr, 23(4): 679-688.

Lin J C, Pejam M R, Chan E, et al. 2011. Attributing uncertainties in simulated biospheric carbon fluxes to different error sources. Global Biogeochem Cy, 25: GB2018.

Mitchell T D, Jones P D. 2005. An improved method of constructing a database of monthly climate observations and associated high-resolution grids. Int J Climatol, 25(6): 693-712.

Mouquet N, Lagadeuc Y, Devictor V, et al. 2015. REVIEW: Predictive ecology in a changing world. J Appl Ecol, 52: 1293-1310.

Mu M, Duan W S, Wang Q, et al. 2010. An extension of conditional nonlinear optimal perturbation approach and its applications. Nonlin Process Geophys, 17(2): 211-220.

Mu M, Zhou F F, Wang H L. 2009. A method for identifying the sensitive areas in targeted observations for tropical cyclone prediction: conditional nonlinear optimal perturbation. Mon Wea Rev, 137: 1623-1639.

Penuelas J, Canadell J G, Ogaya R. 2011. Increased water use efficiency during the 20th century did not translate into enhance tree growth. Global Ecol Biogeogr, 20: 597-608.

Peng F, Mu M, Sun G D. 2017. Responses of soil moisture to climate change based on projections by the end of the 21st century under the high emission scenario in the "Huang–Huai–Hai Plain" region of China. J Hydro-Environ Res, 14: 105-118.

Peng F, Mu M, Sun G D. 2020. Evaluations of uncertainty and sensitivity in soil moisture modeling on the

Qinghai-Xizang Plateau. Tellus A, 72(1): 1-16.

Pitman A J. 1994. Assessing the sensitivity of a land-surface scheme to the parameter values using a single column model. J Climate, 7(12): 1856-1869.

Poulter B, Frank D, Ciais P, et al. 2014. Contribution of semi-arid ecosystems to interannual variability of the global carbon cycle. Nature, 509: 600-603.

Sitch S, Benjamin Smith, Prentice I C, et al. 2003. Evaluation of ecosystem dynamics, plant geography and terrestrial carbon cycling in the LPJ Dynamic Vegetation Model. Global Change Biol, 9(2): 161-185.

Storn R, Price K. 1997. Differential evolution-a simple and efficient heuristic for global optimization over continuous spaces. J Global Optim, 11(4): 341-359.

Sun G D, Peng F, Mu M. 2017. Uncertainty assessment and sensitivity analysis of soil moisture based on model parameter errors-Results from four regions in China. J Hydrol, 555: 347-360.

Sun G D, Peng F, Mu M. 2020. Application of targeted observation in a model's physical parameters for the simulation and forecast of heat flux with a land surface model. Meteorol Appl, 27: e1883.

Sun G D, Mu M. 2013. Understanding variations and seasonal characteristics of net primary production under two types of climate change scenarios in China using the LPJ model. Climatic Change, 120(4): 755-769.

Sun G D, Mu M. 2017. A new approach to identify the sensitivity and importance of physical parameters combination within numerical models, using the Lund-Potsdam-Jena(LPJ)model as an example. Theor Appl Climatol, 128: 587-601.

Tian H Q, Lu C Q, Yang J, et al. 2015. Global patterns and controls of soil organic carbon dynamics as simulated by multiple terrestrial biosphere models: Current status and future directions. Global Biogeochem Cy, 29(6): 775-792.

Walsh B, Ciais P, Janssens I, et al. 2017. Pathways for balancing CO_2 emissions and sinks. Nat Commun, 8: 14856.

Zobler L. 1986. A world soil file for global climate modelling. NASA Technical Memorandum, 87802, 32.

附表　24 个站点对应的经纬度

站点	经度(°E)	纬度(°N)
Site 1	125.75	45.75
Site 2	125.75	46.25
Site 3	125.75	46.75
Site 4	126.25	45.75
Site 5	126.25	46.25
Site 6	126.25	46.75
Site 7	126.75	45.75
Site 8	126.75	46.25
Site 9	126.75	46.75
Site 10	115.75	26.25
Site 11	115.75	26.75
Site 12	115.75	27.25
Site 13	115.75	32.25

续表

站点	经度 (°E)	纬度 (°N)
Site 14	115.75	32.75
Site 15	115.75	33.25
Site 16	115.75	36.25
Site 17	115.75	36.75
Site 18	115.75	37.25
Site 19	116.25	36.25
Site 20	116.25	36.75
Site 21	116.25	37.25
Site 22	116.75	36.25
Site 23	116.75	36.75
Site 24	116.75	37.25

附录一　本书缩写词索引

缩写词	中文全称	英文全称
ADSSV	伴随敏感性引导向量	Adjoint-Derived Sensitivity Steering Vector
AMJ	4~6月	April-May-June
AMO	大西洋多年代际振荡	Atlantic Multi-decadal Oscillation
AMOC	大西洋经圈翻转环流	Atlantic Meridional Overturning Circulation
AMV	大西洋多年代际变化	Atlantic Multi-decadal Variability
BINX	阻塞指数	Blocking Index
BC	斜压能量转换率	Baroclinic energy conversion rate
BT	正压能量转换率	Barotropic energy conversion rate
CAM 4	通用大气环流模式 版本4	Community Atmospheric Model version 4
CESM	美国国家大气研究中心(NCAR)开发的通用地球系统模式	Community Earth System Model
CMIP 5	第五阶段国际耦合模式比较计划	Coupled Model Intercomparison Project-Phase 5
CNOP	条件非线性最优扰动	Conditional Nonlinear Optimal Perturbations
CNOP-B	条件非线性最优边界条件扰动	Conditional Nonlinear Optimal Boundary Condition Perturbations
CNOP-F	条件非线性最优强迫扰动	Conditional Nonlinear Optimal Forcing Perturbations
CNOP-I	条件非线性最优初始扰动	Conditional Nonlinear Optimal Initial Perturbations
CNOP-P	条件非线性最优参数扰动	Conditional Nonlinear Optimal Parameter Perturbations
COADS	海洋大气综合数据集	Comprehensive Ocean-Atmosphere Data Set
CoLM	通用陆面模式	Common Land Model
CP-El Niño	中太平洋型厄尔尼诺	Central-Pacific type of El Niño
CRU	东安格利亚大学气候研究中心	Climatic Research Unit
Ctrl	控制预报试验	Control experiments
DE	差分进化算法	Differential Evolution algorithm
DGVM	动态全球植被模型	Dynamic Global Vegetation Model
DOTSTAR	台湾地区热带气旋下投式探空仪观测试验	Dropwindsonde Observations for Typhoon Surveillance near the Taiwan Region
ECMWF	欧洲中期天气预报中心	European Centre for Medium-Range Weather Forecasts
EnKF	集合卡曼滤波	Ensemble Kalman Filter
ENSO	厄尔尼诺-南方涛动	El Niño-Southern Oscillation
EOF	经验正交函数	Empirical Orthogonal Function
EP	进化规划算法	Evolutionary programming algorithm
EP-El Niño	东太平洋型厄尔尼诺	Eastern-Pacific type of El Niño
ES	进化策略算法	Evolution strategies algorithm
ET	集合转换	Ensemble Transform

续表

缩写词	中文全称	英文全称
ETKF	集合转换卡曼滤波	Ensemble Transform Kalman Filter
EVF	瞬变波非线性位涡强迫	Eddy Vorticity Forcing
FAO	联合国粮食及农业组织	Food and Agriculture Organization of the United Nations
FASTEX	锋面和大西洋风暴追踪试验	Fronts and Atlantic Storm-Track Experiment
FGOALS	中国科学院大气物理研究所/地球流体力学数值模拟国家重点实验室（IAP/LASG）开发的灵活全球海洋-大气-陆地系统模式	the Flexible Global Ocean-Atmosphere- Land System model
FSV	第一奇异向量	First Singular Vector
full-LOGE	全线性近似下的最快增长初始误差	full-Linear approximation of Optimal Growing Error
GA	遗传算法	Genetic Algorithm
GFDL CM2p1	美国地球物理流体动力学实验室气候模式2p1 版	Geophysical Fluid Dynamic Laboratory Climate Model version 2p1
GIIRS	干涉式大气垂直探测仪	Geostationary Interferometric Infrared Sounder
ICM	中等复杂程度海气耦合模式	Intermediate Coupled Model
IOCAS	中国科学院海洋研究所	the Institute of Oceanology，Chinese Academy of Sciences
IOD	印度洋偶极子	Indian Ocean Dipole
IRI	美国哥伦比亚大学国际气候与社会研究所	International Research Institute for Climate and Society
JAS	7~9 月	July-August-September
JFM	1~3 月	January-February-March
KE	动能	Kinetic Energy
L-BFGS	L-BFGS 优化算法	the Limited-memory Broyden-Fletcher-Goldfarb-Shanno algorithm
LDEO	美国哥伦比亚大学拉蒙特-多尔蒂地球观测站	Lamont Doherty Earth Observatory
LOGE	最快增长初始误差的线性近似	Linear approximation of Optimal Growing Error
LOPR	最优前期征兆的线性近似	Linear approximation of Optimal Precursor
LPJ	LPJ 模式	Lund-Potsdam-Jena model
LSV	线性奇异向量	Linear Singular Vector
MM5	宾夕法尼亚大学和美国国家大气研究中心（PSU-NCAR）共同开发的第五代中尺度模式	Mesoscale Model 5
MMSF	经向流函数最大值	Maximal Meridional Stream Function
NADW	北大西洋底层水	North Atlantic Deep Water
NAO	北大西洋涛动	North Atlantic Oscillation
NAO+	北大西洋涛动正位相	Positive North Atlantic Oscillation
NAO−	北大西洋涛动负位相	Negative North Atlantic Oscillation
NAOI	NAO 指数	NAO index
NCAR	美国国家大气研究中心	National Center for Atmospheric Research
NCEP	美国国家环境预测中心	National Centers for Environment Prediction
NEP	净生态系统生产力	Net Ecosystem Productivity
NLM	非大弯曲路径	Nonlarge Meander
NLOP	非线性最优扰动	Nonlinear Optimal Perturbation
nNLM	近岸大弯曲路径	Nearshore Nonlarge Meander

缩写词	中文全称	英文全称
NOAA	美国国家海洋和大气管理局	National Oceanic and Atmospheric Administration
NORPEX	北太平洋试验	North Pacific Experiment
NPP	净初级生产力	Net Primary Productivity
OAGCMs	海洋和大气环流模型	Ocean and Atmosphere General Circulation Models
OAT		One-At-a-Time
OGE	最快增长初始误差	Optimal Growing Error
OND	10~12 月	October-November-December
oNLM	离岸大弯曲路径	Offshore Nonlarge Meander
OPR	最优前期征兆	Optimal Precursor
OSEs	观测系统试验	Observing System Experiments
OSSEs	观测系统模拟试验	Observing System Simulation Experiments
PCA	主成分分析	Principal Component Analysis
PFT	植被功能类型	Plant Functional Type
PGAPSO	基于主成分分析的遗传和粒子群优化混合算法	PCA-based Genetic Algorithm and Particle Swarm Optimization algorithm
PPSO	基于主成分分析的粒子群优化算法	PCA-based Particle Swarm Optimization algorithm
PSO	粒子群优化算法	Particle Swarm Optimization algorithm
RCP	典型浓度排放路径	Representative Concentration Pathway
ROMS	美国新泽西州立罗格斯大学（Rutgers University）与加利福尼亚大学洛杉矶分校（UCLA）共同开发的区域海洋模拟系统	Regional Ocean Modeling System
semi-LOGE	半线性近似下的最快增长初始误差	semi-Linear approximation of Optimal Growing Error
SODA	全球简单海洋资料同化系统	Simple Ocean Data Assimilation
SPB	春季预报障碍	Spring Predictability Barrier
SPG	谱投影梯度算法	Spectral Projected Gradient algorithm
SQP	序列二次规划算法	Sequential Quadratic Programming algorithm
SSM	浅层土壤湿度	Surface Soil Moisture
SSS	海表盐度	Sea Surface Salinity
SST	海表温度	Sea Surface Temperature
SSTA	海表温度距平	Sea Surface Temperature Anomaly
SV	奇异向量	Singular Vector
SVD	奇异值分解	Singular Value Decomposition
TE	总干能量	Total dry Energy
TEM	陆地生物圈模型	Terrestrial Ecosystem Model
THCM	热盐环流模式	ThermoHaline Circulation Model
THORPEX	全球观测系统研究与可预报性试验	the Observing System Research and Predictability Experiment
T-PARC	THORPEX 亚太地区试验	THORPEX Pacific Area Regional Campaign
tLM	典型的大弯曲路径	typical Large Meander
WES	风-蒸发-海表温度反馈	Wind-Evaporation-SST feedback

缩写词	中文全称	英文全称
WOA09	2009 年世界海洋地图集	World Ocean Atlas 2009
WRF	美国环境预测中心(NCEP)及美国国家大气研究中心(NCAR)等机构合作开发的一款中尺度数值天气预报模式	the Weather Research and Forecasting model
WSR	冬季风暴观测试验	Winter Storm Reconnaissance
ZC	美国哥伦比亚大学 LDEO 的中等复杂程度 ENSO 预报模式	Zebiak-Cane model
3H	黄淮海地区	Huang-Huai-Hai

附录二　非线性优化理论与算法简介

A1　理论篇——非线性最优化的理论简介

最优化理论是一门实用性强的学科。它能够研究从数学角度定义的问题的最优解，亦或者是在众多的研究方案中寻找最优的方案。随着最优化理论和数值方法的建立，以及电子计算机性能日益成熟，最优化理论和方法已经广泛地应用于工程、交通、国防、大气科学和海洋科学等领域。本部分简要介绍非线性最优化理论。

A1.1　最优化问题简介

最优化问题的一般形式为

$$\begin{cases} \min f(x) \\ \text{s.t. } x \in X \end{cases} \tag{A1.1}$$

式中，$x \in R^n$ 是决策变量；R^n 是 n 维列向量的集合；$f(x)$ 是目标函数；s.t. 是 subject to 的缩写；$X \subset R^n$ 是可行域。如果可行域满足 $X = R^n$，那么最优化问题（A1.1）称为无约束最优化问题：

$$\min_{x \in R^n} f(x) \tag{A1.2}$$

如果可行域不满足 $X = R^n$，那么最优化问题（A1.1）称为约束最优化问题，通常写为如下形式：

$$\begin{aligned} & \min f(x) \\ & \text{s.t. } g_i(x) = 0 \quad i = 1, 2, \cdots p, \\ & \quad\quad h_j(x) \geqslant 0 \quad j = p+1, p+2, \cdots q. \end{aligned} \tag{A1.3}$$

式中，$g_i(x)$ 和 $h_i(x)$ 是约束函数；p 和 q 是等式约束函数和不等式约束函数的个数，并且满足 $p < q$。当目标函数和约束函数都为线性函数，那么式（A1.2）和式（A1.3）称为线性最优化问题；当目标函数和约束函数至少有一个是关于决策变量 x 是非线性函数，那么式（A1.2）和式（A1.3）称为非线性最优化问题。由于本书主要介绍的是最优化理论和方法在大气和海洋科学中的应用，目标函数和约束函数往往都是关于决策变量 x 是非线性函数，因此本书主要介绍非线性最优化理论。

在大气和海洋科学应用中，最优化还有另外一种含义，即获得目标函数的最大值。此时，上述无约束最优化问题和有约束最优化问题形式如下：

$$\max_{x \in R^n} F(x) \tag{A1.4}$$

和

$$\max F(x)$$
$$\text{s.t. } G_i(x) = 0 \qquad i = 1, 2, \cdots p,$$
$$H_j(x) \geqslant 0 \quad j = p+1, p+2, \cdots q. \tag{A1.5}$$

事实上，对于无约束优化问题和约束优化问题的最大值和最小值问题而言，两者是等价的。注意到 $\max F = -\min(-F)$，因此无约束优化问题(A1.2)和(A1.4)是等价的，约束优化问题(A1.3)和(A1.5)是等价的。

A1.2　凸集和凸函数

凸性在最优化理论和方法的研究中扮演重要的作用，因此这一节简要地介绍凸集和凸函数的基本概念和基本结果。

定义 A1.1　设集合 $S \subset R^n$，如果对任意 x_1，x_2，有

$$\alpha x_1 + (1-\alpha)x_2 \in S, \quad \forall \alpha \in [0, 1] \tag{A1.6}$$

则称 S 是凸集。

归纳地可以证明，R^n 的子集 S 为凸集当且仅当对任意 $x_1, x_2, \cdots, x_n \in S$，有

$$\sum_{i=1}^{n} \alpha_i x_i \in S \tag{A1.7}$$

式中，$\sum_{i=1}^{n} \alpha_i = 1$，$\alpha_i \geqslant 0$，$i = 1, 2, \cdots n$。

凸集的性质 A1.1　设 S_1 和 S_2 是 R^n 中的凸集，则

(1) $S_1 \bigcap S_2$ 为凸集；

(2) $S_1 \pm S_2 = \{x_1 \pm x_2 | x_1 \in S_1, x_2 \in S_2\}$ 是凸集；

(3) 对于任意非零实数 α，$\alpha S_1 = \{\alpha x_1 | x_1 \in S_1\}$ 是凸集。

定义 A1.2　设集合 $S \subset R^n$ 是非空凸集，$\alpha \in (0,1)$，f 是定义在 S 上的函数，如果对任意 $x_1 \in S$，$x_2 \in S$，有

$$f(\alpha x_1 + (1-\alpha)x_2) \leqslant \alpha f(x_1) + (1-\alpha)f(x_2) \tag{A1.8}$$

则称函数 f 是 S 上的凸函数。如果当 $x_1 \neq x_2$ 时(A1.8)式中严格不等式成立

$$f(\alpha x_1 + (1-\alpha)x_2) < \alpha f(x_1) + (1-\alpha)f(x_2) \tag{A1.9}$$

则称函数 f 是 S 上的严格凸函数。如果存在一个常数 $c > 0$，使得对任意 $x_1 \in S$，$x_2 \in S$，有

$$\alpha f(x_1) + (1-\alpha)f(x_2) \geqslant f(\alpha x_1 + (1-\alpha)x_2) + c\alpha(1-\alpha)\|x_1 - x_2\|^2 \tag{A1.10}$$

则称函数 f 是 S 上是一致凸的。

如果函数 $-f$ 是 S 上的凸(严格凸)函数,则称函数 f 是 S 上的凹(严格凹)函数。

A1.3　凸函数的性质

(1)设 f 是定义在凸集 S 上的凸函数,实数 $\alpha \geqslant 0$,则 αf 也是定义在 S 上的凸函数;

(2)设 f_1,f_2 是定义在凸集 S 上的凸函数,则 $f_1 + f_2$ 也是定义在 S 上的凸函数;

(3)设 $f_1, f_2, \cdots, f_n$ 是定义在凸集 S 上的凸函数,实数 $\alpha_1, \alpha_2, \cdots, \alpha_n \geqslant 0$,则 $\sum\limits_{i=1}^{n} \alpha_i f_i$ 也是定义在 S 上的凸函数。

A1.4　最优性条件

本节将介绍无约束优化问题和约束优化问题的最优性条件。首先,介绍局部极小点和总体极小点。

定义 A1.3　如果存在 $\delta > 0$,使得对所有满足 $x \in R^n$ 和 $\|x - x^*\| < \delta$ 的 x,$f(x) \geqslant f(x^*)$,则称 x^* 为 f 的局部极小点。如果对所有满足 $x \in R^n$,$x \neq x^*$ 和 $\|x - x^*\| < \delta$ 的 x,$f(x) > f(x^*)$,则称 x^* 为 f 的严格局部极小点。

定义 A1.4　如果对所有 $x \in R^n$,$f(x) \geqslant f(x^*)$,则称 x^* 为 f 的总体极小点。如果对所有 $x \neq x^*$ 和 $x \in R^n$,$f(x) > f(x^*)$,则称 x^* 为 f 的严格总体极小点。

定义 A1.5　如果存在 $\delta > 0$,使得对所有满足 $x \in R^n$ 和 $\|x - x^*\| < \delta$ 的 x,$f(x) \leqslant f(x^*)$,则称 x^* 为 f 的局部极大点。如果对所有满足 $x \in R^n$,$x \neq x^*$ 和 $\|x - x^*\| < \delta$ 的 x,$f(x) < f(x^*)$,则称 x^* 为 f 的严格局部极大点。

定义 A1.6　如果对所有 $x \in R^n$,$f(x) \leqslant f(x^*)$,则称 x^* 为 f 的总体极大点。如果对所有 $x \neq x^*$ 和 $x \in R^n$,$f(x) < f(x^*)$,则称 x^* 为 f 的严格总体极大点。

一般地,对于最优化问题只是求一个局部(或者严格局部)的极小点(或极大点),而非总体极小点。在很多实际应用中,求局部极值点已经满足最优化问题的要求。

设 f 的一阶导数和二阶导数存在,且分别表示为

$$g(x) = \nabla f(x), \quad G(x) = \nabla^2 f(x)$$

则我们有如下的最优性条件。

定理 A1.1(一阶必要条件)　设 $f: D \subset R^n \to R^1$ 在开集 D 上连续可微,若 $x^* \in D$ 是(A1.4)式的局部极小点,则

$$g(x^*) = 0 \tag{A1.11}$$

定理 A1.2（二阶必要条件）　设 $f:D\subset R^n \to R^1$ 在开集 D 上二阶连续可微，若 $x^*\in D$ 是（A1.4）式的局部极小点，则

$$g(x^*)=0, \quad G(x^*)\geqslant 0 \tag{A1.12}$$

定理 A1.3（二阶充分条件）　设 $f:D\subset R^n \to R^1$ 在开集 D 上二阶连续可微，若 $x^*\in D$ 是 f 的严格局部极小点的充分条件是

$$g(x^*)=0, \text{和} G(x^*) \text{是正定矩阵} \tag{A1.13}$$

定理 A1.4（凸充分性定理）　设 $f:D\subset R^n \to R^1$ 是凸函数，且 $f\in C^1$，则 x^* 是总体极小点的充分必要条件是

$$g(x^*)=0 \tag{A1.14}$$

上述四个定理是关于无约束最优化问题的最优性条件，下面介绍约束优化问题的最优性条件。

定理 A1.5　设 x^* 是最优化问题（A1.5）的一个局部极小点，如果

$$\text{SFD}(x^*,X)=\text{LFD}(x^*,X) \tag{A1.15}$$

则必存在 $\lambda_i^*(i=1,2,\cdots,q)$，使得

$$\nabla f(x^*)=\sum_{i=1}^{p}\lambda_i^*\nabla g_i(x^*)+\sum_{i=p+1}^{q}\lambda_i^*\nabla h_i(x^*) \tag{A1.16}$$

$$\lambda_i^*\geqslant 0, \quad \lambda_i^* h_i=0, \quad i=p+1,\cdots,q \tag{A1.17}$$

X 在 x^* 处的所有线性化可行方向的集合记为 $\text{LFD}(x^*,X)$，X 在 x^* 处的所有序列可行方向的集合记为 $\text{SFD}(x^*,X)$。

定理 A1.6　设 $x^*\in X$，如果 $f(x)$、$g_i(x)(i=1,2,\cdots,p)$ 和 $h_i(x)(i=p+1,p+2,\cdots,q)$ 都在 x^* 处可微，且

$$d^T\nabla f(x^*)>0, \quad \forall 0\neq d\in\text{SFD}(x,X) \tag{A1.18}$$

则 x^* 是最优化问题（A1.5）的一个局部严格极小点。

定理 A1.7　设 x^* 是最优化问题（A1.5）的一个局部极小点，$\lambda_i^*(i=1,2,\cdots,q)$ 是 Lagrange 乘子，则必有

$$d^T\nabla_{xx}^2 L(x^*,\lambda^*)d\geqslant 0, \quad \forall d\in S(x^*,\lambda^*) \tag{A1.19}$$

A2　计算篇——优化算法介绍

最优化算法是数值求解最优化问题的有力工具。在实际应用中导出的最优化问题，往往不能方便地求出精确解，于是只能将最优化问题进行离散化，利用最优化算法求其数值解。尽管数值解与精确解不完全一致，但是在多数应用实际中，数值解可以近似代

替精确解。在这一部分，首先介绍几种常用的最优化算法；其次将介绍如何使用最优化算法计算 CNOP。

最优化问题包含无约束最优化问题和约束最优化问题，其最优性条件也不一样。因此，数值求解最优化问题也将包含两部分：无约束优化算法和约束优化算法。传统的优化算法需要目标函数关于状态变量的一阶和二阶导数信息，但在实际问题中，例如大气和海洋科学研究中，往往难以有效获取这些导数信息。因此，近些年众多学者利用免梯度信息的优化算法数值，求解无约束最优化问题和约束最优化问题。本篇将对其作简要介绍。

优化算法是迭代算法。从对决策变量 x 的初始猜测开始，依次生成逐步改进的决策变量估计序列，直至该序列满足收敛条件，迭代过程终止。在算法设计层面，迭代算法的稳定性、高效性和准确性三者往往无法兼顾。例如对于高维优化问题，具备快速收敛特性的算法通常伴随着较高的空间复杂度（即需要占用较大的内存）和更不稳定的收敛过程；而更稳健的算法往往需要承受更高的时间复杂度（即需要更多的迭代次数或更长的计算时间）。如何平衡收敛速度、数值稳定性和存储需求，是数值优化应用中的核心问题。

A2.1 无约束优化算法

我们将介绍常用的几种无约束优化算法，其严格的收敛性证明在此省略。从最优化方法的迭代格式(A2.1)可以看出，要想数值求解极值，必须构造搜索方向 d_k 和步长因子 α_k。

$$x_{k+1} = x_k + \alpha_k d_k \tag{A2.1}$$

无约束优化算法也将根据搜索方向 d_k 和步长因子 α_k 进行构造。

算法 A2.1（进退法）

步骤一 选取初始数值。$\alpha_0 \in [0, \infty)$，$h_0 > 0$，加倍系数 $t > 1$（一般取 $t = 2$），计算 $\varphi(\alpha_0), k := 0$。

步骤二 比较目标函数值。令 $\alpha_{k+1} = \alpha_k + h_k$，计算 $\varphi_{k+1} = \varphi(\alpha_{k+1})$；若 $\varphi_{k+1} < \varphi_k$，转到步骤三，否则转到步骤四。

步骤三 增加搜索步长。令 $h_{k+1} := t h_k$，$\alpha := \alpha_k$，$\alpha_k := \alpha_{k+1}$，$\varphi_k := \varphi_{k+1}$，$k := k+1$，转到步骤二。

步骤四 反向搜索。若 $k = 0$，转换搜索方向，令 $h_k := -h_k$，$\alpha_k := \alpha_{k+1}$，转步骤二；否则，停止迭代，令

$$a = \min\{\alpha, \alpha_{k+1}\}, \ b = \max\{\alpha, \alpha_{k+1}\},$$

输出 $[a, b]$。

算法 A2.2（0.618 法）

步骤一　选取初始数值。确定初始搜索区间 $[a_1, b_1]$ 和精度要求 $\delta>0$。计算最初两个初猜点 λ_1, μ_1

$$\lambda_1 = a_1 + 0.382(b_1 - a_1)$$
$$\mu_1 = a_1 + 0.618(b_1 - a_1)$$

计算 $\varphi(\lambda_1)$ 和 $\varphi(\mu_1)$，令 $k=1$。

步骤二　比较函数值。若 $\varphi(\lambda_k)>\varphi(\mu_k)$，则转到步骤三；若 $\varphi(\lambda_k) \leqslant \varphi(\mu_k)$，转到步骤四。

步骤三　若 $b_k - \lambda_k \leqslant \delta$，则停止计算，输出 μ_k。否则，令

$$a_{k+1} := \lambda_k, \quad b_{k+1} = b_k, \quad \lambda_{k+1} = \mu_k,$$
$$\varphi(\lambda_{k+1}) := \varphi(\mu_k), \quad \mu_{k+1} := a_{k+1} + 0.618(b_{k+1} - a_{k+1}).$$

计算 $\varphi(\mu_{k+1})$，转到步骤五。

步骤四　若 $\mu_k - a_k \leqslant \delta$，则停止计算，输出 λ_k。否则，令

$$a_{k+1} := a_k, \quad b_{k+1} = \mu_k, \quad \mu_{k+1} = \lambda_k,$$
$$\varphi(\mu_{k+1}) := \varphi(\lambda_k), \quad \lambda_{k+1} := a_{k+1} + 0.382(b_{k+1} - a_{k+1}).$$

计算 $\varphi(\lambda_{k+1})$，转到步骤五。

步骤五　$k := k+1$，转到步骤二。

算法 A2.3（最速下降法）

步骤一　给出初始数值 $x_0 \in R^n$，$0 \leqslant \varepsilon \leqslant 1$，$k := 0$；

步骤二　计算 $d_k = -g_k$；如果 $\|g_k\| \leqslant \varepsilon$，则停止；

步骤三　由一维搜索求步长因子 α_k，使得

$$f(x_k + \alpha_k d_k) = \min_{\alpha>0} f(x_k + \alpha d_k);$$

步骤四　计算 $x_{k+1} = x_k + \alpha_k d_k$；

步骤五　$x_0 \in R^n$，转到步骤二。

算法 A2.4（牛顿法）

步骤一　给出初始数值 $x_0 \in R^n$，$0 \leqslant \varepsilon \leqslant 1$，$k := 0$；

步骤二　计算 g_k；如果 $\|g_k\| \leqslant \varepsilon$，则停止；否则转到步骤三；

步骤三　求解方程组构造牛顿方向

$$G_k d = -g_k;$$

求出 d_k；

步骤四　进行一维搜索，求 α_k 使得

$$f(x_k + \alpha_k d_k) = \min_{\alpha > 0} f(x_k + \alpha d_k)$$

令 $x_{k+1} = x_k + \alpha_k d_k$，$k := k+1$ 转到步骤二。

算法 A2.5（信赖域法）

步骤一　给出初始数值 $x_0 \in R^n$，令 $0 \leq \varepsilon \leq 1$；

步骤二　给出 x_k 和 h_k，计算 g_k 和 G_k；

求解信赖域方程组

$$\min q^{(k)}(s) = f(x_k) + g_k^T s + \frac{1}{2} s^T G_k s$$

$$\text{s. t. } \|s\| \leq h_k$$

求出 s_k；

求解 $f(x_k + s_k) =$ 和 r_k 的值；

如果 $r_k < 0.25$，令 $h_{k+1} = \|s_k\| / 4$；

如果 $r_k > 0.75$ 和 $\|s_k\| = h_k$，令 $h_{k+1} = 2h_k$；

否则，令 $h_{k+1} = h_k$；

若 $r_k \leq 0$，令 $x_{k+1} = x_k$；否则，令 $x_{k+1} = x_k + s_k$。

算法 A2.6（共轭梯度法）

步骤一　给出初始数值 $x_0 \in R^n$，计算 $g_0 = g(x_0)$；

步骤二　计算 d_0，使得 $d_0^T g_0 < 0$；

步骤三　令 $k = 0$；

步骤四　计算 α_k 和 x_{k+1}，使得

$$f(x_k + \alpha_k d_k) = \min_{\alpha > 0} f(x_k + \alpha d_k),$$

$$x_{k+1} = x_k + \alpha_k d_k;$$

步骤五　计算 d_{k+1} 使得 $d_{k+1}^T G d_j = 0, j = 0, 1, \cdots, k$。

步骤六　令 $k := k+1$，转到步骤四。

算法 A2.7（拟牛顿法）

步骤一　给出初始数值 $x_0 \in R^n$，$H_0 \in R^{n \times n}$，$0 \leq \varepsilon \leq 1$，$k := 0$；

步骤二　计算 g_k；如果 $\|g_k\| \leq \varepsilon$，则停止；否则计算 $d_k = -H_k g_k$。

步骤三　沿方向 d_k 作线性搜索求 $\alpha_k > 0$，令

$$x_{k+1} = x_k + \alpha_k d_k$$

步骤四　校正 H_k 产生 H_{k+1}，使得拟牛顿条件 $H_{k+1}y_k = s_k$ 成立。

步骤五　$k := k+1$，转到步骤二。

A2.2　约束优化算法

下面将介绍几种常用的约束优化算法，其严格的收敛性证明在此省略。

算法 A2.8（罚函数法）

步骤一　给出初始数值 $x_1 \in R^n$，$\sigma_1 > 0$，$0 \leqslant \varepsilon$，$k = 1$；

步骤二　利用初始数值 x_k 求解

$$\min_{x \in R^n}(f(x) + \sigma_k \left\| c^{(-)}(x) \right\|^{\alpha})$$

得到解 $x(\sigma_k)$。

步骤三　如果 $\left\| c^{(-)}(x(\sigma_k)) \right\|$ 则停止；

$x_{k+1} = x(\sigma_k)$；　$\sigma_{k+1} = 10\sigma_k$；

$k := k+1$；转到步骤二。

算法 A2.9（可行方向法）

步骤一　给出初始数值 $x_1 \in X$，$k = 1$；

步骤二　如果不满足下式，则停止；

$$d^T \nabla f(x_k) < 0$$
$$d \in FD(x_k, X)$$

X 在 x_k 处的所有可行方向的集合记为 $FD(x_k, X)$。

找出 d_k 满足上式；

步骤三　进行可行点搜索，得到 $\alpha_k > 0$。

步骤四　$x_{k+1} = x_k + \alpha_k d_k$；　$k := k+1$；转到步骤二。

算法 A2.10（Lagrange-Newton 法）

步骤一　给出初始数值 $x_1 \in R^n$，$\lambda_1 \in R^m$，$\beta \in (0,1)$，$0 \leqslant \varepsilon$，$k = 1$；

步骤二　计算 $P(x_k, \lambda_k)$；如果 $P(x_k, \lambda_k) \leqslant \varepsilon$ 则停止；

求解

$$\begin{pmatrix} W(x_k, \lambda_k) & -A(x_k) \\ -A(x_k)^T & 0 \end{pmatrix} \begin{pmatrix} (\delta x)_k \\ (\delta \lambda)_k \end{pmatrix} = -\begin{pmatrix} \nabla f(x_k) - A(x_k)\lambda_k \\ -c(x_k) \end{pmatrix}$$

得到 $(\delta x)_k$ 和 $(\delta \lambda)_k$；　$\alpha = 1$；

步骤三　如果

$$P(x_k + \alpha(\delta x)_k, \lambda_k + \alpha(\delta \lambda)_k) \leqslant (1 - \beta\alpha)P(x_k, \lambda_k)$$

则转到步骤四；$\alpha = \alpha / 4$，转到步骤三；

步骤四　$x_{k+1} = x_k + \alpha(\delta x)_k$；$\lambda_{k+1} = \lambda_k + \alpha(\delta \lambda)_k$；$k := k + 1$；转到步骤二

算法 A2.11（信赖域法）

步骤一　给出初始数值 x_1 满足下式

$$a_i^T x = b_i$$

$$a_i^T x \geqslant b_i$$

给出 $B_1 \in R^{n \times n}$，$\Delta_1 > 0$，$0 \leqslant \varepsilon$，$k = 1$；

步骤二　求解下式给出 d_k；如果 $\|d_k\| \leqslant \varepsilon$ 则停止；计算下式；

$$\min_{d \in R^n} g_k^T d + \frac{1}{2} d^T B_k d = \varphi_k(d)$$

$$\text{s. t. } a_i^T d = 0 \quad i \in E$$

$$a_i^T(x_k + d) \geqslant b_i, \quad i \in I$$

$$\|d\|_\infty \leqslant \Delta_k$$

$$r_k = \frac{f(x_k) - f(x_k + d_k)}{\varphi_k(0) - \varphi_k(d_k)}$$

$$x_{k+1} = \begin{cases} x_k + d_k, & r_k > 0 \\ x_k, & \text{其他} \end{cases}$$

步骤三　如果 $r_k \geqslant 0.25$ 则转到步骤四，$\Delta_k := \Delta_k / 2$，转到步骤五；

步骤四　如果 $r_k < 0.75$ 或者 $\|d_k\|_\infty < \Delta_k$ 则转到步骤五；$\Delta_k := 2\Delta_k$

步骤五　$\Delta_{k+1} := \Delta_k$；计算矩阵 B_{k+1}；$k := k + 1$，转到步骤二。

A2.3　智能优化算法

　　数值求解最优化问题时，传统的优化算法利用目标函数关于状态变量的一阶梯度和二阶梯度信息选择搜索方向。但是，在大气和海洋科学研究中，大部分数值模式（例如海气耦合模式等）很难获取其伴随模式，从而无法获取目标函数关于状态变量的梯度信息。因此，在大气和海洋科学研究最优化问题时，传统的优化算法将失效。

　　本节我们将介绍一类智能优化算法，此类算法采用自然启发的机制，并通过模拟生物体行为的过程解决最优化问题。由于此类智能算法的机制是受演化和活生物体启发的，因此优化过程中可能包括选择、繁殖、突变和重组。根据适应性选择最佳解决方案，这种自适应过程类似于达尔文适者生存。在可用选项中挑选最有效的解决方案，最不适合的种群将被淘汰。优化过程中根据种群的性能测试其适应性，可以通过诸如突变之类的功能历经数代进行优化，最终获得最优值。值得注意的是，尽管此类智能优化算法有效地进行了优化，但不一定找到最佳解决方案。取而代之的是，此类智能优化算法不断寻找可行的解决方案，并相互评估性能，这可能会或可能不会找到绝对最佳的解决方案。此类智能优化算法相对较高的计算要求，在很大程度上是由于适应度确定的复杂性，可以通过适应度近似来降低这种复杂性。

此类智能优化算法中，所有这些技术背后的共同基本思想是相同的：给定某些环境中资源有限的种群，对这些资源的竞争会导致自然选择(适者生存)。这反过来导致种群适应性的提高。给定要最大化的代价函数，我们可以随机创建一组候选解决方案，即函数域的元素。然后，我们将代价函数作为抽象的适应度度量应用于这些函数，其值越大(或小)越好。根据这些适合度值，选择一些更好的候选者进入下一代。这是通过对其施加重组和(或)突变来完成的。重组是一种优化运算，应用于两个或多个选定的候选种群，从而产生一个或多个新的种群。突变被应用于一个候选种群并产生一个新的候选种群。因此，在候选种群内执行重组和突变操作会导致创建一组新的候选种群。对他们的状况进行了评估，然后根据他们的状况与老者竞争下一代的位置。可以重复此过程，直到找到具有足够质量(解决方案)的候选对象或达到先前设置的计算限制为止。

变异和选择的组合应用，通常可以提高连续种群的适应度值。通过随着时间的推移逐渐接近最佳值，可以很容易地将这个过程视为进化正在优化(或至少"近似")适应度函数。另一种观点是，进化可能被视为适应的过程。从这个角度来看，适应性不被视为要优化的目标函数，而是对环境要求的一种表达。更好地满足这些要求意味着生存能力的提高，这反映在更多的后代中。进化过程导致种群越来越适应环境。

此类智能优化算法在许多应用领域尤其是模式识别中非常流行，并且包括了许多算法，例如遗传算法(GA)、粒子群优化(PSO)、进化规划(EP)、进化策略(ES)和差分进化(DE)算法等。所有这些算法都基于一个通用概念，该概念基于使用一组预定义的运算符模拟形成种群的个体的进化。因此，选择和搜索运算是上述这些算法中常用的两种运算。

算法 A2.12(进化算法的一般形式)

步骤一　初始化：从搜索空间中随机生成一组样本。

步骤二　迭代过程：

(a)计算每个样本的目标函数值。

(b)选择运算。使用为评估样本计算的目标函数值选择要在下一步中使用的样本。

(c)变异运算。将变异算子应用于所选样本，以将其转换为来自搜索空间的其他样本。

步骤三　如果满足终止条件，则停止计算；如果不是，则返回步骤二。

A3　CNOP 最大值原理

为了给出 CNOP 的最大值原理，首先我们作如下两个假设。

假设 1　假设描述大气海洋运动的动力学方程(1.1)的有界解 U 在 Ω 上连续依赖于初边值条件。

动力学方程(1.1)是一个初边始值问题，根据偏微分方程的理论，可以考虑对应于动力学方程(1.1)的终边值问题：

$$
\begin{cases}
\dfrac{\partial V}{\partial t} = F(V, P) & \text{in } \Omega \\[2mm]
V\big|_{t=T} = V_T & \text{in } \Omega \\[2mm]
B(V)\big|_\Gamma = G_V
\end{cases}
\tag{A3.1}
$$

假设 2　假设描述大气海洋运动的动力学方程的终边值问题(A3.1)的有界解 V 在 $t = T$ 时对应的目标函数(1.4)连续依赖于终边值条件。

根据上述两个假设条件，我们有以下的最大值定理。

最大值定理：在假设 1 和 2 下，最优化问题(1.3)和(1.4)的最优扰动在约束条件的边界处达到。

证明：这里我们只考虑最优化问题(1.3)和(1.4)中的 u_0, g，其中 p, f 假设为 0。设 (u_0^*, g^*) 为最优初边值扰动，$J(u^*)$ 为对应的最优扰动发展，即目标函数。显然，$J(u^*) > 0$。假设 (u_0^*, g^*) 不在约束范围的边界处达到，那么 (u_0^*, g^*) 为约束范围的内点。不妨取充分小的 $\varepsilon > 0$，使得 $(1 + \varepsilon)u^*$ 满足(A3.1)中的终边值条件。由假设 2，只要 $\varepsilon > 0$ 充分小，就可以获得 V 在初始时刻的值。再考虑初边值问题的解满足 $u = (1 + \varepsilon)u^*$。从而

$$
0 \geqslant J(u) - J(u^*) = \varepsilon J(u^*)
$$

即 $J(u^*) - 0$，得矛盾。因此，假设不成立，(u_0^*, g^*) 一定在约束范围的边界处达到。

在刘永明(2008)的研究中，还介绍了在常微分方程(组)初值和终值问题情况下的 CNOP 最大值原理，在这里不再介绍。

参 考 文 献

刘永明. 2008. 条件非线性最优扰动的最大值原理. 华东师范大学学报(自然科学版), 2: 131-134.

肖鹏, 杨乐, Zhang C, 等. 2012. G 蛋白偶联受体家族的发现和结构机理研究——2012 年诺贝尔化学奖解读. 生物化学与生物物理进展, 39(11): 1050-1060.

袁亚湘, 孙文瑜. 2007. 最优化理论与方法. 北京: 科学出版社.

Ahn K H, Mahmoud M M, Kendall D A. 2012. Allosteric modulator ORG27569 induces CB1 cannabinoid receptor high affinity agonist binding state, receptor internalization, and Gi protein-independent ERK1/2 kinase activation. J Biol Chem, 287(15): 12070-12082.

Benovic J L, Shorr R G, Caron M G, et al. 1984. The mammalian beta 2-adrenergic receptor: purification and characterization. Biochemistry, 23(20): 4510-4518.

Eiben A E, Smith J E. 2015. Introduction to Evolutionary Computing(second edition). Berlin: Springer-Verlag.

Nocedal J, Wright S J. 2006. Numerical Optimization(second edition). New York: Springer-Verlag.